DerFUCHS

LEITGEDANKEN FÜR LEITWÖLFE –
Die fundamental anders denken wollen und es auch können.

Band 1
LEITWOLF-TRILOGIE

NEUES DENKEN
(Das Lexikon der LEITWÖLFE)

Rediroma-Verlag

Bibliografische Information der Deutschen Nationalbibilothek: Die Deutsche Nationalbibliothek verzeichnet diese Publikation in der Deutschen Nationalbibliografie; detaillierte bibliografische Daten sind im Internet über **http://portal.dnb.de** abrufbar.

ISBN 978-3-98527-972-2

www.rediroma-verlag.de
33,00 Euro (D)

„Jeder Arschtritt bewegt Dich – noch."

Der Weg zum LEITWOLF-BEWUSST-SEIN beginnt hier!

Jeder Leitgedanke ist Dein Schritt zu einem NEUEN DENKEN.

Zu mehr Scharfsinn, Sicherheit und Flexibilität im Umgang mit Deiner Umwelt – und Dir selbst. Zur Ausformung Deiner persönlichen Haltung, die unter anderem aus individuellen Leitwerten besteht.

Sammle Anregungen, sammle Erfahrungen,
und handle dann im Rausch der Umsetzung.

Veränderung beginnt mit neuen Denkweisen über bestehende Tatsachen.

1. Selbstsabotage gestoppt
2. Beeinflussung erkannt
3. Manipulationsfreiheit leben

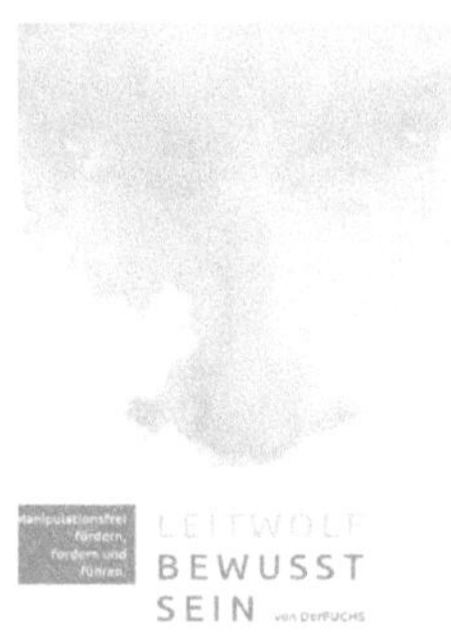

5 LEITWERTE
von DerFUCHS

F.U.C.H.S.

F wie Fokus:
Sich kompromisslos zu entscheiden und damit die eigene Widerstandsfähigkeit, Begeisterung und Umsetzungsgeschwindigkeit zu maximieren!

U wie Unikat:
Klar und deutlich zu benennen, wogegen, vor allem jedoch wofür man steht – und dies durch Liebe zum Detail und mit besonderer, strategischer Raffinesse durch und durch erlebbar zu machen!

C wie Chancen:
Auf der Grundlage des – bewusst gewählten – und stark geschärften Fokus ein echtes Unikat zu sein – und somit eindeutige Parameter für oder gegen ein Angebot oder eine Geschäftspartnerschaft festzulegen!

H wie Hebel:
Mit dem Vorhandenen stets die größtmögliche Wirkung zu erzielen – durch permanente, geringfügige Optimierung!

S wie Sinn:
Der festen Überzeugung zu sein und stets glaubhaft zu verkörpern, dass es ein Privileg ist, genau hier und jetzt zu sein!

MEIN WEG. UND
ANGEKOMMEN.

überblick

Das Lexikon der LEITWÖLFE

„Ich wuchs geliebt und wohlbehütet auf. Null Risiko, kein nennenswerter Erfolg. Außerschulisches geistiges Wachstum? Fehlanzeige."

Die erste Warnung:
In 60 Tagen NEUES DENKEN

German Angst.

Wenn er kommt, dann laufen wir.
Machen uns in die Hose.
Ziehen die Konsequenzen statt an der Leine?

Nicht mit mir, LEIDWOLF!

Doch um so entschieden zu sein und es auch zu bleiben, braucht es nur (D)eine Entscheidung. Und damit sind wir bei Deiner systemimmanenten Herausforderung – die Angst vor der eigenen Größe. Menschlich. Deutsch.

Später dazu mehr ...

Es scheint als betreten wir damit eine Dir unbekannte Welt – in Dir. Sagenumwittert. Magisch und Unheimlich.

Schön. Vorsichtig. Hier regiert nur einer.
In der Vorhölle, die manche das „Leben" nennen.
So könnte es gehen?

Bewegung – auch die geistige – erfordert nämlich Deine Wut und den Mut – je nach Standpunkt und Situation.

Wer aber ist neben der Spur unterwegs – die Welt – die Du kennst (und lieben gelernt hast) zu verlassen, um den neuen Weg zu beschreiten?

Bewahrer? Macher? Vordenker?

Zählen wir nicht lieber auf die Nummer – sicher – wo wir schon immer waren und jede Verhaltensweise genau belegbar ist?

Gewöhnungsphase schon vor Jahren abgeschlossen. Schlüssel verrostet. Gitter mit Alltag bestrichen. Dein (T)Raumschiff mit Kompromissen tapeziert. Ein bequemes Wartezimmer auf den Tod (der Langeweile)?

Du hast es so gewollt, LEIDWOLF.

Also DU – LEITWOLF – kannst heute entscheiden, ob Du dieses „Buch" täglich liest – in der Grundüberzeugung und dem tiefen Wissen – dass es Dir geholfen haben wird. Dein Denken ist nun im Fokus. Oder ob Du es liest, um Dir (m)eine Gedankenwelt zu erschließen, die Dich befähigt, ebenfalls in absehbarer Zeit im LEITWOLF-BEWUSST-SEIN zu denken, zu fühlen und zu handeln.

Neu und Anders.
Unbeschwerter.

Das wahre Gefühl und noch bessere Ergebnisse stehen schon Schlange um hereingelassen zu werden, wenn die Wiedereröffnung stattfindet.

Das Schloss ist geknackt!

Das die LEITWOLF-TRILOGIE viel transformativer ist als das, was Du möglicherweise sonst schon an Motivationsweisheiten konsumiert haben magst – wird Dir bei jedem Wort und Satz und Abschnitt deutlicher.

Es werde das Licht!

Glaubst Du mir alles nicht?
Alles klar. Dein LEIDWOLF weiß es sicher besser.
Schon zu lange.

Danke sehr an Deinen Berater und Sicherheitsmechamismus.
Tresor verschweißt.
Abgeriegelt.

Ok. Gewonnen. LEIDWOLF! Dann verschenke Band 1 bitte weiter.
Ich habe es probiert und bin gescheitert.

Es folgt eine Felixbilätsübung (für mich jedenfalls)!

Welche 3 Personen würden Dir dafür dankbar sein, mich in den Kontakt gebracht zu haben um dem LEIDWOLF die Macht zu entziehen?

1. ________________________________

2. ________________________________

3. ________________________________

Und nach dem fragilen Gedankenmobilée folgst Du mir im Glauben (5GP) weiter – das es Deine Entscheidung war – Dir die Zeit zu nehmen, die es erfoderlich macht? Dein LEIDWOLF wird Dich sabotieren, beeinflussen und manipulieren solange es noch geht. Ich gehe irgendwohin ohne Dich mit allem versorgt zu haben, damit das Führungsinstrument der Selbst-sabotage brennen kann.

Für Dich auf jeder Seite!

Meine Er(g)laubnis, die Du Dir ab sofort ja selbst erteilen kannst, hast Du bekommen. Du hast Dich verpflichtet, Dir treu zu sein und nicht Deinem LEIDWOLF weiter den Raum und die Zeit zu geben, während wir beiden uns verabreden. Der Vertrag steht. Die Unterschrift folgt.

Das ist kein Spoiler. Das ist eine Feststellung.

3. Wir vereinbaren verbindlich und treffen Entscheidungen – in Wort und Schrift.
Wenn ein Mitglied der LWL einen Termin, eine Entscheidung oder Vereinbarung getroffen hat, wird diese als verbindlich und beschlossen angesehen. Falls dies zweimal nicht der Fall sein sollte, wird ein Gespräch unter vier Augen abgehalten, wo die Dinge pointiert angesprochen werden. Die Zeit des Anderen ist als gleichwertig, wie meine eigene, zu behandeln (13. Grundgesetze der LEITWÖLFE – Band 2).

Ich, ____

investiere in den nächsten 60 Tagen wenigstens – 12 Minuten pro Tag (!) – um auf dem Weg zum LEITWOLF-BEWUSST-SEIN weiterzukommen. Ich lese nur einen LEITGEDANKEN und denke, fühle und handle dann erst – in mich hinein. Damit kultiviere ich mein LEITWOLF-BEWUSST-SEIN.

Datum: __________________ Uhrzeit: ____________________

Gut gemacht, LEITWOLF.
Now we talking.

Du willst eine Abkürzung, weil Du ja nicht so der „Leser" bist oder doch lieber schneller vorankommen möchtest?

Deine Abkürzung und Ergänzung: 1 Stunde, 1 Tag oder 1 Jahr.

Die 1. Warnung gelesen und die Vereinbarung – MIT MIR – ist getroffen. Die nächsten Stunden, Wochen, Monate und Jahre werden alles andere als leicht oder nur angenehm. Doch genau das – die Tiefe und Hintergründigkeit – wird auch Dir ein anderes Lebensgefühl übermitteln.

1. Selbstsabotage gestoppt O ICH WILL ... und kann nicht anders!
2. Beeinflussung erkannt
3. Manipulationsfreiheit leben

Wenn Du genau deswegen alle „Strapazen" auf Dich nimmst, dann bist Du JETZT und HIER sowas von richtig.

Und mein, sich in der LEITWOLF-TRILOGIE wiederholdender, Apell wird Deine Realität – früher oder später:

VERBRENNE DEINE #GRUENDELISTE

Tue es spätens nach 60 Tagen.
Versprochen?
Ich erinnere Dich – ständig – daran.

Aufgelöst:
Welches Problem?

Welche Frage stellst Du mir?
Wer möchte wirklich Antworten und keine Gründe?

Du hast mich.
Das ist ok.
Für diesen Zeitraum bin ich Dein.

Aber anders als Du denkst, fühlst und handelst.
Ich höre genau hin und dann …

Spiele ich nicht mit – Dir.

Ich gewinne mehr als nur Dein Vertrauen.
Meine Erzählungen fruchten und gehen tief.
Die Ansätze sind plausibel und abgespeichert.

Umsetzungsgeschwindigkeit.
Lass Taten folgen.
Das Verständnis ist geschaffen.

Wunder gibt es immer wieder!

Doch das ist Talent und Erfahrung gemischt.
Dein Cocktail zur Unbeschwertheit.

~~Selbstsabotage gestoppt!~~

Eine Stunde reicht (mir) dafür aus.

1 Person.
1 Frage.
1 Lösungsweg.

Einleitung

Es reicht mir!

Du verschwendest nicht meine Zeit.

Ach komm' schon.
Du weißt wie liebevoll ich Dich gerade wach kitzle?
Oder sind wir noch nicht im Kontakt?

So früh schmeiße ich die Flinte nicht ins Korn, den ich bin ja bekanntlicherweise DerFUCHS, der nicht mit Kanonen auf Spatzen schießt.

Genug der Redewedungen.
Jetzt geht es rund.
Wir drehen uns im Kreis.

Es geht hier und jetzt um das Elementare. Um Deine Geschichten, – die Dir Dein LEIDWOLF mit seiner Band – mit den unterschiedlichsten Stimmenimitationen – laut, leise und ohne Pause – ins Hirn „singt ".

Es reicht (!) nicht nur mir – um damit eine ganze Menge anzustellen. Nein, es ist auch das Futter für Deinen LEITWOLF und seine Gedanken dazu – wer Du sein könntest – Dich aber nie getraut hast zu sein.

Wer mag das schon wissen?

Ich sicher nicht, denn wir kennen uns bestimmt erst zu kurz um das zu dürfen. Und im Puff in Barcelona waren wir auch nicht, also ...

Du weißt ganz genau, das mit mir nicht gut Kirschen essen ist, wenn Dein LEIDWOLF wieder anfängt, was alles nicht geht und WARUM Du so doof und brav weiter vor Dich „leben" sollst.

Die falsche Sicherheit, der alten todgeweihten Stimmen – in Dir.

Das Kapital horten und für schlechte Zeiten aufbewahren. In der Zeit legt die Arche ohne Dich ab. Zu spät, aber genau richtig für den Untergang. Augen zu und weiter hoffen.

Ich weiß, und das ist keine Vermutung, dass Du die beste Version Deiner Selbst bist. Dein Bewusstseinszustand lässt nichts anders zu. Deine Überzeugungen sind überholt und doch verflucht robust, weil einstudiert.

Du bist ausgeliefert und handlungsunfähig, wenn Dein LEIDWOLF weiter für Dich denk, fühlt und handelt. Aber das ist Dir ja nicht neu – für Dich – sondern außerst vetraut und bekannt. Dafür hast Du ja mich, der das sicher – nicht mehr – macht oder akzeptiert.

Was ist das für eine Einleitung.
Wohl eher ein Einlauf?
Lass es raus.

Die Kopf- und Magenschmerzen haben einige Gründe, die besser noch nicht auf der Hand liegen. Das übergibt sich schon nach 60 Tagen.

Scheiße, bin ich gut darin, Dinge auf den Punkt zu drücken …
ich meinte – auf meine Art und Weise – verständlich zu machen.
Du liebst mich dafür – LEITWOLF – und Du hasst mich dafür – LEIDWOLF. Darf DerFUCHS das?

Wechselbad der Gefühle!

Das kennt doch jeder.
Zieh' ab und schau nicht zurück.
Übrigens WANN?

Verbrenne Deine #GRUENDELISTE.

Dazu immer wieder und später mehr.

Wie wichtig dieses Ritual für Dich sein wird, wird sich zeigen. In Deiner Lebenswirklichkeit. Es gibt noch andere Ziele,

die wir fokussiert verfolgen werden, wenn Du es schon nicht tun willst.
Auf Deinem Konto und in Deinen Beziehungen ist genug zu tun.

Habe ich Deine offen Augen und Ohren?
Das ist erst die Einleitung nach der 1. Warnung.

Wir laufen gerade erst warm.
Wir beiden Hübschen.
Zuckerschneckchen.

Lies MICH bitte langsam und laut – im besten Falle. Höre Deine Worte und spüre mich. Wie ich war. Wie ich – nur für Dich – in Band 1 für Dich immer noch bin. Und ganz bestimmt nicht mehr sein werde, wenn Du mich erkannt hast.

Denn ich bin der LEITWOLF!
Und Du noch ... in der Selbstsabotage?

Wir haben jetzt mindestens 60 Tage – im Austausch – das zu ändern.

Und **DerFUCHS**, Fokus-Mentor
im LEITWOLF-BEWUSST-SEIN
zu Hause (August 2024)

Die erste Erinnerung und Wiederholung der Vereinbarung –
denn Doppelgemoppelt hält besser.

Ich, ____

investiere in den nächsten 60 Tagen wenigstens – 12 Minuten pro Tag (!) – um auf dem Weg zum LEITWOLF-BEWUSST-SEIN weiterzukommen. Ich lese nur einen LEITGEDANKEN und denke, fühle und handle dann erst – in mich hinein. Damit kultiviere ich mein LEITWOLF-BEWUSST-SEIN.

Datum: ________________ Uhrzeit: ________________

Meine #Gruendeliste

EWT: GRENZBEFREIUNG (Juli 2023)

1. ABFLUSS
Liebe, Sex und Wohlstand sind begrenzt auf wenige Menschen, die besser, schöner, klüger, stärker, fleißiger sind als ich es je sein könnte.

2. NOTWENDE
Ich bin vollkommen und für mich nicht selbst verantwortlich. Das sind immer die Anderen, die mich versorgen mit dem Notwendigsten.

3. MISSTRAUEN
Ich traue meinen Erfolgen nicht über den Weg.

4. INSTRUMENTALIST
Meine Macht, Menschen zu instrumentalisieren, ist ein Fluch und Segen für Andere als mich.

5. KONFLIKT
Wenn ich das weibliche Prinzip noch stärker leben lasse, sterbe ich als Mann.

6. SPRACHLOSIGKEIT
Ich bin noch nicht bereit, den Schlüssel zur Welt zu schmieden und zögere es hinaus.

7. STEUERFLUCHT
Ich bin kein wirklicher Unternehmer, der weiß, was zu tun ist, und wie ich dieses steuere ohne zu kentern.

8. ANREICHER
Ich darf nicht, ohne Andere „reich" zu machen, eigenständig meine Erfolge erreichen – aus eigener Kraft – genießen.

9. HÜRDENLAUF
Ich kann Liebe, Lust und Sex nicht mit Anderen teilen, um meine Phantasien endlich umfassender auszuleben.

10. MEHRHEIT
Es reicht mir, wenn ich so viel habe, wie ich zum (Über-)Leben benötige – und nicht mehr.

11. UNVERSTÄNDNIS
Mich verstehen viel zu wenige Menschen, denen ich mich anvertrauen würde, wer ich bin, ohne Heilen zu müssen als Gegenleistung.

12. TRENNSCHÄRFE
Meine Grenzen verschwimmen im geistigen und seelischen Kontakt mit anderen Menschen.

13. SEELENSTRIP
Meine Seiten nicht zu lieben und einfach sein zu lassen hat mich fest im Griff und würgt mich bewusstlos.

Später schreibst Du Deine #GRUENDELISTE und verbrennst diese ebenfalls (öffentlich). Spätestens am Ende von Band 1 ist es soweit.

Mit Vorfreude, Leidwolf?

SCAN ME

#GRUENDELISTE DerFUCHS
(YouTube)

Jederzeit – was auf die Ohren ...

Band 1 alleine ist der Anfang. Das war deutlich?

Die Verankerung der Leitgedanken wird stärker, wenn Du Dir dazu den Podcast „FUCHSTEUFELSWILD“ anhörst. Das ist kein Muss, aber sinnvoll und gratis überall wo es Podcast gibt. Doch die wirkliche Empfehlung überlasse ich gerne anderen:

Fuchskatapult
Wer immer schon mal wissen wollte wie es ist, wenn Dir morgens ein Fuchs ins Bett geschleudert wird und wie wach das machen kann, für den ist der Podcast sicher perfekt. Ein Mix aus Drill–Sergeant, Lebensweisheiten und Philosophie mit dem Ziel mich zu fokussieren, mir gefällt's
Werner Bohnen

Wer braucht noch Kaffee ...
... wenn er diesen Podcast hat. Wo nimmt Matthias nur diese Energie her? Wahnsinn. Ich nehm mir noch einen Kaffee ähh ne Podcastfolge.
Tombstone1848

Pulsbeschleuniger durch die Ohren
Der Podcast ist der Beweis, dass sich der Puls auch durch die Ohren beschleunigen lässt. Wer durch diesen Podcast nicht wach wird, braucht ihn auch nicht, denn er ist bereits tot.
CNCvolki

HÖRE JETZT DEN PODCAST, WO DU WILLST>

FUCHSTEUFELSWILD = DER PODCAST VON DERFUCHS

AMAZON!

SPOTIFY!

ITUNES!

SCAN ME

Meinungen

Ich glaube gar nix!

Aber denen die es erlebt haben.

„Du verkaufst dich völlig unter Wert!" sagte er ...

... und er hatte Recht!
Eingangs war ich bei diesem Coaching sehr skeptisch.

„Alles andere als esoterisch. Rational. Bescheiden. Genügsamer Mitarbeiter", so hätten mich Andere früher beschrieben. Ich glaubte nicht, dass ich im eigenen Unternehmen – lange schon dabei – aus dem Stand über 10% mehr Gehalt bekommen könnte. Heute kann ich da über mich selber lachen. Denn damals war ich noch nicht bereit für die Gehaltssprünge und Gehälter, die in der IT-Berater-Branche üblich sind. Doch nach dem Coaching fühlte ich mich „soweit". Dafür bin ich den Strategien, die ich vom Fuchs lernte, sehr dankbar. Er hat mich wachgerüttelt, fortan konnte ich MEINEN Weg klarer sehen und eindeutig entscheiden, wer ICH bin und was ich mit Mumm und Fokus bewirken kann.

Was ich mir selber in Retrospektive VOR dem Coaching hätte sagen sollen? „Investiere hier aus deinem persönlichen Fortbildungsbudget in dieses Coaching und setze um, was dir gegeben wird ...

... oder verkauf Dich weiter unter Wert!"

IT–Seniorberater, Hamburg

2023 hat er das erste Mal die 100.000 € Einkommens-Schallmauer durchbrochen und das als Angestellter ohne weitere Nebeneinkünfte

„Positioniere dich‘ ist eine Entscheidung fürs Leben!“

Geschäftsideen sind wie Kinder – da darf Dir keiner in die Erziehung reinfunken – außer einem: DerFUCHS hat es bei mir geschafft. Er durfte – und sollte! Sein interdisziplinäres Fachwissen in Führung, Marketing, Verkaufspsychologie, Geschäftsmodellierung und echtem Innovationsgeist wirkt stärker als jede Doping-Spritze für Top-Athleten. Er feuert seine Impulse aus hochkonzentrierter Denkleistung in einer solch zwingenden Art, die keinen anderen Schluss zulässt: Da denkt ein äußerst wohlwollender Experte meine glorreiche Zukunft voraus. Ein Niveau im Austausch auf Augenhöhe, und einer, der mehr Persönlichkeit gibt und niemals persönlich angreift, allerdings Fehlverhalten sehr direkt und deutlich benennt. Das habe ich so noch nicht erlebt – hohen Respekt und Danke!

Projektleiter, Iserlohn

„Nur wer selbst für etwas brennt, kann andere entzünden.“

In jeder Entwicklung (geschäftlich und/oder persönlich) spielen strategische Fragestellungen eine entscheidende Rolle. Welchen Weg wähle ich? Tue ich das, was unbequem ist? Manchmal benötigt man einen Impulsgeber, um seinen eigenen Weg zu erkennen. Einen, der einem ohne Umschweife und mit klaren Worten einen völlig neuen Blick eröffnet. DerFUCHS blickt mit unglaublicher Schärfe auf das Gesamtsystem. Seine geballte Methodenkompetenz ist für mich ein ganz wichtiger Schritt für meinen beruflichen und privaten Fokus. Klare Empfehlung für jeden zukünftigen Leitwolf.

Doktorand, Heidelberg

„Handlungssicherheit."

Junge Gründer oder Führungskräfte haben es bisweilen schwer, Ihren Weg zu finden, weil ihnen die Vielschichtigkeit der Erfahrungen eines ganzen Berufslebens fehlen. Das Für und Wider einer Entscheidung korrekt abwägen: Hier haben ältere Führungskräfte oder Unternehmer oft einen klaren Vorteil. Zum einen ist die konkrete Ausgestaltung des Zieles unklar. Und das führt dann häufig zu der unschönen Folge, dass das Ziel nicht mit genug Fokus angesteuert wird.

Ein weiteres Hemmnis war bei mir die Unsicherheit über den eigenen Wert, die mein Auftreten immer wieder beeinträchtigt hat. Beides habe ich durch die neue Sichtweise, die DerFUCHS hier mit Nachdruck vermittelt, überwunden. Mein heutiger Erfolg ist dadurch überhaupt erst möglich geworden.

Geschäftsführer, Essen

„Das Feuer brennt wieder."

Was ist der „blinde Fleck"? Den hat nachweislich jeder – der eine mehr, der andere weniger. Ich als Wirtschaftsberater im Bereich Innovations– Management kann nicht immer nur im eigenen Saft schmoren. Ich brauche Input und Feedback von außen. DerFUCHS ist als interdisziplinäre Quelle ein kraftvoller Motor zur echten Innovation. In jedem Fall schafft er die Disruption eingeschliffener Strukturen. Ungewöhnlich, non-konformistisch und mit äußerster Kompromisslosigkeit führt DerFUCHS so zum Ziel.

Innovationsberater, Bochum

„Sehr inspirierende und immer wieder überraschende Erfahrung."

„Ich bin kein Schönredner", sagt DerFUCHS von sich selbst. Er hat recht behalten. Seine Modelle verknüpft er äußerst anschaulich mit der Realität – und verändert damit die Gedankenwelt seines Zuhörers. Kompromisslos. Dazu zählen stellenweise auch kleine Nadelstiche ins Ego.

In einem Coaching habe ich das so noch nicht erlebt.

So schnell bin ich noch nie in exzellenten Kontakt mit anderen Teilnehmern gekommen. Jeder steht plötzlich zu seiner Meinung, statt brav in die Hände zu klatschen und sich nur am Buffet anzustellen. Was er macht, ist ganz sicher kontrovers. Eine Gratwanderung, allerdings sehr durchdacht und gerade dadurch gelungen. In jedem Fall: Voll mitreißender Energie.

Projektmanager, Essen

„Nicht reibungslos, aber definitiv ergebnisorientiert."

DerFUCHS war der nächste logische Schritt direkt nach der Gründung. Ein Korrektiv, aber was für eines. Ein wahrer Vordenker, der mein Geschäftsmodell buchstäblich „aufbohrte". Was bei mir zunächst als eher grobes Vorhaben daherkam, fasste er auf eine Weise zusammen, die sofort half, die DNA des Initiators, die Markterfordernisse und das interdisziplinäre Wissen zur ehernen Legierung zu verschmelzen.

Glasklare Logik, untrennbar mit tiefer Emotion verknüpft. DerFUCHS ist ein wahrer Meister in der Kunst, schnell und unkompliziert auf den Punkt zu bringen, was wirklich zählt. Nicht reibungslos, aber definitiv ergebnisorientiert.

Niederlassungsleiter, Bremen

„Kein Thema mehr …"

Als Unternehmerin und zielstrebige Frau hatte ich bereits viel erreicht. Dennoch war ich mir in vielen Bereichen unschlüssig, wo genau meine Reise mich hinführen sollte. Ausgerechnet ich, die doch stets sehr genau wissen will, wohin es im Leben geht …

Meine Ausstrahlung war schon lange kein Thema mehr. Doch es war etwas völlig Anderes, mich komplett für mich, eine Familie und den Aufbau meiner Unternehmen zu entscheiden, und die ganze Energie dafür aufzubringen …

Allerdings stand mein Entschluss. Und der **STÄRKENNAVIGATOR** war hierfür die initiale Zündung. Seitdem bin ich völlig zentriert. Und die damit verbundene Klarheit über mein Selbst in allen Facetten, das ist ein Geschenk, das bleibt.

Apothekerin, Düsseldorf

„Frag den Fuchs, wenn neue Ideen und Impulse gewünscht werden."

In einem Meeting zur Vorbereitung des Deutschen Schneidkongresses erlebte ich Herrn Fuchs, der dort als Keynote-Speaker referieren sollte, auf eine ungewöhnliche Weise. Er konnte sich derart schnell in die Herausforderungen der Branche hineinversetzen, genauer: in die Situation der potentiellen Zuhörer, dass es ihm ohne weiteres gelang, in Kürze sehr wertvolle Impulse zu vermitteln. Dabei sprudelten die Ideen nur so aus ihm heraus. Seine Empathie, seine herausragende Kompetenz, blitzschnell zündende Ideen zu entwickeln, hat die Zuhörer begeistert und mehr als angeregt. Sehr empfehlenswert.

Geschäftsführer, Solingen

„DerFUCHS lässt Dich selbst den Durchblick gewinnen."

Er bläst den Nebel vor Deinen Augen und der Erfolgsspitze des Berges einfach weg. Du gewinnst solche Struktur, kannst endlich orientiert und planungssicher handeln. Jungen wie erfahrenen Leitwölfen verhilft er dazu, sich ihrer Ziele sehr klar zu werden – und damit öffnet er den effektivsten Weg, diese Ziele auch zu erreichen.

Das ist allerdings kein Zuckerschlecken.

Er wird Dir keinesfalls nur sagen, was Du am liebsten hörst und was Dich weiter in Deiner Wohlfühlzone schnarchen lässt. Vielmehr zeigt er Dir schonungslos die tatsächlich schnellsten und besten Wege und Möglichkeiten auf, die mehr als Erfolg, nein, echte Zufriedenheit bringen.

Ziele fixiert. Marschroute festgelegt. Ab da liegt es nur noch an Dir, dieser Route zielstrebig zu folgen – und die Bergspitze ist nah.

Dualer Student, Essen

„Unverzichtbar für Vordenker."

Der Podcast, den wir zusammen mit Mattias M. Fuchs produziert haben, hat schon heute die meisten Zugriffe. Unser neues „Leitfeuer" ist wegweisend für die Mitarbeiter meines Unternehmens.

Wir wachsen gesund und stark.

Alles passt zusammen, und genau zur richtigen Zeit: DerFUCHS und ich als Leitwolf.

Geschäftsführer, Kirkel-Limbach

„Aufbruch zum Erfolg."

Das Kennenlernen und die Arbeit mit Matthias waren mein Aufbruch. Als Geschäftsführerin einer GmbH dachte ich 2015, ich könne endlich mal ernten, was ich bis dahin gesät hatte. Und dann stand ich ein Jahr später wieder auf Null.

Musste neu und alleine anfangen, mit Anfang 50.

Durch die Fokussierung von Matthias M. Fuchs und seine unnachahmliche Art, die Dinge zu analysieren und auf den Punkt zu bringen, konnte ich einen Neustart hinlegen, der sich gewaschen hatte. Mit ihm schaffte ich es, genau das zu meiner Lebensaufgabe zu machen, was ich wirklich liebe, die Themen, für die ich tatsächlich brenne – und die ich genau deshalb so gut beherrsche.

Heute bin ich als Umsetzungsberaterin für Datenschutz, Prozessoptimierung und Organisation etabliert, und kann rückblickend sagen, DerFUCHS macht erfolgreich. Danke!

Geschäftsführerin, Neuss

„Ein Mentor der anderen Art."

Mit seiner Ein-Wort-Taktik und als Fokus-Mentor hat er mein Herz und Hirn erobert. Unsere wöchentlichen Zoom-Calls haben mich ermuntert endlich auf die unschönen Themen zuschauen. Er weiß, was er tut. Dies ist kein Wischi-Waschi-Mentoring, aber dafür für jeden, der über sich hinauswachsen möchte. Ich liebe es, wie er mich triggern kann. Ja, das kann er. Keine Ahnung wie? Er findet genau die richtigen Knöpfe. Das schafft er auch ohne große Worte. Gezielt und fokussiert auf den Punkt. Er ist wie der Pfeil beim Dart.

Direktionsbeauftragte für Orga und Personal, Hannover

„Aufwachen! Es lohnt sich.“

Matthias Fuchs macht wach mit einem großen BÄM! Mit seinem angenehm lauten Wachrütteln inspiriert er zum Nachdenken und Umdenken. Seine Fragen dringen gleich zum Kern ohne unnötige Höflichkeiten.

Er will verbessern und verändern – für sich und Andere.

Man muss ihn nur lassen und sich nicht von seiner Offenheit und Ehrlichkeit abschrecken lassen. Wer mit Wattebällchen beworfen werden will und eigentlich alles so liebt, wie es ist, ist bei Matthias falsch. Wer wirklich reale Veränderungen im Mindset anstrebt und Bock auf das hat, was da noch geht – ist bei ihm richtig. Ich habe ihn während der Ausbildung zum Schlafcoach kennengelernt.

Unternehmerin, Frankfurt

„Offenheit und Neuausrichtung“

Als ich nach einem intensiven Vorgespräch das Trainingskonzept für mein derzeitiges Unternehmen buchte, hatte ich nur einen Wunsch: Ziele für die nächsten Jahre intern zu festigen. Anders formuliert, dass Einheit herrscht und Offenheit, die eine strategische Neuausrichtung erst möglich macht.

Ehrlich: meine Erwartungen wurden übertroffen.

Nach knapp 10 Stunden, gefühlt war es sehr kurzweilig, waren mein gesamtes Team und ich selbst hoch motiviert und fokussiert. Wie gesagt, ich habe schon einige ähnliche Veranstaltungen besucht und eingekauft, doch dass nach Monaten immer noch davon gesprochen wird, war mir neu. Wenn ein anderes Unternehmen vor ähnlichen Herausforderungen steht, weiß ich, wen ich sofort involvieren werde. Als Interimsmanager wird das häufiger vorkommen.

Dringende Empfehlung: DerFUCHS.

Geschäftsführer, Düsseldorf

„Der Nebel hat sich gelichtet …"

In relativ kurzer Zeit, waren Klarheit, Vision und Ziel wieder da. DerFUCHS ist anders … zum Glück!

Vielen Dank für Alles.

Business Berater, Herten

„Meet Coach Klartext"

Der Mann, der keine Wattebäusche wirft! Wenn du nach Norden willst, sagt er nicht „Folge dem Regenbogen ", sondern „Mach die Jacke zu und marschiere los!" Und wenn du dich verirrst, flüstert er dir ins Ohr: „Denk wie ein FUCHS – der findet immer eine Lösung!"

Head of Department Trading Goods, Regensburg

„Sehr lebendige, einprägsame Gestaltung des Workshops, sehr hohe Fachkompetenz!"

Matthias Fuchs hat durch seine einprägsame und lebendige Gestaltung des Workshops die Teilnehmer sehr gut erreicht und konnte durch seine Erfahrung und Fachkompetenz die Themen Innovation und Unternehmensführung sehr gut vermitteln. Die Teilnehmer selbst waren Gründerinnen und Gründer wachsender Unternehmen und freuten sich über Denkanstöße, wie trotz wachsender Strukturen und Hierarchien die Innovationsfähigkeit erhalten bleibt. Matthias Fuchs verstand es, die TeilnehmerInnen mitzureißen und einen kreativen Diskussionsprozess in Gang zu setzen. Die Resonanz im Nachgang zur Veranstaltung war außergewöhnlich positiv. Gerne werden wir mit Herrn Fuchs weiter zusammenarbeiten.

anonym, Projektmanager

Handhabung

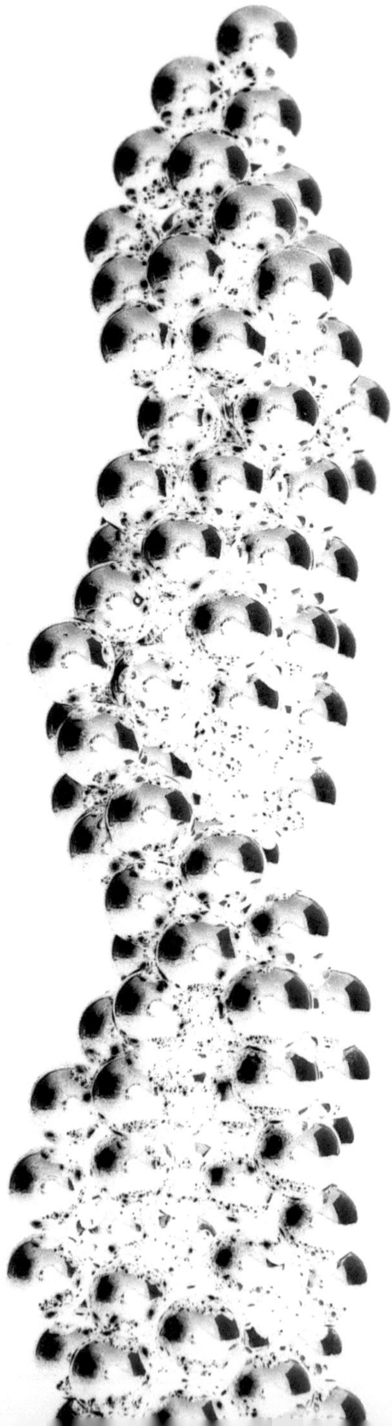

„Es bleibt Dir selbst überlassen, wie Du vorgehen willst, doch meine Führung fluppt so am besten: Folge mir einfach.“

» Bitte unbedingt vorher lesen, sonst wird die Wirksamkeit der folgenden 60 LEITGEDANKEN massiv eingeschränkt «

Handhabung

Dies ist Deine Gebrauchsanweisung (für die LEITWOLF-TRILOGIE).

Meine Gedankenbahnen sind, das ist mir inzwischen bewusst, speziell, anders und fordernd. Meine Gedankenblitze und neuronalen Sprung–bretter sind für Dich als Leser durchaus eine echte Innovation – radikal – insbesondere, wenn Du zum ersten Mal damit konfrontiert wirst.

Das kennst Du: Stell' Dir bitte vor, Du bist unterwegs auf der Autobahn, ganz gemütlich auf der rechten Spur. Tempo 120. Du hörst Deine Lieblingsmusik – alles ganz entspannt – kaum Konzentration auf das, was vor und hinter Dir geschieht. Weshalb auch? Keine besonderen Vorkommnisse.

Mit einem Lidschlag ändert sich alles. Aus dem Augenwinkel bemerkst Du im Rückspiegel, wie ein Objekt auf Dich zu rast. Ok – es ist nicht auf Deiner Spur? – Dein Magen krampft sich dennoch schlagartig zusammen …

In Deinem Kopf läuft ein Film wie in Zeitraffer ab.

Und während Du Dich noch fragst, was das wohl für ein Wagen ist, der da in Lichtgeschwindigkeit auf das Heck Deines Autos zuschießt, während Du gerade noch denken kannst, „Whohohoo, was zum Teufel ist das?" – in diesem Moment knallt das „Geschoss" auch schon mit gefühlt 300 Sachen an Dir vorbei. Die Wucht der Druckwelle presst Dich zur Seite – reißt an Deinem Lenkrad – Du hast null Zeit zu reagieren. Kalter Schweiß bricht aus, während es schon 200 Meter weiter vorne davonschießt und verblaßt.

Und jetzt, viel zu spät, knallt auch der Adrenalin-Cocktail in Deine Adern, überrollt Dein Sicherheitsempfinden mit absoluter Gnadenlosigkeit. Unbändige Wut UND widerwärtiger Neid kochen in Dir hoch, während Du nur noch einen einzigen Gedanken hast: „WAS FÜR EIN IDIOT!".

Du hängst völlig erschöpft in Deinem Gurt, fühlst Dich hilflos, verloren. Im kognitiven Nebel. Flucht unmöglich. Totstellen sinnlos. Es bleibt nur: Der Angriff mit Deiner ganzen (aufgestauten) Wut. Oder?

„Wow. Das will ich auch."

Leben mit Hochgeschwindigkeit, wenn Lust und Laune. Der Rausch absoluter Zielsicherheit auf dem Weg von A nach B – einem Eis-Projektil gleich, das von einem Scharfschützen genau ins Ziel gebracht wird und sich dann auflöst? „Blödsinn", denkst Du im nächsten Moment, ich fahr lieber weiter 120! Reicht doch völlig – so komme ich ja auch an – und umweltfreundlicher ist es auch …"

Du merkst schon: Du willst da bleiben, wo Du bist, LEIDWOLF? Leg das „Buch" weg. Jetzt. Es geht Dir doch viel ZU schnell, ZU direkt, ZU alles, ZU … Du kommst gar nicht mit. Gut so. Na, Du wirst schon Deine Gründe(liste) finden und bloß nicht aufschreiben.

Geblitzt in der 30ziger Zone!

Du willst lieber Umsetzungsgeschwindigkeit statt Tupperfahrt zur Heißdecke? Dann sind diese 60 LEITGEDANKEN hier genau das Richtige für Dich. Ein einzigartiges Konzentrat, gewissermaßen die Essenz meiner bisherigen Lebenserfahrung, mal kürzer, mal länger, jedoch stets ungewöhnlich, wenn Du so willst: Stromstöße in Dein NEUES DENKEN. Belebend und abtötend zu gleich. Was es – Du – braucht. Aber Vorsicht: Wie bei jeder Medizin gilt auch hier: Die Dosis macht's!

Beachte: Jeder Perspektivenwechsel braucht NEUES DENKEN – und dieser hier braucht 60 Tage – wie vereinbart. Bitte lies definitiv nur einen (!) der zwölf kurzen Texte pro Tag aus Band 1!

Der Grund ohne Liste: Du darfst den Inhalt jedes einzelnen Textes in Dir nachreifen lassen. Ja, er soll Dich aufregen und anregen, Dir endlich die richtigen Fragen zu stellen. Genau deshalb sind diese LEITGEDANKEN für Dich verfasst.

Denn es sind die entscheidenden Fragen, die Dich wirklich – langsam – zum LEITWOLF reifen lassen. Denn Deine NEUE ZUKUNFT beginnt mit klugen Fragen an Dich selbst (mehr in Band 2).

Da sind wir beiden noch nicht.

Die 12 LEITMODELLE sind – um Dir einen Vorgeschmack zu geben – auch hier schon eingewoben. Es gibt auch LEITPRINZIPIEN, die in Band 3 entweder erneut erinnert werden oder ganz alleinstehend hier richtig platziert sind. Die Überraschung liegt ganz auf Deiner Seite. Jeder Seite. Du blätterst einfach um und schon heißt es:

WTF!

Sei versichert: Was ich hier mit Dir anstelle, entwickelt eine Energie, die Dein Denken nie wieder loslassen wird, wenn Du Dich einmal darauf eingelassen hast, weißt Du, was hier gemeint habe. Das Lexikon der Leitwölfe kann damit auch als Nachschlagewerk verstanden werden, doch wie Du mich in Dein Leben einbauen willst, liegt kommplett in Deinen Händen und in Deinem Verstand, wie gut es Dir damit geht.

Die entscheidende Frage vorab ist also:

Willst Du das wirklich?

Die Antwort kannst Du Dir nur selbst geben. Willst Du hier nur im Popcorn-Modus lesen, nach dem Motto: Film reinpfeifen, Popcorn fressen – LEITGEDANKEN, um Deine müden Synapsen anzufeuern? Oder willst Du tatsächlich neue und anfangs durchaus unbequeme Denkmuster kennenlernen, die Dich in völlig andere Galaxien katapultieren, LEITWOLF?

Nur Du kannst das entscheiden – und erfahren.

Nur Mut: Du darfst und sollst alles überprüfen und kritisch hinterfragen. Dieses „Buch" sowieso. Vielmehr aber Dich und die Welt, in der Du heute noch lebst – atmest und hoffentlich sehr guten Sex hast. Dein bisheriges Territorium – ist damit gut umrißen – oder sagen wir: Dein Revier.

Lust mir täglich (gedanklich) zu folgen?
Du wirst jede Menge neuer Erfahrungen machen.
Versprochen!

Bereit?

Das ist der Weg zum LEITWOLF-BEWUSST-SEIN.
Willkommen in Deinen – und meinen – LEITGEDANKEN.
Im Band 1 der LEITWOLF-TRILOGIE.

Du willst?
Dann mach's jetzt – mit mir - aber so richtig!

MEIN WEG. UND
ANGEKOMMEN.

„Die Überraschung liegt ganz auf Deiner Seite. Jeder Seite. Du blätterst einfach um und schon heißt es: WTF!"

Leitgedanken

„Ab jetzt erholt
sich Dein Denken,
Fühlen und
Handeln, das ist
unvermeidlich.
Von mir für Dich.“

F wie...
Worin liegt Dein Fokus?

Gegenfrage: Was ist überhaupt „Fokus"?

Der Brennpunkt, an dem alle in eine Linse einfallenden Strahlen gebündelt werden. An dem sich buchstäblich die gesamte Energie der Sonne konzentriert. Die maximale (Lebens-)Kraft. Und damit sind wir schon bei der Mission dieses „Lexikons". Meine erste sehr ernstgemeinte Frage an Dich: Weißt Du wirklich ganz genau, wo sich in Dir Deine Potenziale bündeln und wofür Du tatsächlich brennst?

Oder hast Du nicht viel mehr oft so ein Gefühl, erst mal die Linse putzen zu müssen, weil das Bild immer unscharf oder völlig verwackelt ist? Weil Du bisher ziemlich – oder vielleicht sogar total – orientierungslos im Ozean all Deiner Möglichkeiten dahingetrieben bist. Wie ein Stückholz – das von den Gezeiten des Lebens aus fremdem Antrieb mal hierhin, mal dahin schwimmt? Nicht zuletzt, weil Du dauernd beweisen willst, dass Du doch auch „ein bisschen was wert" bist und es ständig keiner sieht?

Aber was soll es denn da helfen, seinen Fokus neu zu justieren?

Nun, um es „auf den Punkt zu bringen": Deinen Fokus zu finden bedeutet, schneller die Perspektive zu wechseln zu können. Den Blick (auf die Welt des Anderen) neu zu schärfen. Klingt simpel. Es im Alltag durchzuhalten, ist allerdings alles andere als gelernt und läuft automatisch. Weil Du damit gefordert wirst, Deine „Welt" nun, sagen wir mal, mindestens zu prüfen. Glaub' mir: ich weiß, wovon ich spreche: Den Fokus zu halten, braucht auch Disziplin. Wenn Du so willst: Eine Art inneres Qualitätsmanagement, das strengen Regeln folgt. Deinen. Missachtest Du diese, wächst die Gefahr, dass Du Deinen Fokus ebenso schnell wieder verlierst, wie Du ihn vielleicht durch Band 1 gewonnen zu haben glaubst. Und wenn Du anderen erzählst, Du hättest da so ein „Buch" angefangen, könnte es sein, dass sie Dich – wieder einmal – nicht so richtig ernst nehmen, falls Du diesen Fokus dann wieder verlierst …

Wenn Du also dieses „Buch" gekauft hast, um Dein (NEUES) DENKEN tatsächlich nachhaltig zu verändern: Sei willkommen. Solltest Du es gekauft – oder geschenkt bekommen – haben, um einfach noch ein „Buch" mehr in den Schrank zu stellen, um es dort verstauben zu lassen, oder es „für später aufzuheben": Wirf es sofort weg, noch besser: Verbrenne es, wie Deine #Gruendeliste – am Ende.

Spinnst Du, FUCHS? – Nein, nein, mein Freund!

Fokus bedeutet: Ganz oder gar nicht, das ist wie beim Kinderkriegen: Ein bisschen schwanger geht nicht – und viellcht kannst Du das nachempfinden?

Betrachte mich daher gerne als Deinen Geburtshelfer – Deine Hebamme – die Dir zu Deiner Wiedergeburt verhilft. Die Du Dir ja möglicherweise schon Dein ganzes Leben lang gewünscht hast? Widerspruch?

Auferstanden ...

Als Autor, Fokus-Mentor, Philantroph und Initiator der weltweiten Bewegung VERBRENNE DEINE #GRUENDELISTE und als Leitreder gebe ich Dir (und Deinem Unternehmen) die Erglaubnis, einen radikalen Perspektivenwechsel zu wagen. Den Kontrast bewusst zu erzeugen. Dein Selbst- und Dein Weltbild können dabei durchaus – kurzzeitig – ins Wanken geraten. Keine Angst: Ich traue Dir schon zu, dass Du das aushältst – bist ja schließlich bis jetzt auch einigermaßen ohne klaren Fokus durch's Leben geeiert, da schadet ein bisschen Fokus-Nachhilfe-Stunden-Tage-Jahre ganz gewiss nicht, richtig?

Also nochmal: Bist Du bereit?

Dann los, ich verspreche Dir, mein Blick von außen wird Deinen eignen so verändern, wie Du es – im Moment – noch gar nicht für möglich hältst.

Dabei helfen Dir übrigens – und nicht zuletzt – die Beiträge meiner zwei Gastautoren – Immo und Detlef. Ihre Worte haben Gewicht, also:

Lass sie ... mal ... wirken.

Doch jetzt ist es höchste Zeit für Dein Vergnügen. Willkommen bei Deinen ersten zwölf LEITGEDANKEN zum Nachdenken. Stopp, da sind wir schon beim ersten Haken: Wir wollten das doch ab sofort anders machen: Nicht mehr nur „nachdenken", sondern ... na ... Du weißt schon ...

Übrigens die letzte Frage von Dir an mich, bevor es los geht ...

Werden mich die folgenden 60 LEITGESCHICHTEN sabotieren, beeinflussen und manipulieren (wollen und dürfen)?

JA. JA. JA.
Natürlich.
Exakt das.

Es wird geschehen und so soll es sein.

Wenn Du Dich in mir siehst und die Erfahrungen als Deine erleben – empfinden – willst ist das die komplett stimmige Haltung zu mir und zu dem was ich hier für Dich „eingepackt" habe.

Ich liebe es zu geben.
Und zu bekommen noch viel mehr.
Geschenke ...

Deine Abkürzung und Ergänzung: 1 Stunde, 1 Tag oder 1 Jahr.

MEIN WEG. UND
ANGEKOMMEN.

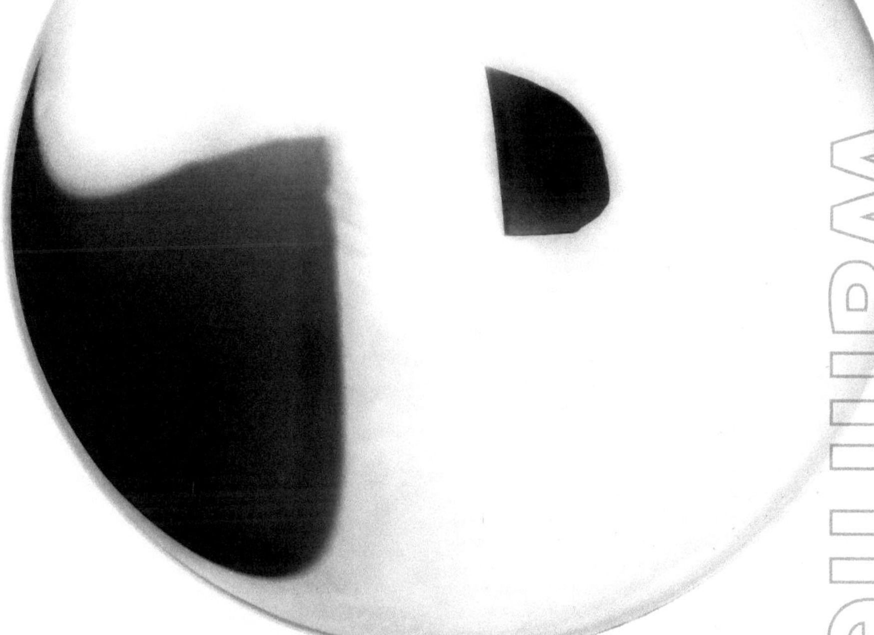

Wahrheit

Wahrheit

und was sie mit Dir als LEITWOLF macht

Wenn mich etwas im Leben geprägt hat, dann ganz sicher die Aufrichtigkeit mir selbst gegenüber. Weshalb diese helfen soll? Das zeige ich Dir – immer wieder – wie ich lebe. Du profitierst unmittelbar davon, wenn Du sie Dir selbst gegenüber zulässt. Kannst Du das?

Bild' Dir Deine Meinung!
„Muttersöhnchen. Langweiler. Opfer." Ja, da staunst Du: So habe ich jahrelang über mich gedacht. Aus meiner Lethargie rissen mich allenfalls Computerspiele und die Glotze. Dort gab's ja ständig künstliche Gefühle auf Knopfdruck, erzeugt in der Retorte einer hochmanipulativen Welt.

Ich konsumierte das damals verfügbare, intelligenzbefreite TV-Programm wie ein Junkie seinen täglichen Schuss. „Der Preis ist heiß" oder „Familien-Duell" in Dauerschleife. Kennst Du nicht mehr? Du findest heute sicher sehr Vergleichbares in Deiner Mattscheibe oder im Netz.

Immerhin: Ich wuchs geliebt und wohlbehütet auf. Null Risiko, kein nennenswerter Erfolg. Außerschulisches geistiges Wachstum? Fehlanzeige. Ich las kaum, und falls doch, allenfalls maximal bebilderte Bücher über Dinosaurier (Was-ist-was). Wieso solltest Du auch irgendetwas ändern, wenn Du täglich vorgelebt bekommst, dass Dir Dein nahes Umfeld, Deine Eltern und die Medien doch alles geben. Moment: Was bedeutet bitte: „Alles?"

Zweite Nabelschnur direkt nach der Geburt angeschlossen.
Check.
Abhängigkeit hergestellt.
Check.

Ich glaubte früh und schnell.

Und zwar immer alles, was ich so sah und hörte. Vertrat vehement die Meinungen anderer. Lebensmotto: Hauptsache Spaß und Ruhe.

Echten Sinn für meine Existenz fühlte ich damals – nie!

Weder in der Schule, noch am Arbeitsplatz, noch in einer Beziehung. Zu überlegen, was so ein „Sinn" sein sollte, war nix für mein altes Ich. Ich war gleichgeschaltet, wie so viele.

Nur, wofür war ich hier?

Was sollte ich, bitte schön, mit meinem Leben anfangen? Kein Plan. Keine Idee. Es war ja alles „ganz ok". Bis eben zu diesem einen Tag, der mich völlig aus der Bahn werfen sollte. Es war der Tag, an dem sie starb. Meine Mutter. Der Tod traf mich wie ein Keulenschlag, den ich bis heute spüre. Gewiss, ihr Tod war angekündigt. Und kam doch viel zu früh. Der Fixstern meiner Kindheit, meiner Jugend – mit einem Mal verglüht.

WARUM? WOFÜR? WIESO? UND WIESO JETZT?

Verloren jede Sicherheit. Der zerbombte der Schutzraum über Dir. Liebesentzug. Du verstehst es ansatzweise – das Grauen dieser Leere – die den Atem raubt. Verstehst aber nicht, was mit Dir geschieht. Weißt nicht, wie Du je zurückkehren sollst auf Deine „normale" Umlaufbahn. Nichts bleibt, als ein schwarzes Loch. Millionen Kilometer groß. Aus dem jetzt nichts mehr zu Dir dringt – kein Lichtstrahl – schon gar keine Materie. Nichts. Deine Seele kalt und orientierungslos – will hinterher – möchte selber sterben – und Du weißt nicht – wie Du weiterleben sollst).

Ab jetzt will ich Antworten?

Es packt Dich diese Frage, die Dich nie mehr loslässt, so sehr Du ihr auch entkommen willst. Du wehrst Dich, tobst. Schreist. Willst nichts mehr hören. Nichts mehr sehen. Instinktiv weißt Du es: Du musst Dich jetzt entscheiden. Es ist dran. Parallel oder nacheinander. Es geht immer beides (Band 1 täglich, Band 2 wöchentlich und Band 3 monatlich).

Willst Du so weiter machen, wie bisher?

Ist da nicht mehr, dem Du folgen solltest, folgen wolltest? Du bist gerade zwanzig – jung genug – um neu anzufangen – doch schon zu alt für so viel Leben? Hast Du die Kraft, Dich hier und jetzt zu trennen – von allem – was Dir lieb und teuer war? Wo bitte ist denn jetzt Glanz und Gloria?

Und plötzlich wachst DU aus der Selbsthypnose auf, LEITWOLF.

Ich will ... ich will ... ich will ... ja, was denn nun?
Was wollte ich denn wirklich, wirklich, wirklich?

Ein Ausgang aus dem LEITWOLF-LABYRINTH?

Kennst Du das? Der größte Schock wird zum Beginn von etwas völlig Neuem. Das zuzulassen fordert Aufrichtigkeit, und das kann nach – innen und außen – sehr verletzend sein. Jedoch nur dann, wenn es wirklich stimmt. Du kennst das schon. Wärst Du sonst hier und würdest es Dir gefallen lassen, dass ich Dir auf den Zahn fühle, LEIDWOLF?

Lass' mich mal so beginnen: Auf Deiner Reise – bis hierher – zu mir – hast Du schon genug Treibstoff verschleudert. Deine Kräfte unterdrückt: Talent, Bedürfnisse und Wünsche, und schlimmer: Du hast Deine wahre Aufgabe im Leben gut versteckt. Willst Du nicht bis an das Ende Deiner Tage weiter leiden? Wieso denn nicht, säuselt Der LEIDWOLF ins Ohr. Und bleib' unbedingt im Irrgarten!

Mein Gegenentwurf: Du änderst Dich – und zwar sofort.

Versteckt. Unbewusst. Im Stillen. Da leidet der eine weniger, der Andere noch mehr als Du. Aber wem sage ich das? – Deine Vorhölle kennst Du doch wohl selbst am besten, Du irrender Wanderer.

„Das ist Wahnsinn – warum schickst Du mich in die Hölle? – Hölle, Hölle, Hölle ..."

Einer meiner Mentoren hatte es – damals – besser verstanden, als ich: „Wer durch den Schmerz gegangen ist, der weiß, was Freude bedeutet." Halt' mal einen Moment inne: Was meinst Du dazu? Bist Du soweit, durch wahren Schmerz in Deine Freude zu gelangen? Bist Du bereit, ein Risiko einzugehen, das Dich wachsen lässt, gerade weil Du seine Schönheit doch zu schätzen weißt? Der Rose gleich, die sich durch Dornen schützt? Nun, meinetwegen mag die Frage Dir hier viel zu früh erscheinen, die Antwort fällt gewiss nicht ganz so leicht, oder?

Was mache ich mit meinem Leben – jetzt – und zukünftig?
Wieso komm' ich nicht aus dem Quark oder Knick?
Wie sehr neide ich den „Erfolg" der Anderen auf Instagram?

Und zu glauben, dass diese Anderen besser sind als ich?

Was für eine Macht schläft in mir, das lieber weiter pennen sollte – aus Furcht vor mir und meiner wahren Größe?

Bevor Dich das zu sehr beunruhigt: Wie wär's, wenn wir jetzt einen guten und sicheren Nährboden finden, der Dir hilft, Deine neuen, konstruktiven, positiven und wahrhaftig stärkenden Überzeugugnen schneller zu verwurzeln? Damit die mit besseren Ansichten beginnen – über Dich hinauszuwachsen.

Nimm' Dich wichtig!

Denn ab sofort zählt Deine Meinung immer mehr. Spar' Dich nicht auf! Denn nun zählt jeder Tag. Weil Du jetzt weißt, dass Du es nicht mehr duldest – es Dich tötet – weiterhin so zu leben – wenn Du nicht nach Deinen eigenen Maßstäben denkst, fühlst und handelst. Du hast die Reise schon begonnen, die erste Etappe ist erreicht. Komm' mit und folge mir weiter. Es ist Dein Weg – unserer – zum LEITWOLF-BEWUSST-SEIN.

Viele sehr vermögende, erfahrende und erfolgreiche Menschen behaupten, dass Du nur so wirst, wie Du sein willst, wenn Du das tust, was Du liebst. Voilà, so sehe ich das auch: Das ist der Hauptgrund für mich, Dir zu schreiben. Denn ja, ich liebe es, Dir Dein „echtes" Leben zu zeigen.

„So ein Schleimer", denkst Du vielleicht.

Nimm's, wie Du willst. Die gesamte LEITWOLF-TRILOGIE macht Dir eine Tatsache sehr bewusst: Deine Sabotage, Beeinflussung und Manipulation

– von außen – die erfüllende Prophezeiung in Dauerschleife – darf jetzt endlich, endlich enden. Genug damit, LEITWOLF.

Staub und Asche bleiben Dir als Andenken auf dem Kaminsims.

Spürst Du die enorme Energie, wenn Du Dich tatsächlich einmal entschieden hast? Sie endlich zuzulassen? Mal ehrlich: Wie schmeckt Dir eine Wahrheit, die Dich wachsen lässt? Immer noch gut? Dann ist schon bald der Moment für den nächsten LEITGEDANKEN!

Lies einfach morgen weiter.

Du weißt doch: Jetzt ist erstmal den Rest des Tages Pause!

Das hast Du Dir verdient und mir versprochen!

Wenn Du Dich noch besser verstehen willst, folgt hier noch ein vertiefender LEITGEDANKE ...

> Wie oft hast Du Dir schon selbst eingeredet, dass Du diese Ziele nicht haben kannst oder darfst, weil Du [setze Deinen Namen ein] bist und nicht [setze einen beliebigen Vergleich ein]?

MEIN WEG. UND
ANGEKOMMEN.

P.S. Schreibe hier Deine eigenen Gedanken auf, benutze Dein Begleitbuch, oder sprich direkt mit mir persönlich.

____

____

____

Klarheit

Klarheit

und was sie mit Dir als LEITWOLF macht

Hast Du Dir schon einmal gedacht „Höchste Zeit, endlich echten Erfolg zu haben und Deine wahre Größe am Markt der Möglichkeiten zu erkennen"?

Du bist der, der die Welt – auf welche Art auch immer – besser macht, vielleicht sogar: retten wird. Aus den Angeln hebt und neu zusammensetzt? Davon bin ich zu 100% überzeugt. Und Ja: Es ist verdammt nochmal Zeit, richtig Geld zu machen. Autsch, das darf man doch hierzulande nicht sagen ... Haha, hast Du Dich schon mal gefragt, warum US-Amerikaner sagen: „Let's make money" – während wir hierzulande lieber sagen: „Du musst Dir Dein Geld verdienen"?

Wieso funktioniert das denn bei Dir nicht?

Dein Selbstzweifel fräst schon wieder Schneisen ins Gehirn. Jeden Abend, jede Nacht, jeden Morgen und den ganzen lieben langen Tag. Hinterlässt hässliche schwarze Flecken, wie der Dreck, der beim letzten Schlamm-Catchen Dein weißes T–Shirt ruiniert hat. Oder so ähnlich ... Jedenfalls wird's langsam knapp und bald bist Du tot. Ups, „FUCHS, das kannst DU doch so nichts sagen"? Papperlapp, was soll das Süßholzgeraspel? Ich tue es einfach. In spätestens 80 Jahren – von heute an gerechnet – heißt es auch für Dich:

Game over!

Manche sagen, sie werden einfach älter und weiser. Stimmt das? Ich weiß nicht, ob das auch auf Dich zutrifft. Reifst Du für ein Ziel, oder immer nur Richtung Untergang? Wobei dies im Grunde genommen dieselbe Richtung bedeutet, eben nur unter anderen Vorzeichen.

Welche Parameter Du auch siehst, wie auch immer Du sie interpretieren magst: Sie stimmen alle. Motiva(k)tion kann genauso gut abstoßen und in die falsche Richtung führen (Band 2).

Kennst Du Deine Richtung?

Ich kenne meine. Weil ich davon überzeugt bin, daran glaube. Ja , genau– G L A U B E – das ist das richtige Wort. (M)ein unumstößlicher LEITWERT für ein gelungenes Leben als LEITWOLF? Gleichzeitig auch meine Prüfung: Traue ich mir zu 100%? Meine Antwort – soviel Ehrlichkeit muss sein:

Nein.

Ich habe selbst heute immer wieder Momente – meistens eher Stunden, manchmal auch Tage (früher waren es Wochen) – da zerfleische und geißle ich mich – seelisch – mit allem, was dazu gehört. Bis sich – im übertragenen Sinne – das Fleisch vom Knochen zu lösen scheint, mein Blut – der Lebenssaft – buchstäblich spritzt und der ganze Raum besudelt ist. Wie in einem Splatter-Horrorfilm ohne nennenswertes Budget. „Du übertreibst, FUCHS"! – Na, immerhin hast Du jetzt in etwa eine Vorstellung davon, wie das abgeht: Dieser Einschlag und das Freudenfest ...
Du kennst und genießt das LEIDWOLF.

Und jetzt Deine Überraschung.

Selbstzweifel sind – geil! Ich weiß, dass das richtig ist. Trotzdem leide ich in solchen Phasen massiv. „Wie soll das richtig sein? Hast Du eine Macke, FUCHS?"

Lass mich kurz erklären: Alte Überzeugungen prüfen mich. Meine Vergangenheit will mich zurück. Verführerisch, dieses altbekannte Szenario – das doch immer so bequem – weil gewohnt, war. Eine einzige große Spiegelfläche zum permanenten Abgleich meiner Taten und Gedankenwelt. Selbstzweifel als Gedanken-Check. Als Mittel zum geschärften Fokus.
Auf eines kannst Du Dich jetzt schon verlassen: Du wirst immer Wochen, Tage, oder Stunden haben, in denen Du an Dir selbst (ver-)zweifelst. Merk Dir aber eins: Nicht jeder nutzt seine Selbstzweifel zur sinnvollen Selbstreflexion. Du ab jetzt schon, LEITWOLF.

Und damit sind wir bei Dir.

Wenn Du Dich noch besser verstehen willst, folgen hier noch vertiefende LEITGEDANKEN

Prüfungsfragen und Aufgabe für Dich:
> Wie oft sind aus Deinen Zweifeln geniale Pläne und Taktiken geworden, die einfach nur Zeit benötigt haben, um zu reifen?

> Wann hast Du das letzte Mal Deine Wunden geleckt und dabei den Geschmack des Selbstmitleids mit jedem Zungenschlag genossen?

> Wie fokussiert bist Du nach dieser kurzen Reise durch Deine Selbstzweifel?

Bitte nimm' hierfür Stift und Zettel zur Hand und plane maximal eine Stunde ein. Ich weiß wir haben nur 12 Minuten pro Tag vereinabrt, doch hier könntest Du die erste Ausnahme machen, LEITWOLF?
Viel Vergnügen dabei. Genieße den Zweifel – endlich – einmal und lass ihn gehen.

Deine Abkürzung und Ergänzung: 1 Stunde, 1 Tag oder 1 Jahr.

MEIN WEG. UND
ANGEKOMMEN.

P.S. Schreibe hier Deine eigenen Gedanken auf, benutze Dein Begleitbuch, oder sprich direkt mit mir persönlich.

Aufgelöst:
Welches Problem?

Welche Frage stellst Du mir?
Wer möchte wirklich Antworten und keine Gründe?

Du hast mich.
Das ist ok.
Für diesen Zeitraum bin ich Dein.

Aber anders als Du denkst, fühlst und handelst.
Ich höre genau hin und dann …

Spiele ich nicht mit – Dir.

Ich gewinne mehr als nur Dein Vertrauen.
Meine Erzählungen fruchten und gehen tief.
Die Ansätze sind plausibel und abgespeichert.

Umsetzungsgeschwindigkeit.
Lass Taten folgen.
Das Verständnis ist geschaffen.

Wunder gibt es immer wieder!

Doch das ist Talent und Erfahrung gemischt.
Dein Cocktail zur Unbeschwertheit.

~~**Selbstsabotage gestoppt!**~~

Eine Stunde reicht (mir) dafür aus.

1 Person.
1 Frage.
1 Lösungsweg.

umwelt

Umwelt

und was sie mit Dir als LEITWOLF macht

Ein Seitenarm vom Fluss der Täuschung.

Die größte Enttäuschung ist die, zu viel oder zu wenig von Anderen verlangt zu haben. Zu hoffen und zu beten, dass es doch passen möge. Fakt ist, es passt so gut wie nie, weil unsere Worte, egal wie klar sie ausgesprochen werden – viel zu oft alles andere als klar beim Anderen ankommen. Stell' Dir doch ein solches Gespräch einmal als ein Glas Quellwasser vor. Anfangs – bevor gesprochen wird – ist alles glasklar. Im Laufe des Treffens aber träufelt jeder dem Anderen mit einer Pipette seine Überzeugungen und Erwartungen ins Glas.

Und schon trübt sich die Stimmung.

Du weißt natürlich, dass das beinahe unvermeidlich ist. Es fängt bereits an, noch bevor das Gespräch beginnt. Die Absicht. Die Körpersprache. Die Kleidung. Die Mimik. Wir verlassen die 1. GLAUBENSPHASE nach oben (Band 2).

Und prompt ist gegen Ende des Gesprächs nichts mehr so klar und deutlich, wie zuvor in Deinem Kopf. Alles hat sich verändert. Nichts ist mehr, wie bisher. Das Quellwasser – alle Überzeugungen, Empfindungen, jede Wahrnehmung – ist gefärbt. Allein durch den Kontakt. Schon das reicht und verändert die Qualität dieses anfangs noch so reinen Flusses.

Und mit der Zeit – nur darauf kommt es an – färbt Dich die gemeinsame Zeit. Merkst Du, worauf ich hinaus will? Überlege Dir gut und prüfe taktisch, mit wem Du ab sofort Deine Gedankenwelt teilst. Das erscheint Dir trivial?

Nun, Du bist gewarnt.

Denn Du lebst gewissermaßen mitten im Farbkasten der fünf Menschen, mit denen Du die meiste (geistige) Zeit verbringst. Es ist diese gedank liche Zeit, die so elementar ist: Vater, Mutter, Mitarbeiter, Vorgesetzte, Kinder …

Je mehr Du diese Personen in Deine Gedanken eintauchen lässt, desto mehr färben sie Dich. Das ist definitiv unvermeidbar und in vielen Fällen ja auch sehr sinnvoll.

Zeit für Deinen persönlichen Farbkasten.

Diese Übung zeigt Dir auf, wer Dir wirklich wichtig ist und Deine Ideale möglicherweise teilt. Wesentlich ist Deine Aufrichtigkeit. Ist das damals so gewesen, heute auch noch und morgen auf jeden Fall ebenso?

Einige Menschen halten gerne an alten „Freunden" fest, die sich jedoch gar nicht mitentwickelt haben und möglicherweise sogar keinen Drang haben, den Weg zum LEITWOLF-BEWUSST-SEIN mitzugehen. Dich aufhalten. Stoppen wollen, weil diese Personen nicht die Kraft in sich spüren, die Du täglich im ETL beweist. Wenn Du Dich nicht verabschieden magst, den Grund kenne ich nicht – ich bin nicht Du – dann reduziere die Zeit auf ein Minimum. Mir tat es gut, diese Entscheidung zu treffen, denn meine Zeit ist endlich und diese verbringe ich mit LEITWÖLFEN und Menschen, die mich fördern und lieben wie ich war, bin und werde. Die Vergangenheit ist nur das „woher", nicht das „wofür, was und wie"!

Jetzt schau mal bitte in Deine geöffnete Handinnenfläche, in der Mitte liegt das Zentrum …

Was siehts Du da? Wenn Du Dich als den Ausgangspunkt verstehen willst, stimmt das für das Experiment. Das ist spannend, richtig?

Das bist im Moment Du, die Quelle.

Von Dir, dem Mittelpunkt Deiner Welt, gehen fünf Richtungen ab. Diese stehen für Deine fünf Begleiter auf dem Weg zum LEITWOLF-BEWUSST-SEIN. Während Du in die Handinnenfläche schaust, genau so, Du kannst ja das „Buch" dabei hinlegen, schau immer intensiver Deinen kleinen Finger an.

Sehr gut.

Der kleine Finger steht für eine Dich behütende Person oder sogar Gruppe. Dieser Begleiter will Dich bewahren vor Schuld, Scham und schlechten Einflüssen Anderer.

Wer kommt an dieser Stelle zum Vorschein?

Hast Du jemanden im Sinn? Wer nimmt diese Position in Deinem Leben ein und will Dich auf Deinem Weg zum LWB „schützen"?

Sehr gut.

Lass Dir etwas Zeit, obwohl der Name wahrscheinlich schon auf Deiner Zunge liegt und nur noch aufs Papier gebracht werden will. Mach das jetzt bitte, ohne weiter darüber nachzudenken, ob es richtig oder falsch sein könnte. Korrigieren geht ja immer. Also ...

Sobald Du Dir sicher bist, gib diesem bedeutenden Menschen eine intensive Farbe. Eine Farbe, die genau passend ist zu der Begleitung.

Farbe festgelegt?

Nimm Dir wieder genug, aber nicht zu viel Zeit dafür. Male in Band 1 (S. 64) mit dieser Farbe oder aber schreibe die Farbe vorab als Wort. Fixiert.

Dann: Zurück zum Ausgangspunkt.
Deinem Mittelpunkt. Zu Dir.
Du bist die Quelle.

Dein Fokus ist in der Handinnenfläche.

Du bist Dir klarer und freust Dich über den ersten Begleiter. Deine Welt ist für Dich dadurch viel bunter als bisher. Das war meine Absicht für Dich.

Bitte gehe mit Deiner Aufmerksamkeit und dem Blick zu Deinem Ringfinger. Mein Schatz! Hier ist er, der Garant, der seit gefühlt einer

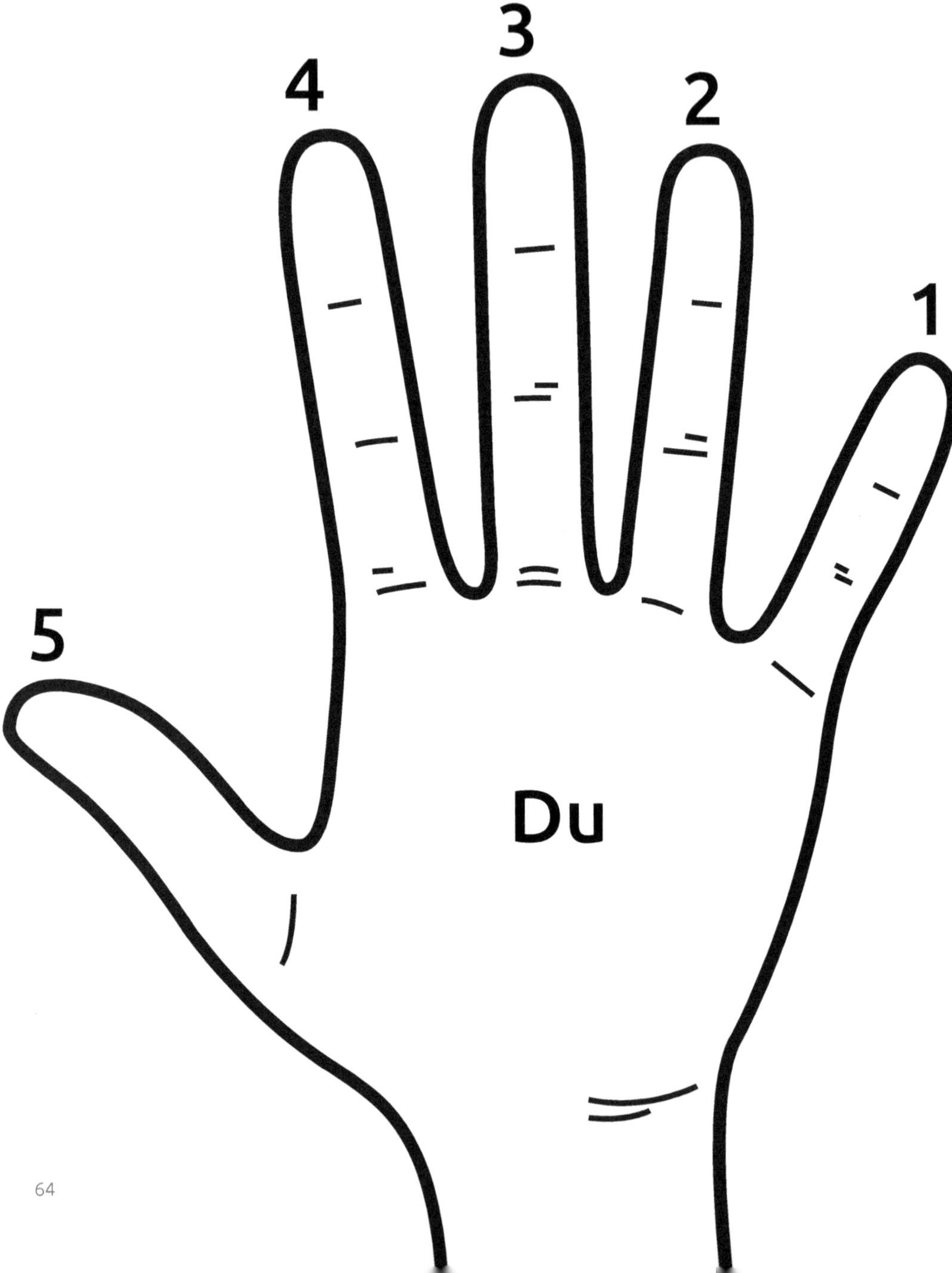
3
4
2
1
5
Du

„Mir tat es gut,
diese Entscheidung
zu treffen, denn
meine Zeit ist
endlich und
diese verbringe ich
mit LEITWÖLFEN
und Menschen,
die mich fördern
und lieben wie
ich war, bin und
werde."

Ewigkeit in Deinem Leben ist. Ein Samwise „Sam" Gamgee, der nicht von Deiner Seite weicht. Der durch Dick und Dünn gegangen ist und weiter gehen wird.

100% Glaube statt nur Vertrauen.

Wer nimmt diese Position ein?
Welche Farbe gibst Du dieser Person? Was gefällt Dir neben der schon gewählten Farbe am besten? Was ist passend und macht Dir ein gutes Gefühl?

Wieder zu Dir zurück.

Du weißt ja: Du bist klar und rein. Dein Blick ruht auf Deiner Handinnenfläche – erneut. In Dir ruhend und in Deiner Kraft. Zeig Dir selbst den Mittelfinger. Das ist eine besondere Person für Dich. Das ist ein wichtiger Begleiter auf dem Weg zum LWB. Diese soll Dir unverblümt die Meinung sagen dürfen – verdammt offen und ehrlich.

Das ist die Aufgabe.

Wähle weise, wer das für Dich ist, der Kritiker muss, bei Bedarf, Deine Standfestigkeit und Entschlusskraft prüfen. Person gefunden?

Wunderbar, dann noch eine kräftig, leuchtende Farbe dazu bitte.
Finde diese schneller als bisher. Rot-Orange wäre z.B. eine Entscheidung.

Wunderbar.

Sei damit zufrieden und folge weiter der Übung.
Und wieder zurück zum Ausgangspunkt.
Zu Dir.

Empfinde die Reinheit des unberührten Wassers.
Wie beim Malkasten verlässt der Pinsel die Farbe.

Der Zeigefinger.

Dieser Finger ist jemand dem Du folgen willst. Der Dich beeindruckt. Dem Du Dich öffnen kannst und willst. Diese Person ist eine Zeit lang oder länger wegweisend und orientierend. Ein Wegweiser und Leitbild zu Deinem Ziel – kurz-, mittel- und langfristig. Weißt Du schon, wer es ist? Wer hat die Ehre Dich führen zu dürfen? Wem willst Du folgen? Welche Farbe verleihst Du dieser Begleitperson?

Wieder zurück zur Handinnenfläche, zu Dir.

Zum Schluss, und das ist vielleicht nur der Anfang der bewussten Wahl Deiner färbenden fünf Begleiter, kommt der Daumen. Diese Person unterstützt Dich und will für Dich das Beste. Wirklich. Fast schon selbstlos.

Ein treuer Begleiter und eine helfende Hand.

Eine Art von Rückgrat für Deinen Erfolg, ob beruflich oder privat. Wer ist das für Dich? Ohne Unterstützung geht es nicht, denn der Daumen gibt uns die Möglichkeit zu zupacken. Wenn der Daumen gebrochen ist oder möglicherweise abgetrennt wurde, ist die Hand fast nutzlos. Teste es gerne bei Gelegenheit aus, wenn Du es nicht glauben willst. Welche Farbe gibst Du dieser bedeutenden und anpackenden Person in Deinem Leben?

Fantastische Wahl, es ist ja Deine.

Schleim. Jetzt hast Du für Dich Deine 5 identifiziert, mit einer Farbe markiert und abgespeichert. Diese werden noch sehr wichtig werden. Schau genau hin. Wie wunderbar bunt ist Dein Leben eigentlich dadurch? Dein Leben hat alles, um als erfolgreich und farbenfroh bezeichnet zu werden.

Vorsicht!

Deren Meinungen sind nun noch stärkere Einflussfaktoren für Dich. Überlege Dir gut, wann Du zu welchem Themen wen kontaktierst oder befragen willst. Wer darf Dir wie und auf welche Art und Weise helfen? Eine Email, ein Telefonat oder ein einstündiges Gespräch, das sind unterschiedliche Dosierungen der Färbung. Sei offen dafür und lass Dich auch mal von anderen färben und entscheide dann, ob es Dich beeinflusst oder ob Du rein bleibst.

Klar.
Fokussiert.
Echt.

Fordere und führe Dich selbst mit Anderen als Stabilisierung und Spiegelung Deiner Realität. Deiner Welt.

Mit Deinem LTK bist Du geschützt vor den Angriffen Anderer, und je bekannter, erfolgreicher oder einflussreicher Du werden wirst, desto eher werden Dich neue Menschen wegen genau dieser Privilegien kennenlernen wollen, weil Du ein netter oder sogar guter Mensch bist. Ich bereite Dich damit darauf vor, dass Du definitiv beneidet werden wirst, wenn Du nach 52 Wochen ein LEITWOLF bist. Alleine Deine Ausstrahlung – Charisma – ist heller geworden. Das ist fast unvermeidlich und Dein LTK wird Dich nicht nur auf dem Boden halten – je nach Kontostand nötig – sondern Dir treu und loyal zur Seite stehen – trotz oder gerade weil Deine 5 den Weg zum LWB mit Dir gehen.

Ich bin ebenfalls für Dich da.

Das ist hier reine Prävention für Deinen zukünftigen Erfolg im geschäftlichen und privaten Leben.

MEIN WEG. UND
ANGEKOMMEN.

P.S. Schreibe hier Deine eigenen Gedanken auf, benutze Dein Begleitbuch, oder sprich direkt mit mir persönlich.

„… Wir verehren die Vergangenheit. Nicht vergeblich hat die Flamme im Herd so vieler menschlicher Generationen gebrannt und gefunkelt; aber wir, die wir nicht stillstehen, die wir für ein neues Ideal kämpfen, wir sind die wahren Erben der Herde unserer Vorfahren: wir haben daraus ihre Flamme geholt, ihr habt nur die Asche bewahrt.“ Jean Jaurès

Energie

4

Energie

und was sie mit Dir als LEITWOLF macht

Alles passt zusammen.
Es kann losgehen.
Nur noch ein kleiner Schritt.
Endlich: Neuanfang.
Das Wetter grandios.
Bestens gekleidet, entschlossen.
Königliche Haltung eingenommen.
Bereit zum Wandel in Erhabenheit.
Wie lange habe ich auf diesen Moment gewartet …
Nur noch ein kleines bisschen, es fehlt nicht mehr viel.
Noch fühlt sich alles so ungewohnt an. Aber schon sehr – reizvoll?

STOPP, falsches Wort.

Das Gegenteil trifft zu. Eher wie Sandpapier zum Nase putzen. Stärke 10 als 100. Es hinterlässt eine blutige Schleifspur – der Versuch. Verdammt, wie so oft im Leben: Vor das Seidentuch haben die Götter natürlich – was sonst – die harte Tour gesetzt. Jedes einzelne Körnchen der extrem harten Schleifsubstanz jagt Dir einen Tränenstrom in die Augen: Vorschliff, Zwischenschliff und Feinschliff – Lack ab – egal, mach weiter, zieh's durch, motiviert bleiben! Jetzt erst recht! Nach dem Motto: Mit (nur) einem Messer im Rücken gehen wir noch lange nicht nach Hause. Bämm! Diesen Text zu schreiben katapultiert mich buchstäblich in ungeahnte Höhen. Was für eine Freude, ein solches Feuerwerk meiner Überzeugungen mit voller Kraft zu zünden. Auf dass es am Firmament Deines neuen Horizonts in leuchtender Farbenpracht explodieren möge.

Hingabe.

Erinnerst Du Dich? Der ungebändigte Magnetismus? Diese (Schock-) Welle plötzlicher Energieentladung, weil Du Dir endlich erlaubst, das raus zu lassen, wer Du wirklich bist?

Right in your face.

Weißt Du noch, wann Du das letzte Mal einen solchen Kick – diesen himmelhoch jauchzenden Freudentaumel verspüren konntest? Und dann im Anschluss die Welle die sanft ans Ufer spült. War das gerade eben? Gestern? Oder erinnerst Du Dich kaum noch daran, so viele Jahre liegt es schon zurück?

Abstinenz.

Lass Dir kein X für ein U vormachen: Nicht der Weg ist das Ziel.
Vergiss' die banalen Wand-Tattoo-Sprüche und alles Esoterik-Gebrabbel.
Denn alles beginnt mit einer Entscheidung. Deiner Entscheidung.

Merke: Das Ziel wird am Anfang erreicht!

Einmal entschieden. Einmal festgelegt, folgt der Rest viel leichter.
Viel geschmeidiger. Du liest richtig, das gibt's auch für Dich:
Ein Schonprogramm für Dein empfindsames Näschen.

Seidentuch-Streicheln statt Sandpapier-Gescheuer.

Du hast natürlich wieder einmal die Wahl. Reibungslos und bequem ist nichts im Leben. Es sei denn, Du fokussierst Dich heute maximal und bringst alle Teile zusammen. Mach es Dir!

Wenn Du Dich noch besser verstehen willst, folgen hier noch vertiefende LEITGEDANKEN

> Welche fünf Dinge sind Dein "Seidentuch" und motiv(aktiv)ieren Dich?
> Welche fünf Dinge sind Dein "Schmirgelpapier" und demotivieren Dich?
> Wie wird aus dem "Schmirgelpapier" Dein "Seidentuch"?

MEIN WEG. UND
ANGEKOMMEN.

Risiko

Risiko

und was es mit Dir als LEITWOLF macht

Was ist das für Dich, Reiz und Risiko? Wann hast Du beide zum letzten Mal gespürt? Oder liegt dieses Gefühl schon viel zu lange zurück? Wann hast Du zuletzt in und mit Deinem Leben ungewohnte und wichtige Entscheidungen gefällt? Was bitte hält Dich davon ab, Deine attraktivste Vision Deiner Selbst endlich in Realität zu verwandeln?

Wovor scheust Du zurück?

Bringen wir es doch mal auf den (Brenn-)Punkt: Ein kalkuliertes Risiko einzugehen. Das könnte immerhin bedeuten, buchstäblich durchs Feuer zu gehen, sich bewusst zu sein: „Ja, bei diesem Vorhaben, diesem UNTERFANGEN (beachte das Wort) könnte ich mir ja brutal die Füße verbrennen und viel mehr: Chaos und schreckliches Leiden verursachen – gefangen im Schmerz der Unsicherheit ... wer kann so was schon wollen ...?

Deine Angst lodert hoch.

Sperrfeuer. Sofortige Blockade. Schutz. Doch wo Du schon einmal da bist mit dem Streicholz in der Hand: Folg mir doch für den Moment nur diesen einen, kleinen Schritt: Nach Kauai auf Hawaii, vor einer gigantischen Kulisse für die berühmtesten Hollywood-Filme. Denn dort ist die Stätte, an der ich Reiz und Risiko (Leitprinzip, Band 3) kennengelernt habe und erfuhr, wie man den LEITWOLF anfeuert zu führen. Wie diese ungezügelte, unbändige Antriebskraft spürt, die auch Dein Leben so unendlich bereichern wird. Du hast die Wahl weiter nur Kohle oder lieber loderndes LEITFEUER?

Vorhang auf ... und barfuß über die Glut.

Stockfinstere Nacht, nur erhellt durch den atemberaubenden Sternenhimmel und diesen meterlangen Teppich aus glühender Faszination. Alle sind gespannt. Totenstille.

„Wer geht nach mir?"

Unser Trainer ist hochkonzentriert, fixiert jeden Einzelnen von uns, ehe er sich anschickt, seinen ersten Schritt zu tun. Er tat es so routiniert. Eiskalte, klamme Furcht schnürt mir die Kehle zu. Nicht nur mir, oder?

Was um alles in der Welt hat mich dazu getrieben, diese verdammte Unterlassungserklärung zu unterzeichnen? „Bist Du wahnsinnig, FUCHS?" Zu spät. Schon ... Dein Untergang ist besiegelt. Bedrückende Ruhe vor dem Sturm. Kein Mucks zu hören, während jeder hofft, ein Anderer ginge voran. Und während die Spannung sich ins Unermessliche steigert, durchfährt es mich wie ein Blitz. Ich, tonlos, Grabesstimme: „Ich bin der Erste."

Meine Synapsen feuern ohne Unterlass.

Die Bestie der Angst auf der linken Schulter (LEIDWOLF), die Stimme absoluter Macht (LEITWOLF) auf der rechten. „Du kannst das, befreie Dich!", bete ich mir beschwörend vor. Ob das (10-FINGER-)Mantra hilft (erfährst Du in Band 2)? Vor mir ausgerollt der drohende Pfad zur Hölle. 700 Grad. Sechs Meter brüllender Schmerz auf nackter Sohle ... Meine Amygdala jagt Todesangst in jede Faser meines Körpers. Mein Selbsterhaltungstrieb gerät komplett außer Kontrolle, während tobende Zweifel und dieses furchtbarbekannte Stimme mich im Innern anbrüllen: „STOPP – DU SPINNER! Das ist ein Befehl. Du bleibst, wo Du bist – und keinen Millimeter weiter, weil Du sonst nicht überlebst! Brich ab – noch kannst Du es!" Sirenen kreischen. Warnlampen-Epilepsie. Ein Tinnitus ist echt ein Dreck dagegen.

Wie kommst Du gegen eine derartige Angst-Predigt an, LEITWOLF?

Es beginnt mit Deiner Entscheidung. Wie immer. Und plötzlich ist alles still. Am Anfang war das Wort: Genau in dieser Sekunde zwang ich mich zur Sprachhygiene in Reinkultur. Absolute Ergebniskonzentration. Die Essenz des puren Willens. Hast Du erst einmal Deinen Willen gebündelt, allen Mut, den Fokus im Fadenkreuz der maximalen Ziel-Orientierung geschärft, bewegst Du Dich wie im Unterbewussten. Denn der Entschluss, es zu wagen, war doch lange schon gefasst. Bevor ich es wollte, bevor mir wirklich bewusst wurde, was ich hier zu tun gedachte. Hier also ist es, mein Versprechen:

„Du wirst Deinen Weg (zum LEITWOLF-BEWUSST-SEIN) gehen, denn ich habe mich entschieden das LEIDWOLF-LABYRINTH endgültig zu verlassen."

Das „Loooosssss" aus dem Mund des Trainers rauscht an mir vorbei. Ich renne los, wie von einem straff gespannten, riesigen Gummiband nach vorne katapultiert, brülle meine Worte ohne Bewusstsein, so eindringlich und machtvoll wie eine Lawine, der jede Furcht und auch alles andere unter sich zu begraben vermag. Unglaubliche Stille. Maximale Kontrolle: „Satori" – der Moment der höchsten Konzentration auf das Hier und Jetzt. Die höchste Stufe der Erleuchtung im Zen-Buddhismus, diese unendliche, tiefe Ruhe im Geiste und das Wissen, dass Du im HIER und JETZT sterben könntest. Du bräuchtest nur loszulassen – alle Gedanken an Vergangenes oder Zukünftiges, lebt wohl. Und dann: Der überwältigende Moment des Glücks am Ende des Feuerteppiches.

Kontrolle zurück.

Donnernder Triumph, Dich selbst überwunden zu haben. Ungezügelte Euphorie. Perfekte Überwältigung. Ein Moment der einzigartigen Klarheit: Alles Alte, jedweder Bremsklotz, alle Überzeugungen – was immer Dich bis heute sabotiert, beeinflusst und manipuliert – gestoppt, gefoult, gehindert, blockiert, gesperrt, nach unten gezerrt oder festgehalten hat und nicht loslassen wollte – plötzlich ist das alles weg. Im Bruchteil einer Sekunde: Aus und vorbei.

Bist Du bereit, das zu wiederholen?

Ein zweites, ein drittes Mal. Nach dem dritten und letzten Lauf dieser Nacht hatte ich entschlüsselt, was da tatsächlich in mir abgelaufen war – und wie ich diese einzigartige Grenzerfahrung nun für mich – und Dich – zu unser beider Nutzen erschließen kann. Seitdem trage ich mein „Branding" mit Stolz: Das LEITFEUER – tätowiert auf meine Haut – als Signal und ständige Erinnerung – dass Dein Leben zu wertvoll ist, um es – ohne Lebens- und Unternehmenszweck – unentschieden zu lassen.

LEITWOLF-BEWUSST-SEIN = Angekommen.

Wenn Du Dich noch besser verstehen willst, folgen hier noch vertiefende LEITGEDANKEN

> Welche Risiken – privat oder beruflich – bist Du bisher eingegangen?
> In welchem Bereich Deines Lebens – ob beruflich, persönlich oder privat – spürst Du maximalen Reiz und Risiko – mindestens einmal pro Woche?
> Wann stehst Du vor Deinem „Feuerteppich" und rennst, weil Du es doch längst entschieden hast?

Reguliere die Elemente.
Berichte mir davon.
Danke.

Deine Abkürzung und Ergänzung: 1 Stunde, 1 Tag oder 1 Jahr.

MEIN WEG. UND
ANGEKOMMEN.

P.S. Schreibe hier Deine eigenen Gedanken auf, benutze Dein Begleitbuch, oder sprich direkt mit mir persönlich.

Furcht

Furcht

und was sie mit Dir als LEITWOLF macht

Manchmal sind die Dinge einfach. Zum Beispiel geht es um Leben oder Tod – im großen Ganzen – wie im Kleinen. 1,89 Meter FUCHS. Das ist nicht gerade klein. In jedem Fall eine sehr wichtige Person für mich.

Immerhin geht es genau darum – um mich.

Ein altes Flugzeug. Zwei Männer. Aneinander gebunden. Ich kann nicht mehr weg. Auf seinen Rücken geschnürrt. Sein Geruch sticht mir in die Nase. Das ist viel näher, als mir lieb ist … zu nah …

4.000 Meter über dem Erdboden.

Ich versuche mich abzulenken. „Es ist bestimmt ganz einfach. Klar und unkompliziert. Einfach Füße anheben und vertrauen." So geht das, das hat er ein paar Mal wiederholt. Auswendig gelernt. Doch wer kann so einer Botschaft schon vertrauen und dann aus einem Flugzeug hopsen? „Ach was, wird schon gut gehen, nicht denken, einfach springen …"

Wenn Du Dein Leben in die Hände eines Anderen legst, braucht es Urvertrauen. Also nochmal: Es wird schon gut gehen!?

Wir kennen uns ja gar nicht. Es gab ja nur diese paar Minuten, nur diesen Wimpernschlag im Universum. Vorbei. Genau genommen mögen wir uns auch nicht – und so einem Fremden vertraue ich mein Leben an? Bin ich von allen guten Geistern verlassen?

Oh FUCHS, nicht schon wieder …

Ok, ok, er hatte das schon über 500 Mal gemacht. Ich bin halt noch völlig jungfräulich und unbefleckt. Haha, „runter kommen sie alle", so ein blöder Witz! Überhaupt nicht beruhigend, wenn Newton Recht behält. Dem jedenfalls vertraue ich schon eher, das ist schließlich beweisbar.

Millionenfach belegt, und das mit der Schwerkraft habe ich in meinem Leben schon wiederholt ausprobiert – das kennst Du, wenn Du auf die Schnauze fällst. Aber der gute Newton sitzt nun mal jetzt nicht hier in dieser Kiste.

Bloß nicht darüber nachdenken!

Wenn ich in einem normalen Flugzeug sitze, bleibe ich immer solange angeschnallt, bis wir gelandet sind, oder ich dringend meinen Treibstoff loswerden muss, sprich: auf Toilette husche. Aber jetzt? Wir sind noch lange nicht gelandet – und deshalb gibt es jetzt auch keinen Applaus für den Piloten. Wie denn auch, der Kerl fliegt ja noch … Gut, gut, ich musste mir das hier ja nicht antun, ich mache das doch freiwillig. Du weißt schon, alles für den Kick und die erneute Umarmung mit dem Tod: Dein erster Sprung mit dem Fallschirm und die Hoffnung auf die geballte Erfahrung des routinierten Vielspringers. Es stinkt mir gewalltig ...

Haha, wie lustig: Statt für Kaffee und Rührei mit Speck hat DerFUCHS sich heute mal für den Suizid entschieden. Zur Abwechslung aus der Luft.

Wenn das keine Perspektive ist: Sich so bewusst in Gefahr zu begeben, das löst schon was aus in Dir, ein megastarkes Gefühl. Die Hormone kochen mich von innen gar. Ich hatte es fast schon wieder vergessen. Um es ganz deutlich zu sagen: Ich hänge sehr wohl und unbedingt an meinem Leben. Gibt ja noch unglaublich viel zu bewirken, nicht zuletzt bei Dir.

Wieso bringe ich mich eigentlich ständig in Teufels Küche?

Nenn' mich ruhig einen Grenzgänger. Damals wollte ich immer wieder wissen, was Angst bedeutet. Und wenn mich alle körpereigenen Drogen gleichzeitig überfluten, spürte ich so klar wie nie, wie kostbar das Leben ist. Du musst kein Eiger-Nordwand-Bezwinger sein, um das nachzuempfinden, weder Marianengraben-Taucher noch Extremsportler. Aber eines versichere ich Dir: Jedes Mal, wenn ich wieder überlebt habe, wartet ein Rausch des absoluten Glücks auf mich!

Freier Fall.

9,8 Meter pro Sekunde. Maximale Beschleunigung. Ich hänge in den Seilen. Rase hinab. Gefangen zwischen Himmel und Hölle. Hilflos. Während mir die Erde mit Lichtgeschwindigkeit entgegen saust, hänge ich festgeschnallt auf diesem fremden Ver-Rück(t)en, wie eine Klette. „Tschüss, Mutter Erde, das war's dann wohl, gleich kommt der Exitus, das Ende ist nah." Mein Magen schlägt Purzelbäume.

– Vaterunser im Himmel. Dein Reich komme …

Der enorme Ruck des Fallschirms reißt an meinen Gurten und mich aus dem Irrsinn zu beten. Plötzlich schwebe ich wie in Zeitlupe, der brüllende Wind ist einem milde streichelnden Lüftchen gewichen, Füße voraus – ins pure Glück … vollgekotzt … aber das erzähle ich Dir, dann persönlich.

LANDUNG.

HURRA, ICH LEBE NOCH! Mehr noch, bin wohlauf. Kein einziger Knochen zerschmettert. Herzschlag weit über 180, aber glücklich, erschöpft und dankbar.

Hat sich also doch gelohnt, mein unbedingtes Vertrauen auf die Kenntnisse und eine Routine, die ich nicht hatte und nie erwerben werde. Hab' halt völlig andere Qualitäten, genau wie Du. Hand auf's Herz:

Wann springst Du ins Leben?

Wenn Du Dich noch besser verstehen willst, folgen hier noch vertiefende LEITGEDANKEN

> In welche zwanghafte und unausweichliche Situation kannst Du Dich heute bringen, um dem LEIDWOLF in Dir zu zeigen, wer hier das Sagen hat? Achtung: Das ist kein reines Gedankenspiel. Machen und durchziehen.

MEIN WEG. UND
ANGEKOMMEN.

P.S. Schreibe hier Deine eigenen Gedanken auf, benutze Dein Begleitbuch, oder sprich direkt mit mir persönlich.

„Ich hänge sehr wohl und unbedingt an meinem Leben. Gibt ja noch unglaublich viel zu bewirken, nicht zuletzt bei Dir."

Einigkeit

Einigkeit

und was sie mit Dir als LEITWOLF macht

Jetzt wird es abstrakt. Unwirklich für den einen oder anderen Leser. Wir sprechen von und über uns. Über Dich. Deine Freunde.

Wer sind wir?

2012 begegnet mir auf einem für mich wegweisenden und mehrtägigen Seminar eine beeindruckende Frau. Eine echte Persönlichkeit. Die mir sehr weiblich erschien, andererseits aber auch wieder nicht. Unsere Augen trafen sich für einen kurzen Moment. Das reichte aus und beide entschieden:

Besser nicht.

Kennst Du das? Du siehst einen Menschen, liest nur in den Augen und entscheidest schlagartig: „Wir werden keine Freunde – bleib auf Abstand." Genau das geschah zwischen ihr und mir.

Woher kommt sowas?

Ich habe da so eine Theorie, die übrigens wissenschaftlich belegt ist. Eine Erfahrung, die Du auch mit Sicherheit auch schon gemacht hast. Wir alle haben Spiegelneuronen im Kopf. Diese gleichen – vereinfacht gesagt – in Millisekunden ab – ob wir uns in der Nähe des anderen sicher oder unsicher fühlen dürfen. Körpersprache und (Micro-)Mimik – unterbewusste Abläufe.

Freund-Feind-Schema.

Genetisch programmierter Überlebensreflex, leicht erklärt: Wenn wir in der Urzeit alleine durch den Wald gingen, um Beeren zu sammeln oder zu jagen, mussten wir bei Gefahr schnellstmöglich entscheiden, wie wir uns verhalten. Jede Begegnung konnte den Tod bedeuten:

Wenn sich Dir ein Fremder auch nur nähert – sei vorsichtig. Das ist uns bis heute erhalten geblieben. Und jetzt weißt Du auch, weshalb wir uns bei freundlichen Menschen schon mal automatisch anders verhalten, als bei unfreundlichen. Richtig? Ertappt.

Das Aktenschrank-Prinzip.

„Ja, FUCHS, das ist ja banal", sagst Du jetzt vielleicht und möchtest den Gedanken schnell beiseite schieben. Würden wir immer so einfach entscheiden können, dass wir es nur mit Freunden zu tun haben wollen – was wär' das für ein (Arbeits-)Leben?

Schöne Wunschvorstellung, schon klar.

Im „wahren" Leben gibt's aber eben doch Freund und Feind. Weil wir beiden schlau sind (eine Behauptung, die täglich neu zu prüfen ist), entscheide mal kurz, ob Du das folgende Denkschema annehmen willst: Auf Grundlage unserer Filter – Erfahrungen, Überzeugungen und Prägungen – packen wir Menschen gerne schnell in Akten. Schublade auf, rein mit Dir in den Aktenschrank, „Klappe zu, Affe tot". Abschließen, fertig. Und jedes Verhalten danach packen wir dann eben vollautomatisch in die längst fest einsortierte Akte über diesen Menschen, grob gefiltert, wird schon passen.

Wie bitte?

Du nutzt einen Filter, der am Ende nur ein einziges Ergebnis zulässt? „Du bist ganz sicher genau so, wie ich glaube, dass Du bist. Kannste nix dagegen machen. Ich habe Recht!" Das Verrückte dabei ist, soviel Zeit muss sein – und jetzt pass genau auf: Weil das exakt so abläuft, bekommen wir auch immer das, was wir erwarten. Genauestens vorselektiert durch unsere Filter aus dem Aktenschrank.

Kurze Vertiefung: Unsere Sinne reduziere ich gerne in die drei Hauptakteure: Sehen, Hören, Fühlen. Alles, was wir an dem Fremden, an der als feindlich wahrgenommenen Person, sehen, hören oder fühlen, wird in ihre Akte eingetragen. Jede Mutmaßung aus dem Filter wird zum unumstößlichen Fakt. „Aha, jaja, die oder der ist so und so, ich hatte doch recht, ich wusste es doch. Genau deswegen habe ich mich ja auch distanziert – Feind – gerade noch rechtzeitig." Und jetzt noch brav Dich selber loben und das eigene Weltbild einmal mehr nachzeichnen. „Hab' ich mal wieder gut gemacht. Akte zu. Feind früh genug enttarnt. Und mein innerer Sherlock Holmes hat erstklassige Arbeit geleistet, selbstverständlich, gewohnt schnell und zuverlässig". Aber, zugegeben, eben auch ein wenig subjektiv.

Überleg mal: Welche neuen Welten und Erfahrungen sich aufgetan hätten, welche Überzeugungen und Prägungen sich verändert, wenn Du Deinen blöden Filter mal weggelassen hättest ... Du wirst es nie erfahren. Merke Dir eins: Bleib' schön (blöd) bei Deinem Aktenschrank-Prinzip und beurteile weiterhin jeden so subjektiv, wie eben geschildert. Und schon bleibt alles beim Alten. Gähn!

Zurück zu meiner Begegnung der dritten Art.

Diese Frau, nennen wir sie Gundula, steht mir also am folgenden Tag in 15 Metern Entfernung gegenüber. Peng, da schießt sie hoch – meine unstillbare Neugier – die sich durch keinen Filter bremsen lässt. Unbekanntes kitzelt stets meine ALLES-IST-MÖGLICH-MACHT heraus. Auch dieses Mal lässt sie mich nicht im Stich, bringt uns prompt – und wider-dem gestrigen ersten Eindruck – doch zusammen. War es dieses „Hm" im Winkel meiner Seele, das mich zögern ließ, die Akte „Gundula" all zu schnell zu schließen? War meine persönliches Embargo vom Vortag verfehlt? Ach was, Dauerzwist, Familien- oder gar Völkerfehden, die sich über Tage, Wochen, Monate oder gar Jahre, Jahrzehnte, ja Jahrhunderte hinziehen, die fand ich schon immer nur grotesk.

Stelle diese jetzt in Frage.

Ja, ich weiß: Viele Völker hassen ihre Nachbarn. „Die Anderen sind ganz furchtbar" und „Wir" sind natürlich viel besser, auch wenn man eigentlich genau das gleiche Leben führt, dasselbe Essen kocht und dieselben Probleme oder Ziele hat. Ich weiß auch: Immer wieder schlachten sich

Menschen gegenseitig ab, sei es wegen der Religion, der Bodenschätze, der Hautfarbe, oder der alten Geschichte(n). Traurig und unnötig!

Haben Menschen nichts Besseres zu tun?

Ein paar Schritte noch, auf sie zu. Entgegenkommen, was für ein schönes Wort. Und plötzlich huscht ein Lächeln über ihr Gesicht. Andere innere Haltung, andere Reaktion. „Geht gut los", freue ich mich und erinnere mich an die Übung, die wir gerade eigentlich machen sollen: Dem Gegenüber ein Kompliment machen und nur ein „Danke" entgegnen. „Du findest schon den richtigen Partner", hatte der Trainer gesagt. Wahrscheinlich wusste er in jenem Moment schon mehr als ich ... Kompliment? Kompliment. Was sagt man denn da so, was nicht sofort als Schleimerei oder Anbiederung daherkommt? Und worin liegt bitte der Unterschied zwischen Schleimen und einem echten Kompliment? Na, weißt Du's schon? Hier meine Antwort:

Schleimen (Kopf): Ich suche krampfhaft nach etwas Positivem am Gegenüber, um mir möglichst billig einen raschen Vorteil zu verschaffen. Die Absicht entblößt sich selbst, der Andere merkt's – und ist verstimmt. Es könnte jedoch sein, das Dein Gegenüber so nach Anerkennung und Aufmerksamkeit lechtzt, dass alles genommen wird, was stimmen könnte.

Kompliment (Herz): Ich habe etwas an meinem Gegenüber wahrgenommen, das ich wirklich bewundern kann. Etwas, das ich ja vielleicht sogar an mir selbst vermisse und mir sehr wünsche. Wer wäre ich, wenn ich diese Eigenschaft ebenfalls freilassen würde? Genau so denken, fühlen und handeln könnte? Was siehst Du in dem anderen, was Du selber bist?

Na, wie wär's, wenn Du das gleich mal bei Deinem nächsten Gespräch übst? Achte doch mal genau darauf, was geschieht. Beobachte, wie Dein Gegenüber reagiert (und sieh hin, hör hin, empfinde mit), wenn Du ein – echtes – Kompliment machst. Und welche Reaktion kommt dann so oft? Da ist sie schon, die automatische Abwehr, peinlich berührtes Lächeln, „huch, gutes Gefühl. Nö, darf nicht sein, wo kommen wir da hin, wenn ich das annehme, da wirke ich ja wie ein ..." Betretener Blick zur Seite oder gleich nach unten, die Antwort viel zu schnell, und dann: Der Griff zum

Kopf, Frisur gerichtet, Haare glatt streichen, Du kennst das schon: Sofort wird abgeschwächt und dann sofort das Gegenkompliment gemacht, bloß nichts schuldig bleiben!

Das Problem ist: Danke zu sagen, etwas Positives für Dich anzunehmen (in diesem Fall der Andere für sich), das auch wirklich genießen können wie einen edlen Wein, ein phantastisches Menü in wunderbarer Atmosphäre – das können nur die Wenigsten. „Auweia, ein Kompliment bekommen, weil wir so sind, wie wir sind? Geht das denn überhaupt, so völlig ohne (Gegen-)Leistung, und ohne versteckte Spitze?" – Na, das glaubst Du doch, stimmt's etwa nicht? – Haha, ertappt!

Versteh' einer diese Menschen, FUCHS.

Gundula ist jetzt nur noch wenige Armlängen entfernt. „Mach ihr ein Kompliment! Nur welches?", zermartere ich mein Gehirn, schließlich will ich, ganz ausgebufft, doch unbedingt gewinnen, die Oberhand behalten, bin ich doch unendlich cool. Ein echter Mann mit Gefühl und Empathie. Die Maske auf. Versteckspiel-Modus. Tarnen. Täuschen. Nur keine Schwäche zeigen beim Kontakt, wenn Du aus dem Feind einen Freund machen willst, ist Fingerspitzengefühl angesagt.

Wenn Du dieses Spiel gewinnen willst, so achte darauf, welchen Gegner Du wählst. Noch besser: Mach' Dir klar, dass Du selbst Dein größter Gegner bist mit – Deinen hinderlichen Überzeugungen – Deinen Filtern und Deinen Aktenschränken im Kopf. Ich jedenfalls habe in diesem Moment keinen Schimmer, wer diese Gundula tatsächlich ist. Dass sie uns als bedeutendes Mitglied im Trainerteam in den kommenden Tagen noch gehörig die Leviten lesen würde, steht ihr in diesem Moment ja nicht auf die Stirn geschrieben. Sie dreht den Körper leicht, unmerklich fast, klarer Blick, „sehr souverän", schießt es mir durch den Kopf, ich denk: „Feuer frei" und press es `raus, mein noch angeschleimtes Kompliment. „Du bist eine imposante Person" …

Längste Sekunde der Welt. Als hätte eine Neutronenbombe alles Leben zerstört. Kein Geräusch. Kein Raunen im Raum. Jede Bewegung wie in Zeitlupe. In meinem Kopf dröhnt es hohl vom Affentanz, den mein

Kehlkopf jetzt nervös vollführt.

Tick. Tack. Tick. Tack. ...

„Du hast es vermasselt," denke ich, da ist es auch schon da: Ein Lächeln, wie funkelnder Bach in der Frühlingssonne, in völliger Klarheit. Die kürzeste Brücke zwischen zwei Menschen, die Verbindung, die wir von jetzt an betreten dürfen. Ohne Furcht.

Du kennst ein solches Lächeln. Zeitlos, heiter, gelassen. Das Lächeln, das spricht „Ich bin im Ich-Du-Wir". Einfach angekommen. Ein winzige Liebesbekundung, die Dich jede Unsicherheit sofort verlieren lässt, weil das Fenster ins Herz des Anderen weit aufgestoßen ist und dort steht: „Du bist sicher, hier bei mir – ich helfe dir, eine bessere Version Deiner Selbst zu werden. Durch den Kontakt. Den Spiegel, der ich bin." „Danke."

Ist diese Frau ein Buddha?

„Du bist wunderschön," dringt Ihre Stimme warm an mein Ohr. „Und im Innen und Außen gefällst Du mir". Mich haut's fast aus den Socken. Ich bin völlig perplex. Überrumpelt und wehrlos. Meine mühsam errichtete Schutzmauer? Dahin. Mein Ego? In die Tiefe gerissen und in den Himmel gehoben zugleich. Ein Wimpernschlag der Götter, warum um alles in der Welt kann ich gerade jetzt meine Tränen nicht mehr zurückhalten?

Und die Zeit steht still.

Was bleibt, wenn Dein ärgster Feind Dir plötzlich so menschlich begegnet? Dein Mitarbeiter, Konkurrent oder die Schwiegermutter? Die Akte geschreddert. Das Schwert zerbrochen. Keine Waffe mehr, um Aufrichtigkeit zu erstreiten. Du spürst es wie den Stich im Herzen – bist außerstande, anderes entgegenzusetzen als ebensolche Wärme, die in Dir aufsteigt – Dir hilft – Dich wieder zu erden. Und ich habe endlich den Startknopf für meine Lobeshymne gefunden: „Du erhellst mit Deiner Erscheinung den gesamten Raum," gebe ich jetzt zurück. „Das ist wunderbar. Du bist ein Erlebnis". Pulsschlag in Unendlichkeit, nicht Hitze, nein, kein sexuelles Verlangen, es ist viel stärker: Wir erleben die Vereinigung zweier Seelen, im Geiste – das absolute „Ich-Du-Wir", während der Raum um uns herum versinkt und 50 Andere mit ihm.

Wahrnehmung. Worte. Wahnsinn. Wunder. Austausch – in seiner schönsten Form, ein kurzer Abschied, und „bis bald …"

„Was war das eben? Wer hat denn jetzt gewonnen?" Wahrhaftigkeit in tiefster Emotion. Du gibst ein Kompliment. Erhältst Entgegenkommen, im Bruchteil von Sekunden – und hast dieses Gefühl der zutiefst schönen Schutzlosigkeit. Merke: Dir hilft rein gar nichts, wenn Dein Feind Dich ehrlich lobt und Dir gar Komplimente macht.

Inspiration.

Dale Carnegie, dieser Evangelist des positiven Denkens, hat es in seinem Bestseller "Wie man Freunde gewinnt" von 1936 auf den Punkt gebracht. Für mich ist sein Buch die Mutter jeder Erfolgsliteratur und ein Muss für jeden Menschen, der sich in seiner Persönlichkeit entwickeln will. Dich. Einer meiner Mentoren – ein mehrfacher Millionär – schlug dieses Werk jeden Morgen auf, um sich inspirieren zu lassen. Er hatte es zu seinem persönlichen – Lexikon, Bibel und Zauberbuch – Erfolgnachschlagewerk gemacht.

Und so ging er vor: Jeden Morgen schlug er als allererstes eine Seite auf und überflog, was dort geschrieben stand. Und diesen einen Tipp, diese einzelne LEITGESCHICHTE nutzte er den gesamten Tag über für alle seine Verhandlungen, Verkäufe und jede Entscheidung in seinem Manager-Alltag.

Keine schlechte Idee, Band 1 nicht nur als Hörbuch (folgt bald), sondern ebenfalls als „Lexikon" zu nutzen? Du musst dafür kein Millionär sein. Allerdings darfst Du jetzt schon erfolgreicher und motiv(aktiv)ierter sein – und ich wette: Du bist jetzt schon weiter, als Du gestern warst.

Du weißt: Jedem Anfang wohnt ein Zauber inne.

Und stell Dir vor: An jedem ETL (Band 2) triffst Du nur noch Freunde. Also hör auf, zu Hause herumzuhängen. Ab sofort machst Du die Komplimente – und wenn Du sie verdammt noch mal nicht ehrlich meinst – und es in Dir spürst – bekommst Du's mit dem FUCHS zu tun.

Freund oder Feind?

Es ist – und bleibt – Deine Entscheidung, LEITWOLF. Nicht immer vermagst Du Dir Dein Rudel auszusuchen. Jedoch bestimmst Du, wie Du mit jedem Einzelnen in Deiner Umwelt umgehst, umgehen willst – das bleibt Dir immer. Ja, es obliegt nur Dir.

Entscheide einfach: Ab jetzt nur noch Freunde.

Wenn Du Dich noch besser verstehen willst, folgen hier noch vertiefende LEITGEDANKEN

> Heute eine(!) Aufgabe, die es in sich hat: Suche Dir heute nur zwei Menschen aus: Einen „Feind" und einen Freund. Und mache beiden ein aufrichtiges und ernst gemeintes Kompliment (persönlich, schriftlich oder per Sprachnachricht). Und dann sieh Dir an, was geschieht. Lass Dich endlich einmal wieder von der Menschlichkeit positiv überraschen.

MEIN WEG. UND
ANGEKOMMEN.

P.S. Schreibe hier Deine eigenen Gedanken auf, benutze Dein Begleitbuch, oder sprich direkt mit mir persönlich.

340
0
20
40
60
80
100
N
NE
NW
E
SE
SW

Im Glauben.

Zweifel geht weiter.

Reinigung Deiner Seele und Taufe zu gleich.
Die Identität bekommt Deinen Namen.
Du entscheidest das ohne sie.

Entweder schläfst Du weiter als der Mensch.
Oder als LEITWOLF ruhig und sanft.
Schlafen wirst Du immer.

Weiter.

Aber was Du in die Welt bringst,
entscheidest Du künftig selbst.

~~**Beeinflussung erkannt.**~~

Es geht nicht um Dich oder mich.
Es geht um das „WIR".

Also lass Dir die Zeit, bis Du es mit mir erkennst.

Ein Tag reicht (mir) dafür aus.

5 Leitwerte.
3 Unbewusste Kompetenzen.
1 Lebens- und Unternehmenszweck.

Der Fuchs – ein Leitwolf?

Kann der das tatsächlich oder ist das nur ein weiterer lauter Marktschreier ohne Substanz?

Kennengelernt habe ich ihn vor ein paar Monaten im MACHERREICH.

Wobei der erste Kontakt ist ein zwei Jahren her …

Mein Vertrauen gewonnen hat er schnell in den nächsten Gesprächen.

Und dann bin ich in seinen „**STÄRKENNAVIGATOR**" gesprungen.

Das war ein Tag voller Entscheidungen, Erkenntnissen und tiefem Schürfen in eigenen Leiden, Leidenschaften und Erfahrungen. Wie ein Bildhauer habe ich mit Matthias Hilfe aus dem rohen Fels mein verborgenes Bildnis herausgeschlagen.

Mit provozierenden, erhellenden, klugen Fragen schafft er es, den Blick auf meine eigene Einzigartigkeit zu schärfen. So stehe ich dann da. Fest und sicher, als König meiner Art.

Und ja – der Leitwolf war präsent, hat mich erreicht, begleitet und mitgenommen.

Auf meinen Weg!
Zu meinem klaren Sein.

Das hätte ich vorher nicht so erwartet und freue
mich noch auf viele starke Impulse aus der Leitwolfliga.

Jürgen Nastvogel
unabhängiger Ideenkanal
für Franchise-Systeme

Urvertrauen

Urvertrauen

und was es mit Dir als LEITWOLF macht

„And we're going to San Francisco ..." Ohrwurm an. Ich summe vor mich hin und die Angst verfliegt. Nicht völlig, das wäre übertrieben, doch den Versuch ist's wert. Könnte klappen ... Klick.

Doch was war hier geschehen?

Das Hotelzimmer in den Vereinigten Staaten gebucht. Mein erster Besuch in den USA! Und wie man das halt so macht – natürlich buche ich übers Internet, da ist es schließlich „billiger". Was mir Naivling nicht klar ist: Die Unterkunft liegt außerhalb, irgendwo weiter weg von San Francisco ... „Schlau, FUCHS, Du hast gespart und kannst mit Deiner Flamme teurer essen gehen" Du kennst diese Erklärungen, die Dein Neokortex stets dann `rauskramt, wenn Du Dir wieder mal was gekauft hast, und Dich dafür hinterher vor Dir selbst rechtfertigen musst. „Ha, was bin ich für ein toller Hecht!" (Kognitive Disonanz). Wir reisen nach Amerika, und San Francisco ist nur ein Zwischenstopp auf dem Weg zum Ziel der Träume: Hawaii – Kauaii. Aber immerhin, die USA, das ist `ne völlig andere Welt als Deutschland.

Krankenversicherung. Sozialversicherung. Auffangnetz für Gestrauchelte, Schwache, Erkrankte – Fehlanzeige. Hier verrecken die LEIDWÖLFE einfach auf der Straße statt aufgefangen zu werden, wie bei uns üblich.

Kaum haben wir die Koffer vom Gepäckband gezerrt, geht's auch schon hinaus ins weite Land. Weit ´raus und immer weiter, von Zentrum keine Rede. Immer größere, immer hässlichere Häuser säumen die Straße, während der Wind Plastiktüten über menschenleeren Asphalt bläst. Das Publikum in der Bahn verwandelt sich mehr und mehr, blickt verstohlen, gespannt zu uns herüber. Blicke des Argwohns und der Verzweiflung, die wächst, von Station zu Station. Zwei auf Urlaub, die so tun, als wär' nix. Gespielt gute Laune, während die Knöchel weiß werden vom festeren Griff an prallen Koffern. Die Bahn fährt tiefer und tiefer ins Nirgendwo, in die Finsternis.

Das Einzige, was hier jetzt noch strahlt, scheint meine Flamme zu sein, deren Licht und gute Laune mich allerdings weniger und weniger erreichen. Die Bahn spuckt die wenig Verbliebenen aus, noch eine Station. Was ist hier los? Noch ehe mich die Unruhe übermannt, wieder Landschaft. Gähnende Leere.

Ich bin in San Francisco.

Ich wollte doch alles mitbekommen. Volle Packung, FUCHS. Du bekommst mal wieder mehr, als Dir lieb ist. Vor allem die Seiten der Metropole, die Du Dir nie ausmalen wolltest. Ja, ha ha, wieder einmal hat Deine Vorstellung die Realität überpinselt? Mit allen wunderbaren Farben und einem Stil, den du selbst erschaffen hast? Ich mach' mir die Welt, wie-de-wiede-wie sie mir gefällt, Pippi Langstrumpf singt jetzt zur Abwechsung statt Rammstein und Co.

Endlich steigen auch wir aus, die letzten Mohikaner auf einem Trip in die unendlichen Weiten der Steppe. Ein einsamer Bahnhof unter der Erde. Gespenstisch. Da bist Du nun, FUCHS, fern von Zuhause und allem, was Dir lieb und sicher scheint. In einem völlig fremden Land. Auch wenn Du es irgendwo schon mal gesehen hast in Hollywood-Streifen. Filme die uns allen die Welt erklären sollen.

Zwei Paradiesvögel im ersten Urlaubsort vor Hawaii. Meine Flamme und ich mit zwei zentnerschweren Koffern. Schlepp, schlepp … hin, zum Hotel.

Wir bezwingen die Stufen zur Oberfläche – zum Licht – vor uns eine Stadtkarte.

Und wir bleiben stehen. Orientierung, bitte. Die Gestalt neben uns nehmen wir erst gar nicht wahr. Heruntergekommen, gezeichnet. Die Erscheinung dieses Kerls löst sofort Beklemmung aus, und eine Kältewelle der Distanz schwappt über uns hinweg. Der hat bestimmt noch nie, und schon gar nicht solche, deutsche Touristen gesehen. Spürt er unsere Anspannung? Versoffene Stimme, kratzig, vernuschelt, unklar, in der Tonlage eine Spur zu viel Neugier: „May I help you?"

Es wird brenzlig. Amygdala, übernehmen Sie!

Flucht. Angriff. Totstellen. Der Klassiker. Dein Repitliengehirn ruft im Stressfall – und Angst bedeutet Stress – das Notfallprogramm automatisch ab, um Dein Überleben zu sichern. Umschalten: Schwierig. Im kognitiven Nebel fasst Du keinen klaren Gedanken mehr. Ich gebe also zurück, eine Spur zu unfreundlich: „NEIN, wir finden schon unseren Weg. Danke."

„Haha, ein Totstellversuch", Räusper, räusper, „Öh, Flucht ginge ja auch noch!" während meine Angriffs-Alarmlampe hektisch zu blinken beginnt.

Wieder einmal war mein NEIN schneller als all meine Erfahrung, die längst ganz andere Handlungsmöglichkeiten kennt. Na schön, seufz, immerhin funktioniert der urzeitliche Schutzmechanismus noch wie vor Generationen. Du lebst, weil Deine Ururururgroßeltern damit jahrtausendelang ... Erfolg hatten. Art gesichert. Daher: Kommando-Übernahme auf Autopilot, zack, Kurzschluss, geistiger Blackout: Vorsicht ist schließlich die Mutter der Porzellankiste … und lieber einmal zu viel geflüchtet, als einmal zu wenig. Bzzzzzzzzzzz, Herzschlag Ddm, ddm, ddm …

Hand auf's Herz – wie sinnvoll ist denn, bitte – ein solches Notprogramm auf Autopilot heute für Dich? FUCHS, wieso zum Teufel kriegst Dich schon wieder nicht in den Griff?

Wieviel Kontrolle willst Du wirklich?

Soviel vorweg: Völlig ausschalten können wirst Du das Reptiliengehirn natürlich nie. Dient doch dieser Notmodus Deinem unbedingten Selbstschutz im wirklichen Ernstfall. Auf Pause schalten. Das kannst Du von mir lernen. Ich werde darin immer schneller. Etwa so: „Auslöser? – Ja! Dann reagieren." – „ Wie? Soll ich wirklich?„ – „Nö." Und das ganze noch mal von vorn. Vollbremsung im Kopf. „Ho, Brauner, zügle Dich."

Deine maximale Willenskraft und Selbstbeherrschung.

Besser: „Auslöser gefällig?" – „Hurra, eine neue Gelegenheit zum Üben!" Und Haken dran, wenn's gelungen ist. Kompliment, Du machst Dich,

LEITWOLF! Misslungen? Scheiß drauf, die nächste „Probe aufs Exempel" wartet schon auf Dich. Du weißt ja: Du hast immer eine Wahl, kannst immer entscheiden. Du entscheidest. Von nun an bitte, bitte, bitte: nach Möglichkeit bewusst.

Wichtig: Unsere Emotionen erzeugen wir stets selbst. Unsere Wahrnehmung bestimmt unsere Realität. Das glaubst Du jetzt noch nicht (Band 2)?

Also kleiner Test: „Arschloch. Kleiner Hosenscheißer. Du Nutte. Du wirst das nie lernen …". Na, Freundchen, was macht das jetzt mit Dir, wenn ich Dir das um die Ohren haue? Du weißt doch noch ganz genau, wie das war, als Du noch klein und hilflos warst. Das prägt und brennt sich ein. Merkst Du, dass eine solche Prägung nur dem alten Teil Deiner bisherigen Handlungskompetenz entspringt? Und in diesem Moment, hier inmitten der Outskirts von San Francisco, versinke ich also geradezu im meiner bisherigen unbewussten Welt.

Frag Dich doch an dieser Stelle Deiner Lektüre mal: Wie oft wechselst Du Deine Ansichten oder überprüfst sie wenigstens? Wieviel davon ist noch wirklich gut – für DICH?

Stell Dir vor, es gibt ab sofort einen TÜV für Deine Überzeugungen, mit Plakette für ein ganzes Jahr und dann geht's erneut auf den Prüfstand, Prüfzeugnis inklusive. Schließlich hast Du Dir doch was zu beweisen, richtig?

Hier kommt meine Handlungsanweisung:
Dein Überzeugungs-TÜV läuft ab sofort jedes Jahr an Deinem Geburtstag ab oder einmalig und initital im STÄRKENNAVIGATOR. Alles paletti? Dann GUTE FAHRT ins neue Lebensjahr Deiner Wahl. Und der neue Teil Deiner Persönlichkeit glänzt wieder wie frisch lackiert. Hast Du Bock darauf?

Aber wie!

Kehren wir nochmal zurück nach San Francisco. Während uns alle möglichen Fragen durch den Kopf schießen – Was will der von uns? Wieso sieht der so aus? Was hat er durchgemacht, um das auszustrahlen, was er ausstrahlt? beschließe ich: Wir machen uns jetzt mal auf die Socken! „Vielen Dank für's Angebot", und dann schnell weiter. Am Leben. Um's Leben. Erleben.

Wo zur Hölle sind wir hier?

Oder ist das noch der Vorhof, der Eingang zur Unterwelt? Ist Dir sicher bestens vertraut aus Deinem täglichen Programm: Nachrichten, Serien, Filme … diese Vorhölle? Nur gescheiterte Existenzen. Seelenlose, die die Straße ihr Zuhause nennen, wohin Dein Blick auch fällt. Hirnlose Zombies. Obdachlose. Verzweifelte Junkies und fiese Dealer. Heimtückische Mörder. Perverse Kinderschänder und die billigsten Crack-Nutten, die Du Dir vorstellen kannst.

Meine Kehle ist längst ausgetrocknet.

Reicht der Abstand, um es zu unserem Hotel zu schaffen? Wir kommen hier nie lebend raus … was dem Handy-Navi übrigens scheißegal ist, zeigt es doch stoisch weiter die Frist bis zu unserer Erlösung an: 20 Minuten Fußweg noch – und vor uns diese grausige Kulisse der Endzeit. Keine Wüste, kein Fels, kein reißender Strom, nein: eine Wand aus Verzweifelten. Menschen, die sich schon völlig aufgegeben haben müssen, eine dumpfe Heerschar in Hauseingängen, lauernd an Zäunen, lungernd im Schatten stinkender Ecken, so in etwa. Willkommen, Frischfleisch im Abgrund unserer Finsternis. Puh, das war eine Wirklichkeit, die ich so noch nie erlebt, und schon gar nicht überlebt hatte.

Krack, schnappt die Falle zu …

Flucht, Angriff oder Totstellen … ja, was denn nun? Im wirklich allerletzten Moment gelingt er mir doch: der STOPP-Befehl. Gerade noch rechtzeitig für eine verständnisvolle Ansprache an mich selbst.

„Ruhig atmen. Ein. Aus. Nochmal. Ein. Aus. Du bist hier sicher; Dein Ziel ist klar. Alles das, was Du jetzt brauchst, erreicht Dich ganz gewiss; Dein Weg ist vergoldet, Dein Weg ist glasklar.

Deine Abkürzung und Ergänzung: 1 Stunde, 1 Tag oder 1 Jahr.

Mögen diese Menschen hier aufgegeben haben, es war ihre Entscheidung. Du nimmst den anderen, besseren Weg – Du weißt welchen – kannst Dich verlassen – Deine Einstellung überwindet jede Gefahr."
Es ist nicht Dein LEIDWOLF-LABYRINTH!

Fokus!

Und da ist es: das scharfe Bild ist wieder da. Ich greife die Hand meiner Flamme, fester Schritt und los. „ICH BIN... DU BIST... WIR SIND... SICHER!" Die Welt um mich wechselt die Farbe in schneller Abfolge. Plötzlich ist alles ... nicht heller, nein, deutlicher, als hätte – für einen kurzen Moment – falls hatte wissende Hand den Schleier der Verdammnis von einem vergessen Kunstwerk gerissen. Ich sehe mit einem Mal: Die gebrochenen Herzen all dieser Menschen. Spüre unendliche Angst vor der Zukunft, einer Zukunft, die sie nicht selbst beeinflussen, geschweige denn steuern können. Die dunkle Macht ständiger Selbstanklage: „Du Nixnutz." Spüre die grenzenlose Wut auf sich selbst, und eine plötzliche Woge des Mitleids reißt mich fast von den Füßen. Meine Empathie wird auf's Äußerste strapaziert. Ob dieser absoluten Hilflosigkeit der für immer Verurteilten, in diesem eisernen Käfig der ständigen Selbstwert-Exekution. Schritt um Schritt, geh' einfach weiter, FUCHS. Spann' den Schutzschirm gegen die überbordende Macht all dieser trüben Gedanken auf, die wie Hagelschauer auf Dich einprasseln. Oh, ihr traurigen Seelen, ich fühle mit Euch, aber meine Entscheidung ist seit langem gefallen. Mitgefühl immer, Mitleid nie. Denn Mit-Leiden, das mache ich nicht mehr mit – niemanden. Aus und vorbei.

Du hast die Wahl – und darfst entscheiden.

Wie soll man begreifen, was hier geschieht? Ein Junkie, kaum fähig zum klaren Wort, setzt sich zitternd den Schuss in zerschundene Adern. Vernarbt jede Vene. Zerstochen. Zerfressen. Zerstört. Diese Sehnsucht, dieser Wahn nach dem Glück, nach dem Lächeln – dem einzigen Höhepunkt, diese Sucht nach Befreiung, wie der unerhörte Schrei nach einem einzigen Moment kleinster Macht über die geschlagenen Wunden.

Der letzte Triumph – vor dem Nichts.

Die Häuser hier waren größtenteils mit Gitterstäben und Stahltüren gesichert. „Fehlen nur noch die Selbstschussanlagen," witzle ich so dahin, und im selben Moment wird mir klar, dass der Gedanke so weit gar nicht hergeholt ist. Die ganze Nacht bis zum Morgen klingen uns die Ohren vom Sirenengeheul der Wagen des San Francisco Police Department. Dessen Facebook-Seite postet wie in Dauerschleife: „Ein männliches Opfer erstochen, den Wunden erlegen …" und schon wieder heult eine Sirene auf. Zum nächsten Tatort, ein, zwei Blocks weiter. Und an diesem Ort sollten wir „sicher" sein? Immerhin: Wir fühlten uns sicher – in uns – und das war der entscheidende Unterschied. Unsere neue Sicht auf diese alte, vernarbte und geschundene Welt ließ uns in traumwandlerischer Sicherheit erkunden, was immer da vor uns lag. Nachts, völlig klar, unterwegs, und: zu Fuß, aber – sicher.

U-Bahn oder Taxi?

Beide ließen wir größtenteils links liegen. Erkundeten die Umgebung beim Rückweg aus der Innenstadt. Allein, ohne Waffe, wofür auch? War das nur Leichtsinn, noch Mut, oder schon Sehnsucht nach dem Tod?

Vielleicht waren wir ja einfach nur grenzenlos naiv.

Denn was solch´ innere Sicherheit hätte provozieren können, erfuhren wir, als wir nach drei Nächten abreisten. Hurra, das Taxi ist da, jetzt geht's ins Paradies, auf nach Hawaii. Unser Fahrer war gesprächig – wissbegierig – was wir wohl hier machten, woher wir so kämen, und wohin's denn nun geht?

Was ihm partout nicht in den Kopf wollte: Wieso um alles in der Welt wir ausgerechnet diesen Platz zum Schlafen ausgewählt hätten? Warum um Himmels willen nicht in der City? Als es aus mir heraus platzte: „Internetbuchung. Keine Ahnung", er lachte laut und tief. Dann schüttelt er den Kopf und seine Miene verfinstert sich, auch wenn in seiner Stimme ein Rest von Bewunderung schwingt: „Guys, you survived. Ihr habt das überlebt. Denn Ihr müsst wissen: Wir Taxi-Fahrer meiden diese Gegend, wann immer wir können. Und falls wir doch hierher müssen – dann nur, und ohne Ausnahme, bei Tageslicht."
Ich muss heute noch schmunzeln, wenn ich mich daran erinnere. Erst ein-

mal in die Vorhölle – und dann also ins Paradies? Nun wir waren schon im Paradies gewesen – und hatten viel mehr als „nur überlebt". Wir hatten etwas erlebt. War das schon unser Vorgeschmack zum Garten Eden? Die innere Ruhe, diese Selbstgewissheit allein, die uns zu Lebenskünstlern gemacht hatte, die plötzlich fähig waren, all das zu genießen: Genau dort zu sein, wo wir waren, wo wir sind?

Merke: Wir selbst entscheiden, wo wir sind. Und unsere Wahrnehmung (1GP) entscheidet, ob wir diese Welt lieber als Vorhölle sehen – oder als Paradies. Beißt Du in die verbotene Frucht, LEITWOLF?

Wenn Du Dich noch besser verstehen willst, folgen hier noch vertiefende LEITGEDANKEN

> Nutze Deinen Tag für den Überzeugungs-TÜV. Stell' alles (!) auf die Probe, woran Du glaubst. Heute ist dieser Tag. Die Zeit, Dich – und Deinen Geist – darauf vorzubereiten. Sei gespannt, was diese Erfahrung bewirkt. Sei versichert: Dies Experiment wirkt Wunder und führt langsam aber sicher aus dem LEIDWOLF-LABYRINTH.

Du hast Dich zum Ende geirrt!

MEIN WEG. UND
ANGEKOMMEN.

P.S. Schreibe hier Deine eigenen Gedanken auf, benutze Dein Begleitbuch, oder sprich direkt mit mir persönlich.

Geduld

Geduld

und was sie mit Dir als LEITWOLF macht

Ein Geschäftstermin, wie so viele, liegt hinter mir. Zugegeben, diesmal verlief er etwas anders. Der Blick über den Baldeneysee: Atemberaubend. Exklusives Refugium der Ruhrmetropole Essen.

Die Ausgangsbedingungen ideal.

Gute Stimmung. Ich bin in Begleitung eines Geschäftsfreundes. Wie gewohnt frühzeitig vor Ort, also warten wir jetzt auf unseren Gast. Der Kuchen sieht köstlich aus – so geht Entspannung. Es kann ja nicht mehr lange dauern, also genießen wir die Atmosphäre. Das weiße Hemd gebügelt – die Welt gehört uns.

Irgendwann schleicht sich dann dieses Grummeln ein. Wo bleibt er denn? Hat er denn den Termin verpennt? Oder wir den falschen Tag notiert? Immer wieder werfen wir beide fragende Blicke durch die Glasfront des Restaurants. Halten Ausschau. Nichts. Der Mann ist doch zuverlässig. Zum x–ten Mal werfe ich einen Blick auf meinen Handy-Bildschirm. Ein Anruf in Abwesenheit, der Akkustand auf drei Prozent.

Na, super.

Du willst kommunizieren und die Scheiß-Technik lässt Dich im Stich. Yippieyei-yeah, da isser wieder: Dein „Knopf" …

So schnell kann das gehen. Eine falsche Bemerkung. Ein kleiner Witz, der keine Resonanz findet, und der – wie zufällig – die Wertemodelle des Anderen torpediert. „Entschuldigung, war doch nicht meine Absicht", schleuderst Du heraus, wissend: Zu spät. Jetzt schnell: Schadensbegrenzung betreiben. Wogen glätten. Rudern gegen den Strom ist anstrengend, das weißt Du aus Erfahrung.

Interpretation tötet Kommunikation.

Und während die Wolken den blauen Himmel trüben, verdunkelt sich Dein Sinn noch mehr: Kommunikationsmöglichkeit abgeschnitten. Zeit vertan, anrufen unmöglich, der Stresspegel steigt schon beinah unaufhaltsam …

Herrgott nochmal!

Du hast doch immer (!) eine Wahl. Du musst sie nur erzeugen, genau in diesem Moment. Zugegeben, es braucht dafür auch Training und mentale Stärke. Sich aus der Situation zu befreien, auf Knopfdruck umzuschalten, um das Hier und Jetzt, sich selbst, unmittelbar, sofort anders erleben zu können. „Na, komm schon, FUCHS: Jetzt, benutz' das LEITWOLF-BEWUSST-SEIN!"

Sei sicher: Die nächste Gelegenheit zum Üben in einer vergleichbaren Situation kommt auch bei Dir. Deshalb verrate ich Dir hier meinen „Life-Hack". Wann immer Du das Gefühl hast, dass Du gerade hochkochen „musst", oder noch glaubst, das zu müssen: Erinnere Dich an das Bild eines stolzen Adlers. Halte einen Moment inne. Der Adler, wie er die Schwingen ausbreitet, sich dann und hoch und höher schraubt, majestätisch – unendlich langsam.

Willkommen auf Deiner Meta-Ebene.

Denk´ mal an diese grenzenlose Macht: Du hast den kompletten Überblick über die Lage – bist maximal flexibel, kreativ. Voller Freude über Deine Lösungsansätze, die Dir samtweich entgegen schweben, während jeder Ballast, all das Schwere wie Blei von Deinen Schultern fällt. Alles federleicht, und jeder Gedanke eine wunderbare Lösung für die Situation, die Dir gerade noch als Problem erschien. Und einer ist garantiert genau der richtige Gedanke, der auf Deiner Nase landet und den Du „für gut" befindest.

Du setzt ihn einfach um, und kommst, noch immer sehr langsam, doch gestärkt, in absoluter Klarheit, vollkommen in Dir wieder an. Bedanke Dich einfach bei Deiner inneren Führung – Deinem LEITWOLF – für seine Genialität – Dir diesen Überblick zu ermöglichen. Der Dir half, den Blick neu auszurichten, weil der FOKUS wieder stimmt.

Hoppla, da ist er ja, der so lange erwartete Gesprächspartner.

Stand halt im Stau. Der Akku war alle. Ach was, das kenn' ich, lache ich. Welch' Freude, denn jetzt wurde daraus ein äußerst fruchtbarer Geschäftstermin. Stell' Dir mal vor: Dein Zornesausbruch hätte Dich im falschen Moment zu einem unfreundlichen Wort im Chat getrieben ... und das wäre ganz sicher in die Hose gegangen. Also: Du hast es in der Hand: Erweitere Deinen Blickwinkel so schnell Du kannst. Du selbst findest dieLösung – in Dir oder mit mir – schneller.

Musterunterbrechnungstechnik Nr. 33

Wenn Du Dich noch besser verstehen willst, folgen hier noch vertiefende LEITGEDANKEN

> Wann warst Du in letzter Zeit ungeduldig und innerlich aufgewühlt?
> Wie hat sich dann die Situation einfach so geklärt, ohne viel Tamtam?
> Waren im Nachhinein alle Schreckens-Szenarien reine Zeitverschwendung?

MEIN WEG. UND
ANGEKOMMEN.

P.S. Schreibe hier Deine eigenen Gedanken auf, benutze Dein Begleitbuch, oder sprich direkt mit mir persönlich.

___

___

___

Aufgelöst:
Welches Problem?

Welche Frage stellst Du mir?
Wer möchte wirklich Antworten und keine Gründe?

Du hast mich.
Das ist ok.
Für diesen Zeitraum bin ich Dein.

Aber anders als Du denkst, fühlst und handelst.
Ich höre genau hin und dann ...

Spiele ich nicht mit – Dir.

Ich gewinne mehr als nur Dein Vertrauen.
Meine Erzählungen fruchten und gehen tief.
Die Ansätze sind plausibel und abgespeichert.

Umsetzungsgeschwindigkeit.
Lass Taten folgen.
Das Verständnis ist geschaffen.

Wunder gibt es immer wieder!

Doch das ist Talent und Erfahrung gemischt.
Dein Cocktail zur Unbeschwertheit.

~~Selbstsabotage gestoppt!~~

Eine Stunde reicht (mir) dafür aus.

1 Person.
1 Frage.
1 Lösungsweg.

Präsenz

Präsenz

und was sie mit Dir als LEITWOLF macht

Was würde in Deinem Kopf passieren, wenn Du in der Weihnachtszeit einen grünen Weihnachtsmann sehen würdest? „Blödsinn, FUCHS, der Weihnachtsmann trägt rot." So haben wir es gelernt, richtig? Ein bekannter Limonadenhersteller hat uns das über Jahrzente eingetrichtert: Weihnachtsmänner – UND die Firmenfarbe des Limonadenherstellers – sind: rot.

Blubber-Brausen-Logik, die funktioniert.

Was denkt ein Mensch, wenn er Dich zum ersten Mal sieht? Nun, er ruft sofort seine Erfahrungen ab und fällt innerhalb von Sekundenbruchteilen sein Urteil über Dich (Akten-Schrank). Du hast niemals eine zweite Chance für einen ersten Eindruck. So in etwa läuft das ab: „Das, was ich war, bin oder werden will", oder: „Keine Chance." Zwei bis drei Sekunden hat der Anbieter einer Webseite, um den Besucher zu begeistern. Maximal. Mehr Zeit gibt's nicht, um einen ersten Eindruck zu hinterlassen.

Sch(m)erzfrage: Wie viele Menschen hast Du schon allein durch Dein „Erscheinungsbild" – vergrault, obwohl Du ganz bestimmt nicht aussiehst, wie ein Eimerwürmer? Bevor Du Dich hier gedanklich davonstiehlst nach dem Motto „wahre Schönheit kommt von innen": Merk' Dir, Du wirkst immer und strahlst (etwas) aus, das Dein Gegenüber sofort denken lässt: „Ich habe kein Interesse" oder: „Will ich näher kennen lernen!" Im besten Fall: ICH KANN NICHT ANDERS.

Das ist Kontrast!

Hier liegt des Pudels Kern (oder der Hund begraben, ganz wie Du willst): Deine Präsenz ist jetzt. Deine Stärke im Hier und Jetzt entscheidet über Deine Zukunft. Deine unbewusste Kompetenzen – oder Schwächen – sind für Dich, Deine (künftigen) Kollegen, Deine Mitdenkenden, Mitfühlenden, Mithandelnden und alle Kunden absolut spürbar. Sie wissen: An Dir kommt man nicht vorbei, ob man Dich liebt oder hasst.

Mit unserem Handeln und dem, was wir ausstrahlen, mit unserer festen Überzeugung und der richtigen Vision, genauer: Mission, laden wir jede Sekunde die eigene LEITMARKE – damit uns selbst – mit Energie auf. Diese Gesamtwirkung ist unbezahlbar. Deshalb ist Charisma immer notwendig für einen LEITWOLF, der ernst nimmt, wofür er steht. Und wogegen.

Übrigens CocaCola hat Santa Claus nicht erfunden, den gab es vorher schon. Doch seit 1920 wirbt der Konzern mit dem roten Weißbartträger, der sich angeblich durch jeden Kamin verquetschen kann und sich als Belohnung für die Mühe Milch und Kekse rein zieht ... Was das ist Limo zu tun hat ... dennoch ...

Marketing-Manipulation der Extraklasse.

Wenn Du Dich noch besser verstehen willst, folgen hier noch vertiefende LEITGEDANKEN

> Werde Dir Deiner Wirkung bewusst, verstärke sie mit Deinem Auftreten. Werde zur eigenen LEITMARKE! Erfinde Dich nicht neu. Belebe Dich mit Charisma, LEITWOLF.

MEIN WEG. UND
ANGEKOMMEN.

P.S. Schreibe hier Deine eigenen Gedanken auf, benutze Dein Begleitbuch, oder sprich direkt mit mir persönlich.

____

____

____

„Deine Stärke im Hier und Jetzt entscheidet über Deine Zukunft."

Gewohnheit

Gewohnheit

und was sie mit Dir als LEITWOLF macht

„Nein, du tust ihm keinen Gefallen damit". Oma tut, als hätte sie mich nicht gehört. Der verfette Kater schleicht heran, um sich den nächsten Snack einzuverleiben. Tierliebe?

Ihr Ritual.

Natürlich wusste sie, dass das falsch war. Dennoch – da half alles Reden nichts: Kaum hatte ich die Tür hinter mir geschlossen, konnte sie nicht anders: Sie tat sie es wieder. Sie meinte es doch nur gut. Jaja, der arme Kater. Selbst, wenn er bald vor Überfütterung platzt.

„Das Gegenteil von gut ist gut gemeint", hatte eine Musikgruppe namens Kettcar gesungen. Hm. Ist das so, dass wir uns etwas Gutes tun, wenn wir uns füttern lassen statt zu jagen?

Lieb gewonnene Produkte.

Gewohnheiten, die permanente akustische und optische Stimulation, das alles ist – ob Du es wahrhaben willst oder nicht – geistige Nahrung. Oder vielmehr geistiges Junk-Food. Denn ob es sich bei allem, was da so täglich auf Dich einströmt, auch tatsächlich um wertvolle Nahrungs- und Lebensmittel handelt, gilt es doch ein wenig genauer zu prüfen. Nur weil Du es Dir ständig `reinpfeifst – es permanent hörst und ansiehst – bedeutet das nicht, dass das Konsumierte auch der Realität entspricht, uns bestärkt und belebt. Um es deutlich zu sagen: Wenn Du Dich immer wieder schädlichen Einflüssen aussetzt, macht Dich das auf Dauer sicher nicht gesünder. Und wenn Du Pech hast, macht es Dich krank. Steter Tropfen ...

Welcher „Tropfen" ist es bei Dir?

____

____

Warum also bin ich kein Freund von „Wir füttern den Kater fett und rund?" Nun, die Gründe liegen auf der Hand:

1. **Wir sind schneller mausetot**
Die Wahrscheinlichkeit, dass ein Tier mit seinem Bauch – der bei jedem Schritt über den Boden schleift – alt wird, ist gering. Nachvollziehbar? Das gilt übrigens auch, wenn man nicht auf allen Vieren unterwegs ist.

2. **Wir sind nicht für Langeweile gemacht**
„Der arme Kater", klagte meine Großmutter immer wieder. Der hat es ja so schwer im Leben. „Na, was für ein Leben!", magst Du denken. „So lange schlafen, wie Du willst, wann immer es Dir in den Sinn kommt, aufstehen und fressen. Immer was Feines, erlesene Mahlzeiten ohne einen Kralle dafür krumm machen zu müssen." Jeder Tag, sorglos, null Probleme, die absolute Wohlfühlzone. Routine leben. Tag für Tag. Das ewige All-inclusive-Urlaubs-Resort. Vollpension mit Pool. Das Einzige, was stressen könnte, ist dieser blöde Zwang, noch vor dem Frühstück morgens Dein Handtuch auf die richtige Liege werfen zu müssen. Es gilt den besten Platz nahe der Cocktailbar schon mal vor den Anderen zu blockieren. Ein Traum, oder bereits Alptraum?

3. **Noch eine Serie und die ständige Verdummung**
Du weißt längst, wie das Ganze am Ende ausgeht. Tausendmal gesehen. Absolut vorhersehbar. Aber natürlich willst Du bis zum Ende dabei bleiben, Du könntest Dich ja irren. Ist doch schließlich schön, wenn Du Dir sagen kannst, dass Du, wieder einmal, recht gehabt hast, denn darauf kommt's Dir doch an, oder? Sonst gibt es die nächste FOMO-Attacke. Nicht auszuhalten etwas zu verpassen.

Aber Achtung: Wenn ein Kater nicht täglich gefordert und aktiviert wird, verliert er sehr rasch seine Reflexe. Seine Sehnen verkürzen sich, sein Drang zur Jagd wird buchstäblich eingeschläfert, bevor er irgendwann medikamentös entschlacken muss, um überhaupt noch halbwegs erträglich seinem viel zu frühen Ende entgegen zu dämmern.

Deine Abkürzung und Ergänzung: 1 Stunde, 1 Tag oder 1 Jahr.

Frage Dich selbst: Wieviel von solch einem doch ziemlich freudlosen Leben, ohne jeden Reiz und jedes Risiko, bestimmt Du für Deine (sinnvolle oder -entleerte) Existenz?

Talente verkümmern, wenn Du sie nicht trainierst.

Wieso solltest Du das tun? Wenn in Deinem sogenannten Schlaraffenland alles sowieso im Überfluss vor Deiner Nase liegt, die Vorratskammer bis zum Bersten gefüllt? Könnte diese Art von „Paradies" bei näherer Betrachtung nicht eine gut getarnte Vorhölle sein? Oder nenne es das LEIDWOLF-LABYRINTH. Brauchen wir nicht vielmehr einen starken Antrieb, also ein glasklares Motiv, damit wir uns wirklich auf etwas viel Wertvolleres fokussieren können? Damit wir uns – endlich – lebendig fühlen? Nö, was? „Viel zu viel gefordert, FUCHS, Du und Deine Theorien vom gesunden Schmerz". Ja, zugegeben, so ein bisschen träge und lustlos geworden sind wir doch, aber volle Kraft für wahres Glück zu spüren, ist das nicht ein bisschen viel verlangt? Und dann noch, wie Sisyphos, jeden Tag so einen Stein vom Herzen auf den Berg hinauf rollen? Das ist doch nicht nur viel zu mühselig, sondern auch dumm ..." Meinst Du und arbeitest ab jetzt weiter wie bisher?

Lassen wir Dich ohne eine Antwort zurück?

Stell' Dir doch mal folgende Frage: Wieviel Bequemlichkeit tut Dir wirklich gut? Wieviel „Nein" zur Bequemlichkeit schaffst Du wirklich, um Dir Raum für echten (persönlichen) Erfolg zu verschaffen?

Dreimal armer schwarzer Kater?

Wohleher ein LEIDWOLF – getrant im Katzenkostüm – der durch seinen Lebensstil endlich – mindestens absehbar – mausetot ist. Na komm, das wäre doch garantiert auch anders gegangen! Wir ändern das frühzeitig.

Was denkst Du über Deine Gewohnheiten? Wer füttert hier wen, und wie viel davon hilft Dir, Deine wahren Ziele zu erreichen?

Wie fokussiert bist Du wirklich – noch – auf Deine – echten – Ziele?

Wenn Du Dich noch besser verstehen willst, folgen hier noch vertiefende LEITGEDANKEN

> Wann schadest Du Dir mit Ansage, während Du Dir dabei – ganz unbewusst – zusiehst?
> In welchen Situationen – ja es sind immer dieselben Auslöser – übernimmt eigentlich Dein LEIDWOLF die Kontrolle, während Du nur noch Beobachter bist?
> Aus welcher Distanz (in Metern oder Kilometern) beobachtest Du Dich dann, um das ganze „Spiel" erträglicher zu machen?

MEIN WEG. UND
ANGEKOMMEN.

P.S. Schreibe hier Deine eigenen Gedanken auf, benutze Dein Begleitbuch, oder sprich direkt mit mir persönlich.

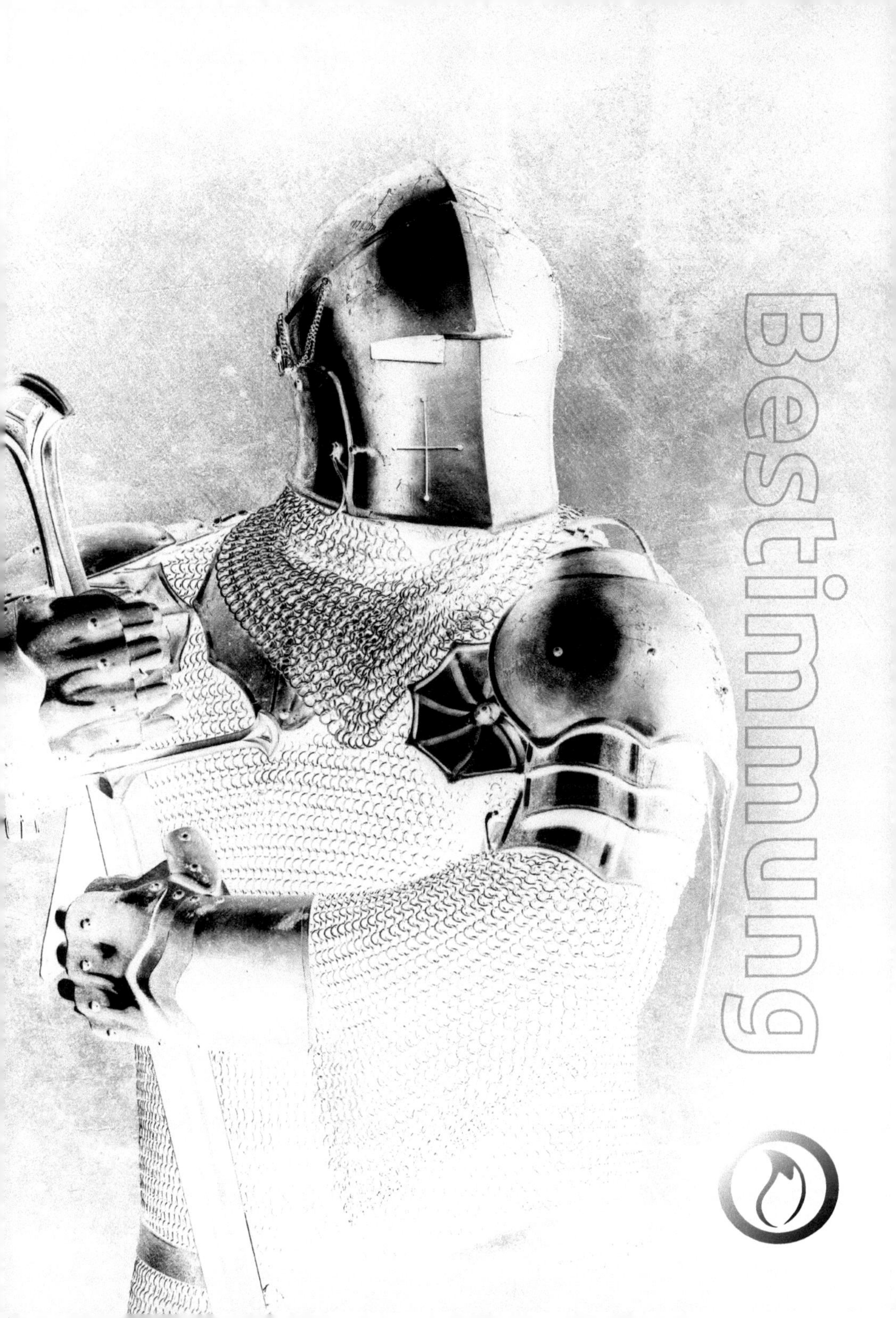
Bestimmung

Bestimmung

und was sie mit Dir als LEITWOLF macht

Männer.

Ganze Kerle, aus echtem Schrot und Korn. Wir gehen in den Baumarkt und gucken Fussball, am besten in der Horde, ist doch klar. Für unsere Frauen haben wir uns – damals – gerne auch mal auf die Schnauze gehauen, jedenfalls, als wir noch so dumm waren. Heute sind wir ja erwachsen. Im Grunde perfekt, und – könnten wir jetzt noch Laserstrahlen aus den Augen schießen oder fliegen – dann wüssten wir es ganz sicher: Wir sind Super-Männer. Wie Ironman, Wolverine, oder wie Thor, der mit dem Hammer aus der Edda … Wer auch immer.

Moment mal …, ist Dir eigentlich schon mal aufgefallen, dass kein Superheld wirklich „perfekt" ist?

Jeder hat so seine Schwächen, seine Abgründe. Vielleicht auch Leichen im Keller. Die dunklen Geheimnisse. Die tieferen Schichten der Psyche, wohl gehütet und verborgen.

Das ist so, auch bei Dir …

Natürlich findet irgend so ein Bösewicht genau diese dunkle Seite immer heraus, sonst wären die ganzen Geschichten über Superhelden ja auch saulangweilig. Aber wir wissen doch: Am Ende wird alles gut. Happy End muss sein, sonst verkauft sich das ja nicht. Deshalb enden die meisten Filme ja auch so, außer die wenigen, die uns ratlos zurücklassen, weil der Hase dieses Mal am Ende anders gelaufen ist. Und in der Falle sitzt.

Die folgende Frage hast Du Dir vielleicht so noch nicht gestellt: Weshalb bist Du so schwach und gleichzeitig so stark? Aus welchem Grund stehen Deine starken Momente im Wechselspiel mit der anderen Seite Deiner Persönlichkeit?

Deine Abkürzung und Ergänzung: 1 Stunde, 1 Tag oder 1 Jahr.

Zwei Seiten. Die selbe Medaille.

Mach' Dir nichts vor: Das bist Du. Das sind wir alle. Denn wir alle haben den LEIDWOLF und den LEITWOLF in uns.

Beide machen Dich aus und an.

Interessant. Denk' mal an Batman. Düstere Erscheinung, genau das macht ihn möglicherweise auch so anziehend für die Damenwelt. Gentleman mit dunkler Psyche als echter Pussy-Magnet. Das gilt übrigens auch umgekehrt, also gleichermaßen für beide Geschlechter. Das Besondere.

Ich erinnere mich noch an meine Zeit im Kindergarten.

Wir waren ständig draußen, und endlich war ich an der Reihe zu bestimmen, welche Spiele wir heute spielen „wollten".

Damals gab es nur ein Idol für mich. He-Man and the Masters of the Universe. Groß, muskulös, stark, schlau, übermächtig, fast unbesiegbar. Nur wenn er, getarnt als Prinz Adam, auf den nächsten Hilferuf wartete, war er beinahe weinerlich, jedenfalls zart und eher wie ich es auch war, bin und bleibe. He-Man war mein Idol. Inzwischen gibt es wieder eine (dem Zeitgeist entsprechende?!) Comicserie. Die Reaktionen der Fans darauf waren natürlich gespalten, versteht sich. Urteile selbst.

Ich vergab also die Rollen für unser Spiel. Jeder bekam eine zugewiesen. Von mir, dem Regisseur und Hauptdarsteller in Personalunion. (Assoziationen zu Dir, dem LEITWOLF, sind beabsichtigt.)

Sascha war etwas stärker als die Anderen. Er war BattleCat. Mein grüner Reittiger mit gelben Streifen und angsteinflößender Sturmhaube. Kathrin war die schöne und tapfere Prinzessin Teela. Sven war Skeletor, der Oberbösewicht. Alle wurden also mit „passenden" Rollen versorgt, und jetzt konnten wir los legen. Ich hatte völlig intuitiv bestimmt. Ob das allen gepasst hat? Nein.

Hat es mich gestört?

Nö. Ich war schließlich He-Man, und die Anderen spielten mit. Gut, Sascha brach schon nach wenigen Metern unter mir zusammen – weil ich seine Kräfte für eine derart tragende Rolle eben doch überschätzt hatte. So leicht war ich dann doch nicht ... aber gut. Wir spielten dann eben weiter und ich ritt nicht mehr auf ihm herum. Allerdings fand auch Kathrin die ihr zugedachte Rolle schnell zu langweilig. Immer gut auszusehen und am Rande zu stehen – Mädchenkonformität – gähn. Sven wollte auch gerne „ein Lieber" sein, doch egal welche Rolle er auch anstrebte, er trug von nun an den Skeletor-Stempel, da ließ sich nix machen.

Und wir lernten schnell, wie diese Rollenspiele schlagartig unsere Identität veränderten. Die Eigenschaften jeder einzelne dieser Figuren färbten unmerklich, still und leise, auf uns ab. Erinnerst Du Dich? Was macht es mit Dir, ein LEITWOLF zu sein? Andere zu führen, auch wenn diese nur mitspielen, solange es sein muss, oder zumindest solange, wie sich keine bessere Option anbietet? Was macht das mit Dir, dies zu wissen und ab jetzt darauf zu achten, wer wer ist – oder wer wer sein könnte und will?

Was würde es mit Deinem Leben machen, wenn Du ab sofort tust, weswegen Du heute aufgestanden bist (ETL)? Was würde geschehen, wenn Du ab sofort alle Deine Schatten preisgeben könntest und alle davon wüssten – ja spüren würden – wer Du wirklich bist? Wenn sie spürten, welche Stärken und Schwächen die Anderen im Rudel, im Team, besitzen und diese plötzlich genutzt würden? Nicht, um zu verletzen, sondern zum Wohle aller? Was wäre, wenn wir alle unsere Masken nicht lange und nahe genug tragen könnten, ohne dass die Welt instinktiv dahinter sieht?

EINLADUNG: Komm mit mir.

Erst wenn wir den Anderen vollständig wahrnehmen, riechen, schmecken, hören und sehen, wird ersichtlich, wer sich dort so lange versteckt hielt. Verborgen hinter einer Fassade viel zu lange gespielter Sicherheit oder echter Unsicherheit, und ja: auch und gerade hinter der Furcht vor der eigenen nie zugelassenen Größe. Einer Macht, das Universum zu verändern und dieser zu "reiten" auch ohne jemanden unter Dir zusammen brechen zu lassen.

Es kann nur einen geben?

Aber was ist ein LEITWOLF ohne Rudel? Und was wäre das für ein Rudel, eine – zweite – Familie, die sich kennt und liebt?

Ein Rudel, das sich liebt, weil der eine den Anderen ergänzt. Kein Klon. Abziehbild. Kein Klischee. Kein Etikettenschwindel mehr. Die unbedingte Bereicherung. Symbiose einzigartiger Talente. Klarer Bruch mit sinnlosen Normen und Richtlinien Dritter. Gut sichtbar und verständlich für alle, die sind und werden.

Für Dein Rudel und Dich als LEITWOLF.

Wenn Du Dich noch besser verstehen willst, folgen hier noch vertiefende LEITGEDANKEN

> Welche neuen und unerwarteten Fürsprecher sind auf Deiner Seite?
> Wer musste damals oder heute noch unter Dir leiden?
> Welche Erleichterungen und Ersparnisse sind dadurch zu erwarten?

Plus – kleiner Bonus zum Thema Superhelden:
Filmabend mit Avengers: Infinity War und Endgame.
Sehenswert, aber keiner ausgewähltenLEITFILME aus Band 2!

MEIN WEG. UND
ANGEKOMMEN.

P.S. Schreibe hier Deine eigenen Gedanken auf, benutze Dein Begleitbuch, oder sprich direkt mit mir persönlich.

FUCHSTEUFELSWILD = DER PODCAST VON DERFUCHS

HÖRE MICH AN AUF AMAZON!

SCAN ME

HÖRE MICH AN AUF SPOTIFY!

HÖRE MICH AN AUF ITUNES!

Matthias M.
Fuchs

DerFUCHS

Blut, Schweiß und Freudentränen, oder wieso er zum Fokus-Mentor wurde. Ein Text über Matthias M. Fuchs von Detlef M. Korus

Dieser Mann ist anders.

Einer, der Menschen zu echten Freunden macht. Der mit all seiner Energie will, dass „Du bei Dir ankommst". Ankommen darfst. Ein Philanthrop mit Hang zum Sadismus, wenn er bei Dir ein Verhalten sieht, dass Dir eindeutig schadet. Dann schlägt er gnadenlos zu. Weil er es kaum erträgt, wie schlecht Du mit Dir umgehst. Das macht ihn „fuchsteufelswild" – und so heißt auch sein Podcast, den er seit 2022 sendet: FUCHSTEUFELSWILD – Leben verpimmeln, oder was? (120+ Folgen).

Weil es ihn teuflisch fuchst, wenn Du ohne Orientierung durch Dein Leben gehst. Ohne LEITWOLF-BEWUSST-SEIN. Und wenn Du das nicht siehst, weil Du Dich lieber hinter Deiner #Gruendeliste versteckst. Gründe, warum Du dies und das nicht machst, nicht darfst, nicht wollen sollst ... kurz, wenn Du ohne eigene und klare Leitplanken durch Dein Leben streunst.

Dein LEIDWOLF hat seinen Spass mit Dir.

Er weiß das und kann das besser als jeder Andere, weil er selbst den eigenen Fokus im Leben 20.000 mal verloren hat. 2 x Burnout. Im Boreout – der tödlichsten Form der Langeweile. Der völligen Belang- und Sinnlosigkeit – einer brutalen Waffe, die sich gegen Dich selbst richtet. Einer, der vollkommen „lost", also buchstäblich verloren war, ein Gescheiterter und ein Phoenix zugleich. Einer dem „man" sagte, er hätte den „IQ eines Hamsters".

Damals: Der muskelbepackte Metaller, im Ledermantel mit schwarzen langen Haaren und feuerroten Spitzen. Am Wochenende Adrenalin-Flash. Am Montag Heulboje. Immer auf dem Weg ... des geringsten Widerstands. Und immer wieder die Werkzeug-Nutte für andere.

Werbeagentur-Fuzzi und Strukturvertriebs-Hardseller, Top-Verkäufer. Für Versicherungskonzerne, Callcenter-Agent und tadellose Führungskraft im Maßanzug, verantwortlich für 9 Millionen Euro Bewertungssumme in drei Jahren. Völlige Seelenlosigkeit, ein abgeranzter Fuchs in einer verwahrlosten Vorhöhle, zu feige, selbst dem Postboten zu öffnen. Und schon wieder im Alptraum des Burnouts, unendlicher Panikattacken, bis, ja: bis kurz vor dem Sturz von der Brücke.

Lebenszweck und/oder Unternehmenszweck?

Unsichtbar. Die Geliebte weg und er buchstäblich „am Arsch". Der Satz „Das passt nicht in unsere Firmenphilosophie" wird zum Mantra seiner größten Angst: Nicht dazuzugehören. Ausgestoßen, aus der Gemeinschaft, der Gruppe, dem Rudel (Band 2).

Er war ein einsamer LEIDWOLF.

Kann einer mit so einer Vergangenheit tatsächlich Fokus-Mentor sein und seiner Bestimmung folgen?

Darauf kannst Du wetten.

Wenn einer Deine wirklichen Ängste kennt, dann er: Matthias M. Fuchs. Er weiß: Dein LEIDWOLF ist nicht nur Deine Schattenseite. Er ist das, was Dich abhält, Du selbst zu sein. Der Dich behindert, Deine wahren Gefühle verschüttet, Dich vollkommen verkleistert und Dich „normalisiert", bis Du am Ende nicht mehr Du bist, aber das mit guten oder noch besseren Gründen.

DerFUCHS bringt Dich dazu, voll und ganz auf Deinen inneren Kompass zu vertrauen, LEITWOLF. Er hilft Dir im wahren Sinn des Wortes, auf Kurs zu bleiben. Er ist Dein Rammbock gegen Deine Lebenszeitverschwendung. Der Weg zum LEITWOLF-BEWUSST-SEIN ist nicht nur für die sinnsuchenden Unternehmer und echte Weltverbesserer die einzige Alternative.

100% Fokus ändert Deine Lebensqualität.

Damit Du mehr Zeit für das hast, was Du wirklich vom Leben willst.
Du weißt es sicher, nachdem Du ...

1. Selbstsabotage gestoppt
2. Beeinflussung erkannt
3. Manipulationsfreiheit lebst

... weil Du es darfst.
DU BIST DER LEITWOLF!
Jetzt.

Deine Abkürzung und Ergänzung: 1 Stunde, 1 Tag oder 1 Jahr.

P.S. Schreibe hier Deine eigenen Gedanken auf, benutze Dein Begleitbuch, oder sprich direkt mit mir persönlich.

„Er weiß:
Dein LEIDWOLF
ist nicht nur Deine
Schattenseite.
Er ist das, was
Dich abhält,
Du selbst zu sein."

Zusammenfassung
F wie Fokus

1 Wahrheit
Besinne Dich auf Deine tatsächlichen Stärken, Talente und Bedürfnisse und richte Dein Leben ab sofort danach aus.

2 Klarheit
Mach aus Zweifeln meisterhafte Pläne, anstatt Dich im Selbstmitleid zu suhlen.

3 Umwelt
Die fünf wichtigsten Menschen in Deinem Leben färben Dich, wähle sie weise und mit Bedacht.

4 Energie
Das Ziel wird am Anfang erreicht.

5 Risiko
Mach mindestens ein Mal pro Woche einen „Feuerlauf",
indem Du Deine Angst überwindest und Reiz und Risiko lebst.

6 Furcht
Vertraue auf die Kompetenz von Anderen und
lass Dich so auf völlig neues Terrain führen.

7 Einigkeit

Mach ehrliche Komplimente und so Freunde aus Deinen „Feindbildern".

8 Urvertrauen

Sei im Urvertrauen – Du entscheidest, ob Dein Leben die Vorhölle oder das Paradies ist.

9 Geduld

Hör auf zu interpretieren, kommuniziere!

10 Präsenz

Mach Dir Deine tatsächlichen Wirkung bewusst, werde zur LEITMARKE.

11 Gewohnheit

Überprüfe Deine Gewohnheiten, denn sie fördern oder töten Deine Talente.

12 Bestimmung

Achte bei der Rollenvergabe – für Dich und Andere – auf die Passgenauigkeit und die Zwischentöne.

DerFUCHS

Entscheide Dich – mit mir – gegen Selbstsabotage, Beeinflussung und Manipulation.

U wie...

Was macht Dich (und Deine LEITWOLFLIGA) zu einem Unikat?

„Guck mal, was die anderen jetzt machen!
Könnten wir ja auch mal probieren, oder?"

Oder … lieber nicht. Noch konkreter: Nein!
Kopiere nicht die Ideen Anderer, verdammt noch mal.

Fokussiere Dich lieber auf die eigenen Stärken.
Was macht Dich einzigartig?
Was kannst Du, was kann Dein Rudel so gut wie niemand sonst?
Welche Produkte könntest Du entwickeln?

Um das herauszufinden, muss einer die richtigen Fragen stellen.
Die dürfen durchaus auch unbequem sein, wenn es sein muss – sogar schmerzhaft.

Keine Sorge, diese Fragen stelle ich Dir.
Du darfst mich dafür auch ganz kurz hassen. Kurz!
Und dann gehen wir gemeinsam den Weg zum LEITWOLF-BEWUSST-SEIN weiter.

Deines Unikats.

Viel Vergnügen mit weiteren 12 LEITGEDANKEN,
die noch stärker das Vordenken statt Nachdenken anregen.

MEIN WEG. UND
ANGEKOMMEN.

Prägung

Prägung

und was sie mit Dir als LEITWOLF macht

Reite auf einem Pferd. Schau Dir die Affen im Zoo an – meinetwegen auch auf der Straße – wenn Du dort welche sehen willst. Färb' Dir die Haare orange. Flechte Dir Zöpfe. Trage Ringelstrümpfe mit Strapsen und wirf Dir ein Flicken-Kleidchen über. Fertig ist das Pippi-Cosplay. Du weißt schon, wie ich das meine. Ja ja, Du bist ja schließlich nicht das anti-autoritär (v)erzogene Kind eines Piratenkapitäns … Schon klar. Aber lass uns mal um die Ecke denken. Was immer Du anziehst, wie sehr Du Dich (ver)kleidest: An Deiner inneren Welt ändert das weniger bis gar nichts. Weil Du Dein Bewusstsein – genauer – Dein Unterbewusstsein, einfach nicht überlisten kannst. Den schärfsten Blick in Dein Inneres hast schließlich Du selbst. Du darfst Dich – jetzt und hier – lieben lernen.

Zurück in den Abgründen Deiner Seele.

Zeit für Deinen neuen Glauben:
Du machst Dir die Welt, wie sie Dir gefällt.
Kein Witz.

Die Neue im Revier. Pippi Langstrumpf ist eben kein typisches Mädchen. Sie akzeptiert weder Normen noch übliche Regeln. Nur weil es diese gibt, heißt es ja nicht, dass diese für alle wirklich greifen und sinnvoll, bzw. richtig sind. Welche Regeln, Gesetze und Dogmen sind tief in Dir vergraben? Welche Überzeugungen, die Du nicht im Griff hast, leiten Dich? Die Du noch nicht einmal benennen kannst? Du hast jahre-, ja jahrzehntelange Prägung hinter Dir. Alle diese Erfahrungen sind unmerklich tief in Dich eingesickert, haben Deinen Willen, sie zu ändern, längst in die Knie gezwungen. Soviel Erkenntnis darf sein: Du bist in jedem Fall unbewusst motiv(aktiv)iert von innen. Und schon deshalb bist Du auch bewusst gesteuert. Allerdings von außen.

Kannst Du mir folgen, LEITWOLF?

Das, was ich Dir gerade verdeutliche, ist niemals von außen zu verändern. Zu keinem Zeitpunkt, niemals! Was heißt das? Mit aller Konsequenz:

Keiner rettet Dich!

Das nenne ich mal eine Motiva(k)tion. Wenn Du Dir allerdings die Dinge klar machst und endlich mal Klartext mit Dir selbst sprichst, wie Du es verdienst, bist Du einen guten Schritt weiter. Und damit weißt Du, dass Du als LEITWOLF mit Deinem weiteren Weg und mit dem Wissen aus Band 1 – Dich stärker – als Du vielleicht noch glaubst – selbst beeinflussen kannst und wirst. Proaktiv sogar. Ich werde Dich also im Folgenden mit einer Reihe weiterer Fragen konfrontieren. Aber wenn Du willst kannst auch das „Buch" für heute weglegen.

Ja. Nein. Vielleicht?

Oder Du wagst es. Jetzt weiterzugehen und den entscheidenden Schritt zu tun willst: Wissend, dass die besten Fragen noch vor Dir liegen, um Dir Deine wahre Bedeutung aufzuzeigen. Wo liegen Deine Grenzen?

An welcher Stelle zahlt Dein Verstand Zoll zur Einfuhr neuer geistiger Nahrung? Weshalb kennst Du das Ziel nicht? So kannst Du den wahren Preis nicht bemessen und zahlst nur drauf. Es kommt darauf an, wer den stärkeren Willen hat, ja: den stärksten. Deine Umwelt oder Deine Welt, in der Du sein möchtest? Dein Sein will sich doch vergnügen, will sich einsetzen für eine höhere Bestimmung. Das Wort kommt von Stimme. Und zwar einer, die Dich – noch leise – ruft. Du hast sie doch längst gehört. Nimmst Du sie (für) wahr? Fang an.

Glaube Dir!

Lerne, dieser Stimme, dieser Intuition, Deiner Eingebung zu folgen. Mein Können ist es, Dir immer wieder bewusst zu machen, dass alles bereits in Dir steckt. Dich zu erinnern, wer Du sein willst und (noch) nicht bist. Dies ist mein Weg – und meine Bestimmung. Ich kenne das Gefühl, im Staub zu liegen. Dreck und Blut zu schmecken. Und ich kenne meinen Antrieb, immer wieder neu aufzustehen. Weil ich mich an meinen Schwur erinnere: Wisse, weswegen Du lebst. Lerne, die beste Version Deiner Selbst zu sein. Wer bist Du?

Glaube Dir: DU BIST DER LEITWOLF!

Was macht Dich zum Anführer Deiner Welt?
Deiner eigenen Familie? Deiner (Ziel-)Gruppe?
Deines Unternehmens (LEITWOLFLIGA)?

Willst Du immer noch – ein Pferd und Du liest die Wendy? Die Affen, die Du um Dich herum duldest, würgen Ihre Bananen wieder hoch statt diese endlich zu verdauen und zu schlucken? Haare mit Henna färben machen echt ne riesen Schweinerei im Bad? Alte Zöpfe, die Dir noch nie gestanden haben sind zu verfilzten Dreadlocks geworden? Ein wandelndes Insektenbiotop. Oder ist die Rolex am Arm, oder der SUV unter'm Arsch wichtiger als Deine Ehe? Na, Dein Ego wird es wissen ... Nicht Dein LEITWOLF.

Glaube Dir: Du bist mehr, als Du je geglaubt hast zu sein.

Davon bin ich zu 100% überzeugt. Vergiss alles. Empfinde Dich neu. Es zählt dieser Moment. Dein Moment der Entscheidung, Dich zu entdecken. Neu denken zu wollen. Mit der Konsequenz, Dich jetzt schon für das zu lieben, was Du bist. Heute. Morgen. Für den Rest Deines Lebens (ETL).

Wenn Du Dich noch besser verstehen willst, folgen hier noch vertiefende LEITGEDANKEN

> Wer warst Du vor zehn Jahren?
> Wer bist Du genau jetzt und hier – in diesem Moment?
> Wer wirst Du – der LEITWOLF-TRILOGIE – werden?

MEIN WEG. UND
ANGEKOMMEN.

P.S. Schreibe hier Deine eigenen Gedanken auf, benutze Dein Begleitbuch, oder sprich direkt mit mir persönlich.

____

____

____

Zweifel

und was sie mit Dir als LEITWOLF machen

Ich falle aus allen Wolken. Mein Textspezialist. Ein echtes Genie auf seinem Gebiet. Für mich ein Gott des Wortes. Mir um Lichtjahre textlich überlegen. Der Stützpfeiler meiner gesamten damaligen Markenbildung. Hat soeben die Flinte ins Korn geworfen.

Was zum Teufel mache ich jetzt?

Ganz offen: Von ihm zu hören, dass er nicht mehr mag, trifft mich völlig unvorbereitet in die Magengrube. Und ich verstehe seine Gründe sogar.

„Ich werde das Buch (Band 1) in dem Zustand nicht weiter bearbeiten, weil es für mich von vorne und hinten nicht rund ist. Nicht fertig. Du ditschst hin und her zwischen esoterischen Inhalten. Es gibt Absätze, die ich auch nicht mal im Ansatz verstehe." Und weiter: „Es wirkt wie ein für dich selbst geschriebenes Tagebuch, und nicht wie etwas, mit dem ein Mensch wirklich etwas anfangen kann, das ihm sogar helfen soll. Ich glaube, dass du dir mit diesem Buch keinen Gefallen tun wirst."

Ich bin völlig schockiert. Ob es einem, der es dann lesen soll, wirklich etwas bringt? „… deswegen breche ich an dieser Stelle ab …", dringt es, wie aus der Ferne, nur noch dumpf an mein Ohr.

Und der Schlag in die Fresse. Knock Out.

Da ist es wieder: Das Gefühl, nicht gut genug zu sein. Dies derart unverblümt, glasklar, von einem Könner und ausgebildeten Journalisten so unmissverständlich auf's Auge gedrückt zu bekommen, das schmerzt. Kein Wunder, dass ich drauf und dran war, gar nicht mehr zu schreiben – oder nur noch alles dauerhaft in professionelle – bessere – Hände als meine zu geben.

Aber darf ich meinen freien Gedankenfluss derart begradigen lassen? Nur, damit es vielleicht „stromlinienförmig" daherkommt? Wofür? Für wen? Wer kommt eigentlich auf so eine beschissene Idee, Flüsse zu begradigen, wenn die wiederkehrende Flut alles mit sich in die absolute Zerstörung reißt, so wie an der Oder oder im Ahrtal geschehen?

Ich will ... aufrichtig und echt sein. Ich bin es auch. Für mich – und für Dich. Und schreibe genau deshalb. Für mich – für Dich und für die Welt – die es mit uns wagt, anders zu denken, zu fühlen und zu handeln.

Ich brauchte also Zeit – für mich. Ich dachte nach und voraus. Musste mich erneut vergewissern, wer ich wirklich bin. Was ich anstrebe. Wofür ich das tue. Wofür ich eintrete in diesem Leben. Dieses „Wofür" ließt mich plötzlich wieder wachsen. Und mir wurde wieder ganz bewusst ...

Ich bin DerFUCHS.

Die nächste Frage lautete also nicht: Kann ich schreiben? Sondern vielmehr: Was bewirken diese Gedanken bei Dir, meinem Leser?
Also wieder zurück: Voller Fokus auf das Ergebnis. Qualität muss sein, zweifellos, aber der beste Qualitätsanspruch ist: die Wirkung!

Das Resultat.

ICH SCHREIBE genau so weiter. Lasse einfach meine Gedanken auf das Papier fließen, weil ich das so schreiben MUSS. ICH KANN NICHT ANDERS. Damit meine Gedanken den Nährboden für Dich bilden. Damit Du neues, eigenständiges Gedankengut aufkeimen lassen kannst. Verlass Dich also drauf: Mein (Gedanken-)Fluss bleibt unbegradigt, denn Du brauchst keine Flutkatastrophe mit unabsehbaren Folgen. Du bist alles andere als eine Kopie. Kein Klon. Kein Duplikat. Und ich kein Journalist bin, der das „richtig" gelernt hat.

Du bist wertvoll, einzigartig – und gut, LEITWOLF.

Ob Du, später einmal, die Leitung Deines Lebens, Deines Unternehmens, einer Gruppe, eines Konzerns oder vielleicht sogar eines Landes übernimmst, liegt zuallererst einmal an Dir. Deiner Entscheidung, Ausrichtung und Deinen Talenten. Und ganz bestimmt an Deinem LEITWOLF-BEWUSST-SEIN. Daran arbeitest Du mit mir, vielleicht noch unbewusst, weil ich so bin und schreibe wie ich bin. Könnte das sein?

Meine Entscheidung ist doch längst gefallen. Ich schreibe weiter. Genau so (INM). Und wie ich heute weiß habe eine „Superpower", die sich im Schreiben ebenfalls zeigt.

Dictionary.com liefert durch die offizielle Aufnahme des Begriffs "legasthenes Denken" Unterstützung für die Initiative #DyslexicThinking von Sir Richard Branson. In der zugehörigen Begriffsdefinition werden die mit der Legasthenie verbundenen Stärken in den Bereichen Kreativität, Problemlösung und Kommunikation hervorgehoben.

Denk immer dran: Wenn Du in einem Loch sitzt, grab Dich zum Erdkern durch und friss seine Energie! (Zitat von Werner Bohnen)

Wenn Du Dich noch besser verstehen willst, folgen hier noch vertiefende LEITGEDANKEN …

> Wann bist Du das erste Mal an Deine persönliche Grenze gestoßen?
> Welche (verborgenen) Fähigkeiten besitzt Du, die nach Befreiung schreien?
> Wann hast Du Dich das letzte Mal richtig durchgesetzt und gewonnen?

MEIN WEG. UND
ANGEKOMMEN.

Deine Abkürzung und Ergänzung: 1 Stunde, 1 Tag oder 1 Jahr.

P.S. Schreibe hier Deine eigenen Gedanken auf, benutze Dein Begleitbuch, oder sprich direkt mit mir persönlich.

____

____

____

„Ob Du, später einmal, die Leitung Deines Lebens, Deines Unternehmens, einer Gruppe, eines Konzerns oder vielleicht sogar eines Landes übernimmst, liegt zuallererst einmal an Dir.“

Bühnenshow

Bühnenshow

und was sie mit Dir als LEITWOLF macht

Zwei lange Schlangen. Metalang. Ich freue mich seit Tagen auf das Konzert einer meiner Lieblingsbands. Von beiden Seiten strömen die Besucher in die Halle in Bochum. Unglaublich. Bin allerdings auch zum ersten Mal im Leben so früh vor Ort. Alles voller Menschen, die meisten komplett in Schwarz. Die passende Fan-Uniform. Follower in Aufregung.

Die Vorband wie üblich, eher solide, eintönig. Letzte Vorbereitungen für den Haupt-Gig und den Auftritt der dunklen Prediger, deren Antlitz noch verhüllt vom schwarzen Tuch ist, das sich über die ganze Bühne spannt.

Und plötzlich: Ein gleißender Lichtblitz, und der erste Ton – den jeder hier sofort erkennt – durchschneidet die Luft. Gänsehaut-Feeling, überall.

Showtime, Baby!

Der Vorhang geht auf.
Sieben Musiker, ein Leadsänger.
Zweieinhalb Stunden Feuerwerk der Gefühle.
Eine Rockshow der Extraklasse, einfach fulminant.
Vorhang zu.
Erfüllung.

Und nie mehr vergißt Du den Glanz in den Augen all dieser Fans. Diesen Funken grenzenloser Begeisterung, der bis heute noch in Dir zu lodern vermag. Aber was, bitte, hat das jetzt mit Dir als LEITWOLF zu tun?
Nun, schlagen wir mal gemeinsam das Buch des Rockshow-Einmaleins auf. Wobei, wenn ich so richtig darüber nachdenke, ist das die Königsklasse, die höchste Weihe, nicht das 1x1.

13 Gebote für die Rock-Show-Meisterschaft

Gebot 01: Überrasche Dein Publikum
Gebot 02: Vermische Bekanntes mit Unbekanntem
Gebot 03: Bleibe Deinem Markenkern (Image) treu

Gebot 04: Übernimm' die Führung des Publikums
Gebot 05: Gib der Masse Energie – und nimm sie ihr wieder
Gebot 06: Tritt so auf, dass es jeder verstehen kann
Gebot 07: Unterstreiche Deine Marke mit (kleinen) Hilfsmitteln
Gebot 08: Mach' die Show zu Deiner „Messe", mit Regeln und Pflichten
Gebot 09: Liefere höchste Qualität ab
Gebot 10: Übertriff die unbewussten Erwartungen der Fans
Gebot 11: Hol' Dir direkt Bestätigung, um mehr zu leisten
Gebot 12: Bring' Dich für Fotos in Pose (als Erinnerung)
Gebot 13: Geh, wenn alles getan ist, schnell von der Bühne

Du als der LEITWOLF darfst Dir hier einiges abschauen, und lernen. Lerne von den Meistern ihres Faches – in dem Falle: Ghost.

Ich empfehle Dir dringend, ein (Rock-)Konzert zu besuchen, um diese Gebote innerlich abspeichern zu können. Das funktioniert nicht am Monitor oder am Handy – das emotionalisiert nur live mit dieser Wucht! Ein solches Erlebnis ist durch nichts zu ersetzen. Du mittendrin. Keiner kaut Dir irgendeinen Gedanken oder Sichtweisen vor, denn Du bestimmst, aus welcher Perspektive Du „filmst" – lass bitte Deine digitale Allzweckwaffe – Dein Handy – in der Hosentasche – und beobachte, was dann passiert.

Das ist intensiv und erinnerungswürdig.

Du brauchst weder Fotos noch Videos für Freunde. Es ist Dein Event! Werde selbst Teil der Show. Und dann werde: die Show. Werde zum Ereignis. Wir wissen überhaupt nicht, wer hinter der Maske der Musiker steckt, und das spielt auch keine Rolle. Wir sind felsenfest überzeugt, von diesen Musikern vollkommen verstanden zu werden. Wir leben für dieses Gefühl, dass ihre Lieder nur für uns gemacht sind und uns deshalb so intensiv aus der Seele sprechen. Was wir nicht ausdrücken konnten, wird durch ihre Texte zum Leben erweckt, wird ein Teil Deiner Biografie, ein Teil Deines Lebens, ja: Deiner Persönlichkeit.

Spürst Du, was ich meine?

Mit über 100 Konzertbesuchen – ja, ich investier(t)e in diese Erlebnisse viel Zeit und Geld – kann ich behaupten, es hat sich gelohnt. Und zwar für eine Erkenntnis, die ich jetzt gerne mit Dir teile: Das was wirklich zählt, wenn wir einmal alles Materielle abziehen, ist das Erlebnis! Und zwar für Dich selbst, idealerweise mit den Menschen, die Dir etwas bedeuten. Denn sich auszutauschen, in Erinnerungen zu schwelgen, kann mit einem guten Whisky (oder Deinem Lieblingsgetränk) in der Hand zu einem weiteren Ereignis werden, Freundschaften verstärken und Euch auf diese Weise fest zusammenschweißen durch das Band der gemeinsamen Erfahrung. Ich glaube also ganz bestimmt, dass derartige Erfahrungen den höchsten Stellenwert haben. Wie hieß diese eintönige Vor-Band nochmal? Es zählt nicht, weil sich daran keiner erinnern kann, ihr Auftritt in der Regel von viel stärkeren Erlebnissen buchstäblich wie von einer Lawine begraben. Ganz anders der Auftritt der Hauptband. Cocktail der Emotionen, die intensive Gemeinsamkeit mit all den anderen Fans – unvergesslich. Erinnere Dich doch genau JETZT alleine – später zu zweit – ganz detailliert und mit der vollen Wucht an all Deine damaligen Emotionen, die Du noch einmal erleben darfst. Und dann lerne Dein Leben als LEITWOLF von Deiner Bühne aus richtig zu rocken.

Wenn Du Dich noch besser verstehen willst, folgen hier noch vertiefende LEITGEDANKEN …

> Welche drei Erfahrungen sind bisher Deine kostbarsten Schätze?
> Welches Konzert möchtest Du in den nächsten Wochen besuchen?
> Welche Art von „Show-Konzept" passt wie „Arsch auf Eimer" zu Dir?

MEIN WEG. UND
ANGEKOMMEN.

P.S. Schreibe hier Deine eigenen Gedanken auf, benutze Dein Begleitbuch, oder sprich direkt mit mir persönlich.

Wissbegierde

Wissbegierde

und was sie mit Dir als LEITWOLF macht

Als Kind spielte ich mit den Figuren der Teenage Mutant Ninja Turtles und war süchtig nach der Comic-Serie. Jeden Samstagmorgen ... Du weißt schon: Splinter, Leonardo, Michelangelo, Donatello und der letzte der weltberühmten Maler.

Was ich als Kind nur konsumierte, verstand ich als DerFUCHS völlig neu – sah die Turtles plötzlich in einem ganz anderen Licht. Analyse-Ergebnis? Da sticht eine deutliche Diskrepanz zwischen den namensgebenden historischen Figuren ins Auge. Eigentlich müsste Leonardo doch das Multigenie sein, nicht Donatello ... !

Solltest Du Insider sein, erschließt sich Dir der Sinn dieser Behauptung sofort. Schließlich wird Leonardo Da Vinci als „eines der wenigen Multigenies" bezeichnet. Ich frage mich: Wieso „eines der wenigen"? Der Grund: Er gab sich keinerlei Rahmen. Keine Begrenzung im Tätigkeitsfeld. Ein echter Freigeist mit der ALLES-IST-MÖGLICH-MACHT – in sich.

Dein Spieltrieb. Dein Forschergeist. Dein Quell der Neugier.

Da Vinci war Künstler, Mathematiker, Wissenschaftler, Entdecker, Ingenieur, Arzt, Baumeister von Kriegsmaschinen, ... Er nahm seine Welt und die der Anderen ganz anders wahr. Er zeichnete Details und führte immer (!) eines seiner verschlüsselten Skizzenbüchlein mit sich. Seine eigene Welt war sprachlich codiert für Andere. Die Energie der Sprache war ihm vertraut. Er hatte einen enormen Fundus an interdisziplinären Wissenssträngen, die er ständig neu verband und logisch neu verknüpfte.

Das war seine Garantie für den Erfolg.

Keiner konnte ihm in jener Zeit das Wasser reichen. Er war buchstäblich omnipräsent mit einer schier unglaublichen Auffassungsgabe und seinen Interessen, die sich auf die weitesten Gebiete erstreckten.

Ein solches, umfassendes Wissen nenne ich ein interdisziplinäres Wissensnetz (IDN). Was bedeutet das in Kürze? Stell' Dir vor, Dich faszinieren einige wenige Themen besonders. Diese verbindest Du auf alle nur erdenklichen Arten und lässt die jeweiligen Wissensgebiete sich gegenseitig befruchten.

NEUES DENKEN beinhaltet alles aus den Bereichen der Motivation, Neuropsychologie, Lernmethoden, Leistungssteigerung, Willenskraft, Zeitmanagement, Innovationsstufen, Geschäftsmodelle, Kundenströme, **Fokus** …

NEUE ZUKUNFT ist bei mir die Ausrichtung auf ein Ziel, eine emotional aufgeladene Vision und deren Antrieb für die Erfüllung der Sehnsucht und Träume. Die **Strategie**, Geschäftsmodelle bzw. Systeme so zu optimieren, dass der Mehrwert den Markt anfeuert zu kaufen. Sog statt Druck-Motiva(k)tion.

NEUE FÜHRUNG. In diesem Bereich beschäftige ich mich mit den gängigen, in der Regel längst überholten **Führung**sprinzipien, wobei es mir vor allem darum geht, darauf aufzubauen und diese in der Folge neu zu denken, vielfach: zu verwerfen und für Dich zu interpretieren.

Ergänzung: Aus meiner Sicht hat neue Führung sowohl eine weibliche als auch eine männliche Dimension. Dieses Bewusstsein kann eine Führungspersönlichkeit allerdings erst dann übernehmen, wenn sie in der Lage ist, dies auch unbewusst zu leben. Dazu mehr in meinen folgenden zwei Büchern der LEITWOLF-TRILOGIE?

IDN – Das interdisziplinäre Wissensnetz

Die drei übergeordneten Bereiche meines interdisziplinären Wissensnetzes kennst Du jetzt. Erscheint Dir die logische Verbindung, die Vernetzung einleuchtend? Wenn ja: super. Wenn nein, lass mich kurz tiefer einsteigen. Du bist bis zum heutigen Tage in mindestens einem Bereich im sogenannten Tiefenwissen (unbewusste Kompetenz) angekommen, weil es Dich so sehr interessiert (hat), dass Du eine riesige Sammlung an ganz bestimmten Erfahrungen, Erlebnissen und Überzeugungen, oder auch Meinungen in Dir vereinst. Das also ist die Grundlage. Der Wille, sich zu vertiefen. Ein hohes Interesse an der Materie. Kennst Du Dein Studienfach zur Meisterschaft? Lass uns doch damit starten. Genau in diesem Bereich gibt es bereits die ersten Querverweise in weitere Bereiche. In meinem Beispiel ist NEUES DENKEN auch mit dem tieferen Wissen über Ernährung und Meditation verknüpft. Es hängt alles zusammen, wenn Du den Fokus verbindest. Wenn Du Dir das immer wieder bewusst machst, reift automatisch Dein IDN. Wieso kürze ich das mit IDN ab? Es wäre doch richtiger IDW, oder? Stimmt. Ich lese jedoch noch mehr aus IDN. Sprich es mal laut aus! IDeeN. Das, was ich Dir hier gerade verraten habe, ist tatsächlich eines der Geheimnisse von Leonardo Da Vinci, und ja, in und aller Größe – auch meines.

DIE ALLES-IST-MÖGLICH-MACHT.

IDN ist die Grundlage für echte Innovationskraft. Dein NEUES DENKEN erschafft auf diese Weise eine NEUE ZUKUNFT, und gibt Dir die Möglichkeit NEUE FÜHRUNG – in Deiner Welt – zu bringen. Du bist schlauer, wenn Du Dein eigenes IDN erschaffst (Band 2).

Wenn Du Dich noch besser verstehen willst, folgen hier noch vertiefende LEITGEDANKEN …

> Welche drei Bereiche sind Deine Top 3 für den Start ins IDN?
> Wie kannst Du ganz natürlich diese drei Bereiche Deines IDN vernetzen und mehr verstehen, wie diese Welten sich vereinen?
> Willst Du wirklich, wirklich, wirklich in diese drei Bereiche jeden Tag eine Stunde investieren, um Dein IDN aufzubauen?

MEIN WEG. UND
ANGEKOMMEN.

P.S. Schreibe hier Deine eigenen Gedanken auf, benutze Dein Begleitbuch, oder sprich direkt mit mir persönlich.

Verpflichtung

Verpflichtung

und was sie mit Dir als LEITWOLF macht

Eine kleine Frage: Nutzt Du wirklich Deine gesamte, sich täglich erneuernde Energie für Dich und Dein Leben? Oder drehst Du instinktiv Deine innere Herdplatte auf die Warmhalte-Stufe herunter? Wahrscheinlich köchelst Du schon so lange und hast dies nur ignoriert oder missachtet, richtig?

„Bloß nichts anbrennen lassen", denkst Du vielleicht.
So bringst Du allerdings nichts in Wallung.
Nicht Dich, und nichts um Dich herum.

Wenn Du Dich nicht darum kümmerst und nicht alles im Blick behältst, brennt es Dir auf jeden Fall irgendwann an. Vielleicht nicht sofort, aber nach einer gewissen Zeit ist es garantiert so weit. Ich meine damit nicht Dich (Burnout). Auch meine ich nicht, dass Du Dich täglich gefühlt sinnlos zur Arbeit schleppst oder schleppen solltest (Boreout). Nein, ich meine zunächst einmal Deine innere Bereitschaft, immer wieder 100% zu geben, wenn es erforderlich ist. Willst Du tatsächlich riskieren, dass Dein Leben geschmacklos, lauwarm und mittelmäßig ist, weil viele andere auch ihre Potenziale weder kennen noch je ausleben?

Hör Dir mal jetzt sofort dieses Lied an: Jan Delay – Feuer
(MACH EINE WIRKUNGSPAUSE MITTEN IM LEITGEDANKEN)

Der Text dieses Liedes passt perfekt zu dem, was ich hier meine. Ein Auszug: „Sie wollen dein Feuer löschen. Und darum lauern sie dir auf. Die einen feiern nur das Gestern und spritzen mit Vergangenheit ..."

Du weißt doch noch aus der Schule, dass der Siedepunkt des Wassers erst bei exakt 100°C erreicht wird. Nicht schon bei 97°C, und nicht bei 99°C. HUNDERT GRAD CELSIUS!

Und das geschieht einzig und allein dann, wenn alle Hitze diesen Punkt erreicht. Wenn Du wirklich ALLES geben willst. In diesem Moment entsteht plötzlich etwas völlig anderes. Eine Verwandlung.

Eine Transformation. Ein Wunder, das Du längst aus Deinem Alltag kennst, doch es bleibt: ein Wunder. Das Wasser verwandelt sich in Dampf. Und ganz genau so können sich Deine Potenziale, Talente und Fähigkeiten konzentrieren.

Wenn Du nur alle Deine Stärken erkannt, verdichtet und verschmolzen hast. Dann entsteht Dein LEITFEUER. Sichtbar, spürbar, siedend heiß, mit einer Inbrunst, die zündet und anfeuern darf.

LEITFEUER – das ist meine Bezeichnung für das zu100% gelebte Potenzial. Einmal entzündet, kannst Du es bei Bedarf jederzeit neu von innen anfeuern und bestärken.

Und plötzlich hörst Du ihn ...

Den Jubelgesang tausender nackter und gutbestückter Engel oder heißer Dämoninnen die in Latex glänzen (je nach Geschmack), bereit zur Ode über Deinen Mut, zu sein, wer Du schon immer warst, aber Dich nicht getraut hast zu sein. Dein innerstes Verlangen, mehr zu sein und es zu können, viel zu lange unterdrückt, wird nun genährt, und Du fühlst mit aller Macht, was das in Dir auslöst. Wenn Du Deine Stärken lebst und Dich niemals wieder auf Deine Schwächen zu fokussieren – nur um diese weiter zu ignorieren oder zu deligieren – dreht sich Dein Leben um 180°.

Wenn Du so willst: Dein „Weg zurück zu Dir".

Du übertriffst Deine, heute noch leider allzu realistischen Vorstellungen und Erwartungen, die Dich viel zu lange begrenzt haben – wenn Du es nur wirklich willst und bereit dazu bist. Es ist höchste Zeit: Schaff' Dir jetzt Dein persönliches Paradies, durch neue Gedanken, viel intensivere Gefühle, viel bessere Handlungen und dramatisch wertvollere Ergebnisse. Was für ein großer Schritt, wenn Du merkst, dass, wenn Du dabei auch noch für andere brennst, der Weg zu mehr Gewinn, Sex und generell neuer Lebensfreude, einer viele besseren Zeit und einem Maximum an Lebensqualität nur noch ein ganz kurzer ... Weg ... zum LEITWOLF-BEWUSST-SEIN.

Und ja: Gerne begleite ich Dich dabei.

Falls es erforderlich wird, mit allen Mitteln, Fähigkeiten und Möglichkeiten, die mir zur Verfügung stehen. Das ist mehr als nur ein Versprechen. Ich lebe diesen Schwur. Nur zulassen musst Du es selbst. Mein LEITFEUER brennt für Dich. Na, wie steht's: Lässt Du Deine Kohle davon anfeuern?

Ich gebe 100% – und Du – was gibst Du – mir?

Wenn Du Dich noch besser verstehen willst, folgen hier noch vertiefende LEITGEDANKEN …

> Was bringt Dich so richtig in Schwung und lässt die Zeit verfliegen?
> Wer darf Dein Feuer durch auch subtile Bemerkungen löschen?
> Wer kann Dich dabei noch unterstützen, Dein LEITFEUER zu entflammen?

MEIN WEG. UND
ANGEKOMMEN.

Deine Abkürzung und Ergänzung: 1 Stunde, 1 Tag oder 1 Jahr.

P.S. Schreibe hier Deine eigenen Gedanken auf, benutze Dein Begleitbuch, oder sprich direkt mit mir persönlich.

„Du übertriffst Deine, heute noch leider allzu realistischen Vorstellungen und Erwartungen, die Dich viel zu lange begrenzt haben – wenn Du es nur wirklich willst und bereit dazu bist.“

Entscheidung

Entscheidung

und was sie mit Dir als LEITWOLF macht

Sicher hast Du das schon gehört: Der sogenannte Verkäufermarkt ist tot. Es lebe der zahlungskräftige Käufer! Denn nur er beherrscht, lenkt und befiehlt die Ausrichtung (D)eines Unternehmens.

Wir tanzen doch wie die Kobra beim Schlangenbeschwörer, immer nur nach seiner Pfeife. „Richtig", denkst Du jetzt vielleicht. „Leider ist das mittlerweile so." Richtig?

Was für ein Schwachsinn!

Richtig ist sicher, dass der „Käufer" dort kauft, wo er am meisten Vertrauen (4GP) plus … haben kann. Also da, wo er für sich den größten Mehrwert sieht, das beste Preis-Leistungsverhältnis erhält, oder einfach, das in seiner Wahrnehmung beste Produkt findet. Natürlich ist es prima, unvergleichlich zu sein, das alleine mag von Vorteil sein. Leben wir tatsächlich in einem solchen Käufer-Markt. Das dürfen wir durchaus auch akzeptieren: Der „Käufer" sucht sich sein Unternehmen nach eigenen Leitwerten, Überzeugungen, Bedürfnissen und vielen anderen Maßstäben aus. Aber was bedeutet das? „Wie stelle ich mich denn auf so etwas ein? Gilt nicht everybody's darling is everybody's Depp?" Das denkst Du gerade? Nun, ich bin absolut überzeugt – und stimme darin mit sehr vielen anderen Experten und Professoren aus Marketing, Vertrieb, Psychologie, Zukunftsforschung und anderen Wissenschaftsbereichen überein: Dreh den Spieß um!

Komplett richtig!

Wir als LEITWÖLFE dürfen, nein, wir müssen uns unseren „Käufer" selbst aussuchen. Und zwar nach strengsten Kriterien. Magnetisch werden. Abstoßend oder anziehend, wie ein STARKSTROMMAGNET.

Steve Jobs, der Begründer von Apple, hat – durchaus auch nach erheblichen Rückschlägen – die Marke zu einem Unternehmen gemacht, das über das größte Netto-Barvermögen (Stand vor 2024) auf der Welt verfügt – Wert: Drei Billionen US–Dollar (!), das sind 3.000 Milliarden! Irgendetwas hat der Mann also sicher richtig gemacht, oder? Von ihm stammt der Satz: „Meistens wissen die Leute nicht, was Sie wollen, bis man es ihnen zeigt." Die meisten Unternehmen, die ich in den letzten Jahrzehnten kennenlernen durfte, zeigen nichts von sich und nehmen jeden „Käufer", wenn dieser zahlen kann. Steve hatte so Recht.

Ist das (D)ein Weg?

Lass die unpassenden Kunden endlich gehen. Konzentration auf die liebsten, die besten und lukrativsten Mandanten. Das sind dramatische Fehler, es nicht zu tun. Denn nicht nur nerven diese ungeliebten Kunden meistens ohne Ende. Sie bringen in der Regel auch nicht den gewünschten Umsatz, kosten zu viel Zeit und die Arbeit mit ihnen – und für sie – macht meist auch keinen Spaß, wenn wir mal ehrlich zu uns sind. Überdies sind es gerade diese Quengel-Kunden, die besonders undankbar sind, weil sie ja kaum zu schätzen wissen, was Du gerade für sie leistest. Wetten, Du kennst dieses absolut unbefriedigende Gefühl? Du kannst darauf wetten, auch Dein mieser Kunde fühlt es – über Dich.

Im Ernst: Wem willst Du das dauerhaft antun?

Stell' Dir doch mal vor, Du hättest, idealerweise bereits bei Deiner Unternehmensgründung – spätestens aber, wenn Dein Unternehmen in vollem Saft, in voller Kraft steht – endlich Deinen wahren „Traumkunden" definiert – und Dein LEITWOLFLIGA würde sich ausschließlich auf diesen fokussieren, und zwar mit aller Macht? Mit Allem, was ihr da so machen könnt? Es ist nie zu spät für die richtige Entscheidung. Eine, die richtungsweisend ist. Radikal. Relevant. Damit richtungsweisend. Probier's doch mal aus und richte Deinen kompletten Fokus zur Abwechslung mal auf einen einzigen (!) Kundentypus aus.

Diese Fragen verändern Deine Weltsicht:

Wofür stehst Du?
Und was noch wichtiger ist:
Wogegen stehst Du?

Die dritte Frage stelle ich Dir im Gespräch persönlich.

Diese Fragen mögen Dir nicht neu erscheinen – und ich habe sie auch nicht erfunden. Allerdings habe ich sie in voller Überzeugung von Konzernen wie Apple und vergleichbar großen Marken übernommen, destilliert und sie für meine Mandanten mit Unternehmen weiter entwickelt. Färben bis hin zum maximalen Kontrast.

Wir erschaffen – auch rückwirkend – Deinen blauen Ozean.

Nimm' Dir also bitte die Zeit, diese Fragen zu beantworten, um Dir ab sofort nur noch die liebsten und lukrativsten „Käufer"und Geschäftspartner auszusuchen. Genau das solltest Du tun: Du weißt doch – Du hast die Wahl. Also wähle weise, LEITWOLF.

Wenn Du Dich noch besser verstehen willst, folgen hier noch vertiefende LEITGEDANKEN …

> Wie motiv(aktiv)iert bist Du in diesem Moment – nach dem LEITGEDANKEN – Deine neue Macht zu nutzen?
> Wofür stehst Du mit Deinem ganzen ICH BIN ... ein?
> Wogegen stehst Du, wie würdest Du dies demonstrieren und wie Dich einbringen?

MEIN WEG. UND
ANGEKOMMEN.

P.S. Schreibe hier Deine eigenen Gedanken auf, benutze Dein Begleitbuch, oder sprich direkt mit mir persönlich.

Aufgelöst:
Welches Problem?

Welche Frage stellst Du mir?
Wer möchte wirklich Antworten und keine Gründe?

Du hast mich.
Das ist ok.
Für diesen Zeitraum bin ich Dein.

Aber anders als Du denkst, fühlst und handelst.
Ich höre genau hin und dann ...

Spiele ich nicht mit – Dir.

Ich gewinne mehr als nur Dein Vertrauen.
Meine Erzählungen fruchten und gehen tief.
Die Ansätze sind plausibel und abgespeichert.

Umsetzungsgeschwindigkeit.
Lass Taten folgen.
Das Verständnis ist geschaffen.

Wunder gibt es immer wieder!

Doch das ist Talent und Erfahrung gemischt.
Dein Cocktail zur Unbeschwertheit.

~~**Selbstsabotage gestoppt!**~~

Eine Stunde reicht (mir) dafür aus.

1 Person.
1 Frage.
1 Lösungsweg.

Spontanität

Spontanität

und was sie mit Dir als LEITWOLF macht

2018 – Interview in München. Mirko Silz, der LEITWOLF der L'Osteria, teilt mit mir seine Sichtweisen und Erfahrungen in der (Marken-)Führung (Eingegossen in Band 2 und 3).

Es wäre mir nie im Leben eingefallen.

Und doch „nach einer wahren Begebenheit", so heißt es doch stets in Filmen. Und dies ist meine Geschichte, ich Dir erzählen will ...

Das Interview hat kaum begonnen, schon lädt Mirko mich ein, am folgenden Tag der Eröffnung des 100. Restaurants in Berlin beizuwohnen. Zu erleben und spüren was „La Famiglia" bedeutet.

La Famiglia.

So nennen sich die Mitglieder der L'Osteria, und dazu gehören nicht nur alle Mitarbeiter (damals etwa 6000), sondern auch alle Lieferanten und Franchisenehmer. Mirko nennt diese Verbindung, in Anlehnung an Ray Crock (McDonalds), den dreibeinigen Stuhl: die notwendige Stabilität.

Ein Erfolgsgeheimnis der Systemgastronomie.

Ich war beeindruckt. Von diesem Mann, seiner unbedingten Leidenschaft und seiner tiefen Kenntnis dieser Branche. Mein Interview mit ihm hat mir mehr als verdeutlicht, dass es so viele Menschen gibt, die es geschafft haben, erfolgreich und vermögend zu werden, gerade weil sie so sind, wie sie sind. Mirko Silz hat es mehr als verdient. Er lebt das Konzept mit Hingabe. Als Galionsfigur trifft die Gischt ihn stets als Ersten; wenn es um die Außenwirkung des Unternehmens geht, geht er voran. Und genauso firm steht er für die Kultur nach innen. Sollte ich die Einladung eines solchen LEITWOLFs also wirklich annehmen?

München – Berlin

Mein Kopf summte – von tausend Gründen, die dagegen sprachen. Aber etwas übertönt sie alle. Der Handschlag unter LEITWÖLFEN, die zu ihrem Wort stehen. Was hatte ich nicht alles für Bedenken, Zweifel, Zögern und Zaudern verspürt. Handschlag am Ende unseres Gesprächs und vorbei. Ich sagte zu. Entscheidung gefallen – und die fordert ihren Preis.

- Meine Flamme informieren, Taktiken besprechen
- Alle Termine verschieben
- Übernachtung für zwei Tage sicherstellen
- Friseurbesuch, unabdingbar
- Passende Garderobe, dem Anlass entsprechend

Frage mich nicht, weshalb ich das alles auf mich nahm, aber glücklicherweise hatte ich wenigstens für drei Tage München gepackt, statt nur für zwei. „Intuitiv vorausschauend", lobte ich mich selbst.

Abspeichern: Ich plane immer einen Tag mehr ein, als beabsichtigt.

- Schließlich kann jederzeit etwas Unerwartetes und Gutes geschehen.
- bereit für eine spontane Einladung
- schnelle Entscheidungen zu treffen
- alles umzuwerfen, wenn es Deinem langfristigen Ziel dient

Nicht zuletzt: Auf lange Sicht zählt sowieso das Erlebnis mehr als Dein Entschluss, der ist rasch vergessen.

Und was für ein Erlebnis war das, in Berlin. Dutzende von Franchise-Millionären auf engstem Raum. Die L'Osteria in Berlin am Mercedes-Platz ist nicht für über 100 Gäste gebaut worden, doch das zählte hier nicht.

Die Stimmung: phänomenal.

Ich kannte nur zwei Gäste, und die waren sehr beschäftigt. Mit wem ins Gespräch kommen? Du kennst das sicher. Erst mal fünf bis sechs Minuten an's Glas klammern, wobei ich mich zunächst noch mit der ebenso verklemmten Taktik manch Anderer hier tröstete, die das Programm „Ich rauch' mich sicher" abspulten.

Naja, neue Kontakte machen klappt natürlich weder mit der einen, noch der anderen Technik.

Nachteil: Ich kannte niemanden.
Vorteil: Ich kannte niemanden.

Meine beiden Bekannten waren beide aus Dortmund nach Berlin gereist. Wie ich schon seit München wusste, hatte die L'Osteria gerade ein Projekt mit der Universität in Dortmund in Sachen Employer Branding am Laufen.

Was also blieb mir anderes übrig, als an meinem Tisch alte und neue Beziehungen zu vertiefen, und siehe da: Ein Traum wurde wahr. Gut, dass der gute alte Goethe mir diesen LEITGEDANKEN mitgegeben hatte: „Materie ist geronnener Geist". Die Realität formt sich stets aus Deinen Gedanken, und der beste war doch, nach meiner einmal getroffenen Entscheidung der freundlichen Einladung auch zu folgen. Kaum gedacht, schon umgesetzt. Merke: Deine Gedanken werden zu Worten, und diese Worte senden Energiebotschaften an den jeweils Anderen. Klappte bei mir jedenfalls prompt, und wirkte: Ich war eingeladen. Ich fühlte mich angekommen. Und damit genau richtig platziert.

Wo willst Du hin?
Wann bist Du angekommen?
Welche Weichen musst Du dafür stellen?
Was bist Du bereit dafür zu investieren?
Auf welches Ergebnis fokussierst Du Dich?

Wer bist Du für wen? Für mich bist Du der, der Du sein willst, und nicht mehr der, der Du gerade bist. In sieben Jahren erneuert sich Dein physischer Körper einmal komplett. Jede einzelne Zelle. Alles. Aber was ist mit Deinem Bewusstsein? Was ist mit Deiner Einstellung zum Leben? Was ist mit Deinem Willen, Du zu sein? Bleib Dir treu und verändere Dich weiter.

Genieße die Veränderung und suche sie bewusst.

Denn die Veränderung ist die einzige Konstante im Leben. Du bist die Zukunft dieser Welt. Deiner Welt. Und damit auf dem Weg zum LEITWOLF-BEWUSST-SEIN!

Es sei denn das LEIDWOLF-LABYRINTH ist weiterhin Deine Wahl?

Nimm' also die Einladungen des Lebens an und frag' später, wie Du sie in die Realität umsetzen kannst. Triff einfach jetzt die Entscheidung für Dich und Deine Gaben. Nutze diese zum Wohle aller und vor allem Deiner Selbst.

Wenn Du Dich noch mehr verstehen willst, folgen hier noch vertiefende LEITGEDANKEN

> Welches Ereignis fordert viel von Dir und lässt Dich zunächst zögern?
> Was hat es Dich bisher gekostet, gezögert zu haben?
> Wann hat Dich die Spontanität auf die nächste Stufe gebracht?

MEIN WEG. UND
ANGEKOMMEN.

Deine Abkürzung und Ergänzung: 1 Stunde, 1 Tag oder 1 Jahr.

P.S. Schreibe hier Deine eigenen Gedanken auf, benutze Dein Begleitbuch, oder sprich direkt mit mir persönlich.

HÖRE MICH AN AUF AMAZON!

SCAN ME

HÖRE MICH AN AUF SPOTIFY!

HÖRE MICH AN AUF ITUNES!

Gleichschritt

Gleichschritt

und was er mit Dir als LEITWOLF macht

Links, zwo, drei, vier! Links, zwo, drei vier … „Ansingen" heißt das bei der Bundeswehr, damit keiner aus dem Takt gerät. Schon auf den ersten Wegen sollen die Rekruten lernen, wie man dem Vordermann nicht in die Hacken tritt. Wir marschierten um des Marschierens Willen, so dachte ich jedenfalls. Alltag zu der als Soldat.

Was sollte das?

Wir bewegten uns im Takt der Aufzählung. Linkes Bein vor. Rechtes Bein vor. Linker Arm. Rechter Arm. Blick geradeaus. „Im Gleichschritt, Marsch!" bellte der Uffz (Unteroffizier) das Kommando.

Bei der Bundeswehr gibt es ein Wort, das nur Soldaten kennen und benutzen: Es heißt „Dummfick". Dummfick ist per Definition eine Tätigkeit, die entweder eine selten dämliche ABM (Arbeitsbeschaffungsmaßnahme) darstellt, oder aber eine derart stupide Aktivität, die nur zum Zeit-Totschlagen und zur Steigerung des Gehorsams eingesetzt wird, damit auch ja alle brav folgen.

Wenn man so will, könnte man Marschieren dazuzählen, aber das stimmt so nicht. Denn sich als Gruppe im Takt fortzubewegen ist eine Kunst, die wirklich hohe Anforderungen stellt. An mich jedenfalls.

Ich kam, sah und diente.

Als jemand, der gerade frisch von der Fachschule für Gestaltung kam, einer, der zwei Jahre die Prinzipien der Kunst inhaliert und neu interpretiert hatte, einer, der mit jeder Faser seines Körpers echte Kreativität in die Welt brachte und bringen wollte: Was macht so einer im Grünzeug, bei der Bundeswehr?

Ein Freigeist mit Stahlhelm. Ein Idealist und Tagträumer, jedenfalls ein ziemlich defokussierter junger Mann. Blutiger Anfänger am Anfang seiner Laufbahn. Ein Möchtegern-Anführer seiner Welt, die er scheinbar beherrschte. Zwischen LEIDWOLF und LEITWOLF. Noch stand es unendschieden.Nun, wie auch immer. Die Bundeswehr prägte mich auf vielerlei Weise. Und hier stelle ich Dir mal einen Grund besonders vor.

Wer führen will, muss dienen lernen.

In kürzester Zeit eine schlagkräftige Truppe zu formen, ist eine wahre Kunst. Vermutlich kann jeder davon ein Lied singen, der einmal bei diesem Haufen dabei war.

Da ist zum Beispiel die Geschichte von einem, der natürlich überhaupt keine Taktgefühl im Körper kannte. Musik, das war für mich um die zwanzig immer nur laut. Und schnell. Motto „voll auf die Fresse".

Surf-Punk, schon mal gehört? Der hieß so, weil die Bands fast alle aus Kalifornien kamen und rotzigen Rock mit wunderbar röhrenden Chören und meist einem ziemlich einhämmernden Rhythmus verbanden. Gewissermaßen eine Symbiose der Beachboys und den Sex Pistols.
An meine Ohren ließ ich also nur Klänge von Bands wie: No Use For A Name, Milliencolin, Lagwagon, NoFX …

Hörprobe gefällig? Lagwagon: Morning has broken Mr. Coffee has spoken, mit dem unnachahmlichen Derrick Plourde: Still the greatest Punk Rock drummer of all fuckin' time. Der Sound seiner Snare Drum – absolut einzigartig. Rein hören und über den Text schmunzeln oder weinen?

Ich liebte – und liebe bis heute – diese Musik.

Fand sie sehr melodisch, sie machte mich fröhlich. Die Texte vielfach abgedreht, ironisch und meist äußerst kritisch. Du hämmerst Dir also über Jahre so die Birne weg, nur um dann zum Bund zu gehen. Haha, der Neo-Punk-Rocker trägt Uniform. „Wahrscheinlich wollte DerFUCHS ja nur eine Knarre in die Finger bekommen", denkst Du jetzt vielleicht. „Warum hat der Idiot nicht einfach Zivildienst geleistet, immerhin hatte er doch damals die Wahl."
Die Frage ist tatsächlich rasch beantwortet, und mit Deiner Vermutung liegst Du ganz richtig. Ich wollte (neue) Waffen testen. Ich schoss schon jahrelang mit einem Luftgewehr, übte, jeder Fliege das Auge auszuschießen. Sniper werden. Präzisionsschütze. Der aus der Hecke über große

Distanzen den Gegner ausschaltet, das wär schon was gewesen. Was für ein (Lebens-)Sinn Anderen diesen zu beenden. Heute mache ich das Gegenteil im STÄRKENNAVIGATOR – für Dich.

Ich war eben jung und brauchte das Blei.

Viel mehr aber wollte ich Führen lernen, vor allem mich selbst, wollte unbedingt von zu Hause `raus. Raus aus meinem begrenzten Kosmos. Raus aus meinen bisherigen Überzeugungen. Aus meiner längst viel zu eng gewordenen, weil sehr begrenzenden Umgebung. Raus aus meiner Angst, am Rockzipfel hängen zu bleiben. Doch das ist eine andere LEIDGESCHICHTE (Band 2).

Meine Fresse.

Du kriegst alles auf einmal. Hätte ich nur darauf gehört: Sei vorsichtig mit Deinen Wünschen, sie könnten in Erfüllung gehen. Ich hänge mit drei anderen Grundwehrdienstleistenden auf einer Stube ab. Du willst ´ne WG und bekommst eine ohne Coolness-Faktor und Küche. Kahle Stube. Ein Spind. 3 Doppel-Hochbetten für bis zu sechs Figuren. Unsere Bude war natürlich prompt eine der kleineren. Jugendherbergs-Charme – ohne Charme – dafür winziger.

Kannst Du bitte auch mein Bett beziehen?

Ich konnte mich schon immer gut zurückziehen und abgrenzen. Ein Mitläufer war ich nie, das hat Vor- und auch Nachteile. Um uns zu einer Einheit zu formen, setzten die Ausbilder natürlich spezielle Methoden ein, die Du bestimmt auch in der heutigen (Wirtschafts-)Welt wiederfinden kannst. Achte mal auf die Parallelen, LEIDWOLF.

Das erste, was Du kapierst, ist Drill.

Jeden Tag, an jedem verfickten Morgen viel zu wenig Zeit für alles. Raus aus der Koje. Sofort das Bett machen. Ab in den Waschraum. Zähne schrubben, rasieren, gründlicher. Schneller, schneller, schneller, Schütze FUCHS, dalli dalli – und Du bist immer: zu langsam.

„Zug 4, vor der Stube antreeeeten!" Das Gebrüll des Unteroffiziers hallt von den kahlen Wänden des langen Gangs zurück. Kinn hoch, damit der blöde Heini prüfen kann, ob Du auch gründlich genug rasiert bist. „Das ist nicht gründlich genug, Schütze XYZ, Zackzack. Abmarsch. Rasieren, aber gefälligst baby-popo-zart, sonst heißt's am Wochenende Wache schieben statt Heimreise. Haben Sie verstanden?" „Jawoll, Herr Unteroffizier!" Und damit es der Sauhaufen kapiert, dürfen alle anderen während der Nachrasur des Herrn Kameraden schon mal Kniebeuge üben – und Liegestütze dazu. Wenn Du also genau das zwei, dreimal durch schlampige Rasur ausgelöst hast, dann wächst der Hass auf Dich, auf den, der's nicht sofort richtig hinbekommen hat. Und das ist nicht gut.

Gar nicht gut.

Also lernst Du: Enthaaren, bis der Arzt kommt, weil Du ja beim nächsten Mal sonst mächtig eins auf die Mütze kriegst. Muss schließlich alles seine (deutsche) Ordnung haben. Und dann die nächste Übung zur Disziplin und zum Gruppenzusammenhalt: Gewaltmarsch. 20 Kilo Gepäck auf dem Rücken, außerdem Gewehr und Helm, und ab in die Heide. 30 Kilometer so bepackt einfach laufen ins Nirgendwo. Aufgelockert durch so beschissene Kommandos wie „Gas-Alarm!" oder „Granateinschlag!"

In einem solchen Fall hieß es, sich sofort auf den Boden zu werfen. Bei Gas-Alarm schnellstmöglich diese viel zu enge und widerlich stinkende Gummimaske über's Gesicht zu ziehen und dabei fast zu ersticken, weil durch den Kackfilter natürlich viel zu wenig Luft durchkommt.

Und weiter ging's.

Wenn einer der Kameraden, aus welchem Grund auch immer, nicht mehr konnte (weil er etwa zu wenig Willen mitbrachte, Kondition, Lust, Schmerzen, was auch immer), dann schleppten die anderen den vollbepackten Rucksack zusätzlich. Feine, wahre Kameradschaft. Diese wurde natürlich anfangs schamlos ausgenutzt, besonders von den Muttersöhnchen und Übergewichtigen – den geborenen Egoisten ohne jeden Sinn für irgendeine Gemeinschaft.

Zumindest für den Moment!

20

Ich war ja, wie schon erwähnt, zu jener Zeit ein Muttersöhnchen wie es im Buche stand. Wann immer ich etwas nicht zustande brachte: Es gab ja meine Mutter. Sie war immer zur Stelle. Mampf (Kosename) trat für mich ein. Jedwedes Problem besprach ich immer nur mit ihr. Sie war der Mensch, der Immer eine Lösung fand, meist, ohne dass ich mich bemühen musste. Schlaraffenland. Behütet und sicher davor, eigene Entscheidungen zu treffen. Bedingungslose Liebe. Und wenn ich sie doch mal traf, so stets mit der sehr wahrscheinlichen Chance, prompt damit zu scheitern. Keine besonders gute Ausgangslage für das, was jetzt vor mir lag.

Schmerzen im Rücken, in den Beinen und vor allem in den Füßen. Als wir zurück waren, konnte ich die grauen und völlig durchgeschwitzten Wollsocken nur noch gewaltsam von meinen Füßen ablösen. Blutig und unsanft. Ich hatte mir die Blasen meines Lebens gelaufen. Schon mal so marschiert, dass Du Blasen so groß wie Tischtennisbälle hattest? Du quälst Dich über Tage. Hatte mir ja keiner vorher gesagt, dass ich vor dem Gewaltmarsch am besten in die Stiefel gepisst hätte, um das harte Leder weich zu bekommen. Hinterher ist DerFUCHS schlauer.

Ein weiterer Tag in der Kaserne.

Wende-Kommandos üben. Abteilung rääächts um, liiiinks um … der exakte Wortlaut der Befehle ist mir heute nicht mehr geläufig. Ich erinnere mich nur, dass ich es nicht schaffte, diese Koordinationsfähigkeit in solch kurzer Zeit – ein paar Tagen – zu erlernen. Ich brachte die Gruppe aus dem Tritt, jedenfalls einen mir nicht wohlgesonnenen Kameraden, nennen wir ihn den Soldaten Matthias – er hieß wirklich auch so. Er war folgsam und von mir äußerst genervt. Hinzu kam, dass er stärker war, körperlich jedenfalls, mental jedoch etwas schwächer. Dank meiner Ungeschicklichkeit „klong" ihm immer wieder in die Hacken, ich kam ständig aus dem Tritt. Mich in dieses direktive System einzugliedern war mir unmöglich. Jedes Mal, wenn wir die Richtung wechselten, der nächste Tritt in seine Achillessehne. Und noch einmal. Wann immer wir die Richtung wechselten, war es an ihm, sich zu rächen. Er trat mir mit Absicht und gezielt so kraftvoll in meine Hacken, dass ich fast stürzte. Um ein Haar hätten wir uns geprügelt, doch im letzten Moment nahmen wir davon Abstand: Es wäre nicht gut ausgegangen – für uns beide. Schon mal was von einem Militärgefängnis gehört? Dort landen in der

Regel die aufsässigen Kameraden für eine Nacht und länger. Ein Bestseller im Raum und ein Bett. Fertig. Der Bestseller ist anspruchsvolle Kost, nicht einfach zu lesen und üblicherweise: sehr alt. Die Bibel, damit Du ordentlich über Deine Verfehlungen nachdenken kannst. Tue Buße, wie schön und Dein LEIDWOLF frohlockt.

Lange her. Gut so!

Das, was ich mir erhoffte, habe ich nicht bei der Bundeswehr gelernt. Auf mich wartete eine viel härtere Lernaufgabe. Distanz und Nähe. Zwei der wichtigsten Führungsprinzipien.

Wer führen will, muss dienen lernen.

Es folgen weitere Erkenntnisse auf den nächsten Seiten und in der gesamten LEITWOLF-TRILOGIE.

Wenn Du Dich noch besser verstehen willst, folgen hier noch vertiefende LEITGEDANKEN

> Wann hast Du Dich einer Gruppe nicht zugehörig gefühlt und wolltest trotzdem unbedingt ein Teil davon sein?
> Welche Gemeinschaft stützt und stärkt Dich derzeitig am meisten?
> Welchen „Systemen" willst Du künftig angehören – beruflich und privat?

MEIN WEG. UND
ANGEKOMMEN.

P.S. Schreibe hier Deine eigenen Gedanken auf, benutze Dein Begleitbuch, oder sprich direkt mit mir persönlich.

____

____

____

Spielkind

Spielkind

und was es mit Dir als LEITWOLF macht

Booooom. Treffer. H4? Treffer! H5? Meeensch, getroffen. Versenkt. Schiffe versenken war für mich eine echte Leidenschaft. Das Spiel habe ich schon als kleiner Junge immer gerne gespielt.

Wieso aber torpedierst Du Dich und Deine Entschlüsse mit Zweifeln?

Verbanne Deine Angriffe auf Dich selbst doch endlich aus Deinem System. Es reicht, Du kranker Masochist. Die Zeit der Selbstsabotage ist mit der Lektüre von Band 1 ein für allemal vorbei!

Werde Dir endlich bewusst, was ab sofort Dein Spiel ist. Wenn Du willst: Domino. Das kennt jeder.

Doch zur Abwechslung bist ab sofort Du der Stein des Anstoßes. Du bist der entscheidende Energiepunkt. Die Kraft hinter und in Dir. Bewege nur diesen einen Stein und alles gerät in Bewegung. Domino ist kein neues Spiel. Es geht nach reichlicher Überlegung nur noch darum, endlich ins Handeln zu kommen. Und zwar mit ganzer Leidenschaft und Inbrunst. Inbrunst ist so ein schönes und selten benutztes Wort. Weißt Du was es bedeutet? Wirklich bedeutet?

In welchem Spiel willst Du es zur Meisterschaft bringen? Ein paar Angebote für unterschiedliche Beweggründe:

Um Deine finanzielle Intelligenz zu steigern, empfehle ich Dir „Cash Flow". Dieses Spiel wurde gemacht, damit Du vermögender werden kannst – erst im Spiel, dann in echtem Leben. Ich liebe beides! Alles auf eine Karte zu setzen und zu triumphieren, oder vom Spiel der Anderen für den nächsten Sieg ausgebildet zu werden – das ist Poker. Dort stehen der Reiz und das Risiko im Vordergrund. Und Deine Menschenkenntnis ist der entscheidende Faktor. Sich einer Sache zu verpflichten und seinen Eid auch noch mit Blut zu besiegeln – das ist Russisch Roulette. Ist nicht zu empfehlen, denn es endet üblicherweise und viel zu schnell tödlich, und Du kannst nicht weiter lesen.

Also: Kein Russisch Roulette – bitte – für einen LEITWOLF.

Wir brauchen Dich. Was ich damit ausdrücken will: Allzu viele Menschen spielen viel zu viele Spiele gleichzeitig und verstricken sich in viel zu viele Regelwerke. Entscheide Dich stattdessen: In welchem Spiel willst Du tatsächlich unschlagbar werden, weil Du es viel tiefer verstehst als Andere? Weil Du es gemeistert hast. Was könntest Du stundenlang tun, ohne dass Dir vor Hunger oder Durst schlecht wird?

Wobei verlierst Du Zeit und Raum, weil es Dein Spiel ist?
In welchem Spiel willst Du besser werden als der Rest?
Wann bist Du im Fokus, also vollständig in Deinem Element?

Erwecke das Spielkind in Dir doch einfach mal neu. Den LEITWOLF macht es stärker, wenn er herumtollen darf und sich dabei angenommen und geschätzt fühlt. Fühle Dich ab sofort so würdig, wie Du schon immer warst.

Wenn Du Dich noch besser verstehen willst, folgen hier noch vertiefende LEITGEDANKEN

> Welche Spiele hast Du gleichzeitig am Laufen und merkst es erst in diesem Moment?
> Welche überflüssigen Spiele kannst Du vielleicht noch ein einziges Mal spielen und dann für immer verbannen?
> Wofür willst Du stattdessen Deine Zeit wirklich nutzen?

MEIN WEG. UND
ANGEKOMMEN.

P.S. Schreibe hier Deine eigenen Gedanken auf, benutze Dein Begleitbuch, oder sprich direkt mit mir persönlich.

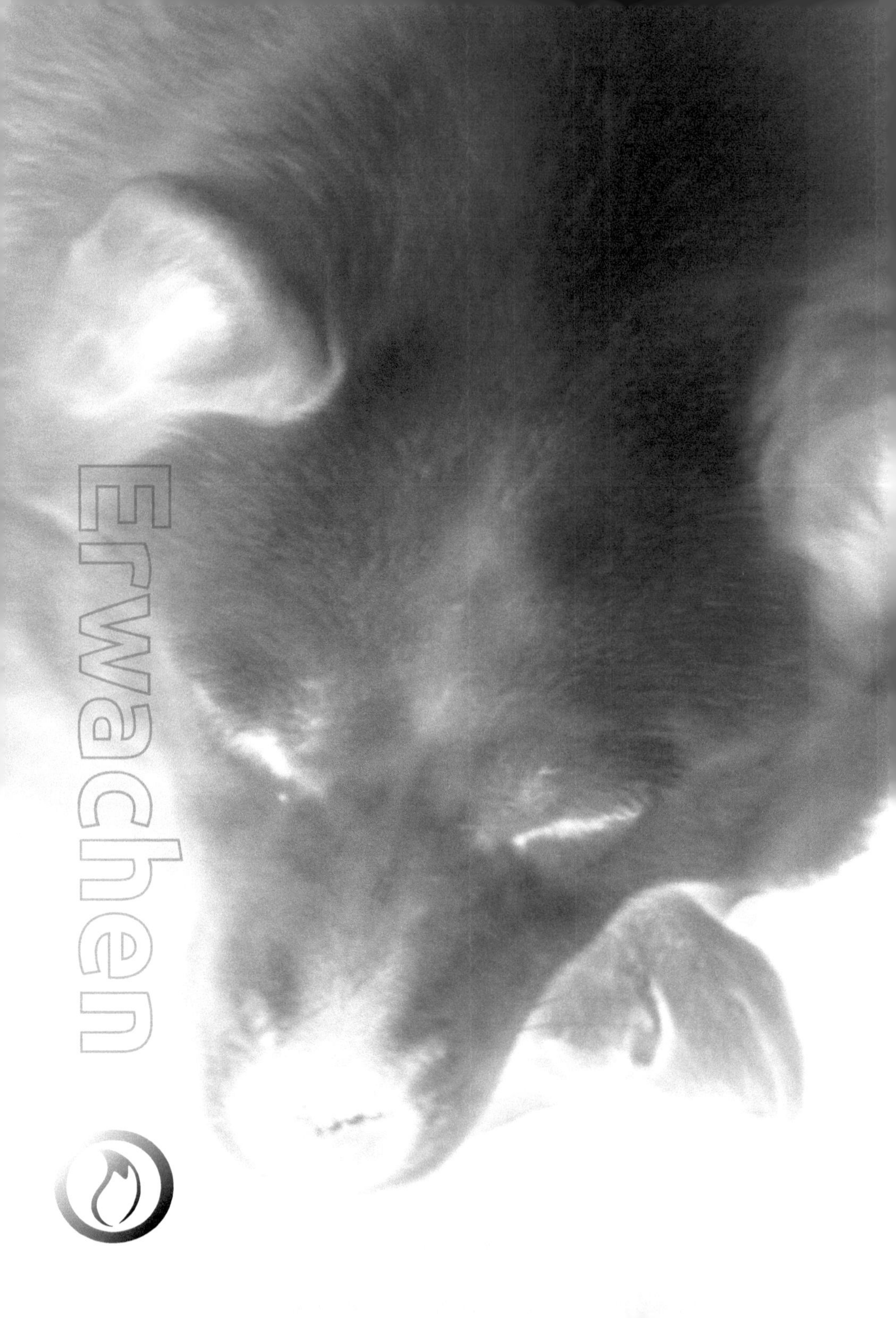
Erwachen

Erwachen

und was es mit Dir als LEITWOLF macht

Welchen ersten LEITGEDANKEN hast du direkt nach dem Erwachen? Oder anders: Was motiv(aktiv)iert Dich aufzustehen?

Diese Frage habe ich dutzenden LEITWÖLFEN gestellt, um ihre Essenz mit meiner Gedankenwelt anzureichern und in der LEITWOLF-TRILOGIE für Dich festzuhalten. Wenig überraschend: Keine der Antworten glich der Anderen. Prüfe Dich einmal: Welcher Gedanke schießt Dir morgens als erstes durch den Kopf, wenn Dein Handy Dich aus dem Schlaf holt? Wusstest Du eigentlich, dass sich inzwischen mehr als die Hälfte der Menschheit so wecken lässt? Das ist eine Untertreibung. Mit einer als Standard eingestellten, also immer gleichen Musik oder einer vorinstallierten Tonfrequenz? Überleg' mal, was das bedeutet: Und täglich grüßt das Murmeltier … ja, ich weiß, ist bei mir manchmal ähnlich beim Aufwachen, aber ist das tatsächlich sinnvoll, wenn es so abläuft?

Bimmelimm. Tonfolgenterror. Klappe 1.

Jetzt aufstehen? Wo ist der Scheißknopf zum Abstellen … Nicht dein Ernst! Lieber nochmal umdrehen, einfach noch im Bett bleiben, verd…, ist es jetzt schon wieder soweit … Lass mich schlafen … Was erwartet mich heute … Bald gibt es wieder Geld … Oh, noch 44 Jahre und 45 Tage, dann habe ich es geschafft … Ruhestand, ich komme … dämmer, dämmer.

Bimmelimmelimmelimm. Runde 2.

Die Nervensäge ätzt zum zweiten Mal. Oh, Mann, ich bin doch morgens immer gut gelaunt, kann's nur nicht so zeigen. Mundwinkel Richtung Fußboden. Pah, Sch.. drauf, was hilft's, durchhalten, wird schon irgendwie gehen, denk an die Kinder in der dritten Welt … Fusspilz … Krebs … alles schlimmer als das hier, also raus, irgendwie, hilft ja eh nix …
Die Blase drückt sowieso – Dich ins Bad und den Hintern auf die Schüssel. Wie in Trance, während Dein Gehirn noch auf Notstrom läuft und Du nach und nach wacher wirst. Zwangsläufig. Es muss ja!

Wieso sollte das denn auch anders gehen?

Ich habe schlecht geträumt. Großreinemachen meines Gehirns, scheint mir – Aufräumaktion – um den Vortag vollständig zu verarbeiten. Doch an diesem Morgen ist alles anders. Ich bin paralysiert. Denn mein erster Gedanke heute Morgen ist ein völlig anderer.

Weshalb lebe ich überhaupt? Wie sinnvoll ist das, was ich da so mache? Mensch, bleib einfach liegen, verpimmel den Tag doch einfach.

Schlafen. Lesen. Messenger-Nachrichten durchscrollen. Videos. Mems. Botschaften. Audio-Dateien, manche bis zu zehn Minuten lang und länger. TMI – too-much-information – ständige Disharmonien, meist negativ aufgeladen, die Dich in der Rückschau betrachtet keinen Millimeter weitergebracht haben. Du bleibst da, wo Du bist. Und #fomo gibt es auch noch. Frage Dich: Konsumieren oder produzieren?

Wem nützt es wirklich?

Wenn ich so geträumt habe wie vergangene Nacht, war der Traum gewaltig. Spielte sich auf als Realität, als fordere er mich zum Kampf. Ausnahme-Erscheinung, so viel steht fest. Aber weil sich diese Ausnahme mittlerweile immer häufiger wiederholt, wird so etwas wie eine neue Regel daraus.

Ich wache oft mit dem gleichen LEITGEDANKEN auf:

Ich bin …

Meine Beschwörungsformel (10-FINGER-MANTRA): Ich bin schlau, vollkommen, perfekt, stark, mächtig, liebevoll, harmonisch, wohlhabend, hartnäckig und somit glücklich. Das lässt sich prima an zwei Händen abzählen … dafür haben wir zehn Finger. Wenn Du willst und beweglich bist, meinetwegen auch Deine zehn Zehen. Spaß beiseite, jetzt mal ernsthaft, bevor Du denkst, DerFUCHS dreht gerade völlig ab. Lies wöchtlich und monatlich Band 2+3 parallel.

Und nun Klartext.

22

Dein erster Gedanke gestaltet den Fokus Deines Tages. Wenn Du morgens noch im Halbschlaf dämmerst, ist Dein Gehirn maximal und optimal beeinflussbar. Probier's aus, zähl´ doch mal das Mantra an allen Deinen zehn Fingern ab. Und beobachte, was geschieht.

Ich nenne das: Morgendliche Sprachhygiene. Mein Fokussierungs-Turbo und Zeiteinsparungs-Maschine. Denn dadurch brauchst Du Dir keinen Kaffee mehr – als zwanghafte Gewohnheit – in den Kopp zu kloppen, das verspreche ich Dir. Und wenn das nicht reicht, habe ich immer noch eine Überraschung für Dich. Aber dazu brauche ich Deine Mithilfe. Ich habe einen anderen und besseren „Wecker" für Dich. Meinen Podcast, der Deinen LEITWOLF – täglich – wachküssen wird (ca. 7 Minuten Zeitinvest). Und Dich weiter und noch zügiger aus dem LEIDWOLF-LABYRINTH eskortiert.

Wenn Du Dich noch besser verstehen willst, folgen hier noch vertiefende LEITGEDANKEN

> Was war Dein erster Gedanke nach dem Erwachen, als Du abosut keinen Bock hattest, aufzustehen?
> Was motiv(aktiv)iert Dich (nicht) – derzeitig – morgens aufzustehen?
> Wie könnte Dein Leben in der nahen Zukunft sein, wenn Du jeden Tag energiegeladen aus dem Bett springst, weil Du FUCHSTEUFELSWILD (über 120+ Folgen online) gehört hast und es jetzt nicht mehr abwarten kannst, Deine Pläne in Realität zu verwandeln?

MEIN WEG. UND
ANGEKOMMEN.

P.S. Schreibe hier Deine eigenen Gedanken auf, benutze Dein Begleitbuch, oder sprich direkt mit mir persönlich.

„Prüfe Dich einmal: Welcher Gedanke schießt Dir morgens als erstes durch den Kopf, wenn Dein Handy Dich mit seiner Alarm-Tonfolge aus dem Schlaf holt?“

Zwang

Zwang

und was das mit Dir als LEITWOLF macht

Wie aus dem Nichts spricht sie ihn an: „In Rheine gibt es ein Fetischhotel." Seine Gedanken und Phantasien schlagen Purzelbäume, dreifacher Rittberger mit Überschlag. Alles dreht sich, er ist völlig geplättet, hatte mit allem gerechnet, nur damit nicht. Plötzliche macht ihm diese Hitze im „Keller"zu schaffen. Sein Gehirn raßt in Millisekunden per Fahrstuhl unter die Gürtellinie. Bleibt prompt in der Hose stecken, während ein defektes Sprachzentrum im Oberstübchen zurückbleibt.

Waaaaas?

Boing! – Kommt Dir bekannt vor, Mann? Natürlich nicht, was hättest Du auch mit einem Fetischhotel zu tun … so was kennst Du gar nicht. Wie ungeil ist das denn?

Was Phantasie in Deinem Kopf und dann auf körperlicher Ebene auslösen kann, ist mehr als nur verblüffend. Allerdings ist das auch wenig verwunderlich, wenn Du mal ein wenig intensiver darüber nachdenkst. Wir sind nun einmal mit grenzenloser Phantasie ausgestattet. Und jeder, der etwas anderes behauptet, ist entweder ein Zombie – hirnlos – oder aber er hat sich noch nie einen echten „Brainfuck" erlebt.

Ich behaupte: Die wenigsten Menschen lassen zu, das sich bei ihnen Reiz und Risiko, ganz zu schweigen von deren Verwandte Lust und Ungewissheit, voll entfalten.

Es ist der erste warme Tag im Jahr. Auf dem Balkon dampft der heiße Tee, und beide wollten einfach nur die Frühlingssonne genießen, und plötzlich dieser Satz: „In Rheine gibt es ein Fetischhotel."

„Mhhh", brummt er unschlüssig, nicht ahnend, was genau sie jetzt vorhat. „Ich habe da mal recherchiert, und die haben alles vorbereitet," strahlt sie. Zückt ihr Handy und hält ihm die Fotos von der Ausstattung unter die Nase. „Das hier ist die Küche, da kann man sogar kochen … für eine Übernachtung ist das doch super, oder? Na ja, und dann gibt es alles was das versaute Herzstück (im Schritt) begehrt und ersehnt.

Handschellen, Spreizstange, Peitschen, Dildos, Andreaskreuz, Thron, Käfig, Seile, ... Fickmaschine ...". Ihm verschlägt's die Sprache und wie ferngesteuert antwortete seine Lust – sein animalischer Teil – ER hat nichts mehr zu melden.

Bitte buchen, Schatz!

BDSM. Diesmal erkläre ich Dir nicht, was genau diese vier Buchstaben für Dein gesamtes (sexuelles) Leben bedeuten können. Das kannst Du alleine und mit anderen im Zusammenspiel herausfinden, wenn Du willst. Viel Spaß dabei!

Es geht hier um etwas ganz anderes (Sein).

Es geht mir um Deine tieferliegenden Wünsche. Es geht darum, Dir diese wirklich bewusst zu machen und sie auch auszuleben.

Sei allerdings gewarnt, denn dafür brauchst Du tatsächlich einen „Arsch in der Hose". Der Grund: Wir alle tragen diesen Urinstinkt in uns – wie ein Virus – der uns streng befiehlt, uns auf gar keinen Fall aus der Gruppe zu entfernen. Denn wenn wir ausgestoßen werden, liefern wir uns schutzlos den Raubtieren, Widrigkeiten und Launen der Natur aus. Die Chancen für unseren Jagderfolg sinken rapide. Das Überleben wird zum Spiel auf Zeit. Du kannst Dich dagegen wehren so sehr Du willst: Dieses Programm ist tief in Dein Unterbewusstsein eingepflanzt. Mit anderen Worten lautet die alles überdauernde, unbewusst programmierte Überzeugung: „Wer anders ist, wird sterben". Um es noch drastischer auszudrücken: „Hast Du nicht das Wohlwollen der Gruppe – gliederst Du Dich nicht ein – dann bist Du des Todes, auf die eine oder andere Art und Weise."

Gruppenzwang.

Gegen den Instinkt eines solchen Überlebenssicherungs-Programmes zu denken, zu fühlen, geschweigeden zu handeln, erfordert mehr als nur eine Willenserklärung. Wirf mal einen Blick zu unsere nächsten Verwandten – den Primaten. Affen lausen sich gegenseitig. Dabei geht es nicht zuerst um Nahrungsaufnahme. Es handelt sich bei diesem Verhalten um ein Ritual – und zwar eines, das der Gruppenzugehörigkeit dient.

Ein präziser Gradmesser für die Anpassungsfähigkeit des Einzelnen und zur Pflege der Beziehung.

Gar nicht so weit weg von uns, stimmt's?

Na, dann richte Deinen Blick doch jetzt mal kurz auf Studentenverbindungen und deren Rituale. Erst unterordnen, dann erst wird die Aufnahme gestattet. Und das sind beileibe nicht die Einzigen. Sind doch Rituale seit Menschengedenken für das Zusammenleben von großer Bedeutung .Vielfach bedingen sich Rituale und Institutionen gegenseitig. Ihr Kennzeichen: Feste Regeln, feste Abläufe, überlieferte Handlungen, stets geprägt von den Vorstellungen der jeweiligen Gruppe – und vielfach überwacht von den leitenden Personen des jeweiligen Kollektivs. Rein kommst Du nur durch sogenannten Initialisierungsriten …

Was macht Dich an?

Wenn ich früher erotische bis pornografische Literatur las – und damit meine ich nicht den „harmlosen" Playboy von der Tanke – passierte etwas Erstaunliches: mein Schwanz wurde hart, obwohl sich meine Überzeugungen und vor allem meine Moralvorstellungen wehrten, das zu akzeptieren. Dir selbst mit Feindseligkeit zu begegnen, als Schutz vor Ausgliederung, liegt nahe, will mich doch gewiss mein Urinstinkt schützen und zugleich warnen. Nur: Wie kann man sich selbst als den Feind im eigenen Leib empfinden, ohne sich damit dauerhaft zu schaden und zu kränken?

Eine Zeit lang mag das gutgehen, doch irgendwann „bricht" die Wahrheit doch ans Licht. Oder Du wirst – körperlich oder geistig – leiden. Das Schöne ist: Du hast es in der Hand. Handle vorher. Tu es für Deine Gesundheit und die Gleichgesinnte in der Welt.

Das „Zaubermittelchen".

Ein Fetisch – latinisch: nachgemacht oder unecht – dient gemeinhin der sexuellen Erregung und Befriedigung. Das kann sich auf einen einzigen Gegenstand, auf mehrere Objekte, Materialien oder auch auf Körperteile (auch solche des Partners) beziehen. Kurz: Ein Fetisch kann wirklich alles sein. Und ich gehe einen Schritt weiter: Das muss sich nicht alleine auf die Sexualität beziehen: Dein Auto, eine Person (Dein Lieblingsmensch), ein Ding, eine Neigung, ein Kleidungsstück, ein Nahrungsmittel, ein Geruch, Dein Handy …

Gewiss, es gibt graduelle Unterschiede, ob es dabei nur um Stimulierung oder schon um die sogenannte Objektpräferenz gegenüber einem echten Sexualpartner geht, aber: Wann immer Du zwanghaft etwas benötigst, nutzt Du einen Fetisch. Gibt es denn etwas, ohne das Du nicht mehr leben willst oder kannst? Schreib' es doch mal auf und lies es Dir laut vor. Wenn Du jetzt merkst, dass Du ohne nicht mehr leben willst oder kannst: Gratulation, da hast Du mit hoher Wahrscheinlichkeit Deinen persönlichen Fetisch gefunden.

VERBRENNE DEINE #GRUENDELISTE!

Du hast Phantasien, die Dich reizen und immer wieder „nerven"? Nun, dann ist die Wahrscheinlichkeit groß, dass Du den Mut nicht aufbringst, diese zur Realität werden zu lassen. Und jetzt weißt Du auch, WARUM. Dein Überlebenstrieb will Dich davor schützen, die Radieschen von unten zu sehen, oder auf dem Scheiterhaufen als Hexe zu verbrennen (S. 348).

Let the M...F... burn. Burn ...

Deshalb ist es natürlich auch kein Kinderspiel, wenn ich Dich ermuntere: Folge Deiner – modernen und durchaus sehr förderlichen – Überzeugung, dass Du ab sofort Reiz und Risiko (Leitprinzip, Band 3) leben darfst und willst. Denn nichts belebt so sehr, wie ein „verrücktes" Erlebnis mit Dir allein, und noch besser: mit Gleichgesinnten, die Deinen Fetisch teilen. Es macht sicher an, gemeinsame Leidenschaft auszuleben. Dein Überlebensinstinkt wird sich in dieser Gruppe sehr wohlfühlen und die Bestärkung tut einfach gut.

„In Rheine gibt es ein Fetischhotel."

Das könnte ein Anfang sein – und keiner bekommt es mit. Auf Dich übertragen: Etwas „Verbotenes" zu tun, könnte alleine schon ein kleiner Antrieb sein. Das geht natürlich nur, wenn Du es wagst, Deine Gruppe zu finden, indem Du Deine unbewussten Gelüste lieben lernst. Das ist nicht mutig, sondern wichtig für Dein Seelenheil und durch aus gesund. Du musst ja nicht gleich eine Bank überfallen, ich fordere Dich nicht zu Straftaten auf – lass unbedingt die Finger vom Abzug und von der Idee. Spring in ein Bällebad – in einem Einrichtungshaus – und fühl' Dich einfach mal völlig „ok" dabei. Das fordert Dir einiges ab, richtig? Oder fange an zu tanzen ohne Musik zu hören. Einfach so.

Leg los!

Möglichkeiten gibt es viele, Deine Grenzstabilität systematisch zu erweitern. Dir fallen sicher einige ein, die möglicherweise auch eine gewisse Scham und Schuld spürbar machen. Das kann ein gutes Zeichen sein. Du weißt wie weit Du gehen wirst auf dem Weg zum ... um Dich aus dem LEIDWOLF-LABYRINTH zu verabschieden.

Wenn Du Dich noch besser verstehen willst, folgen hier noch vertiefende LEITGEDANKEN

> Was hast Du schon mal Verbotenes getan und im Nachgang bis heute als geil abgespeichert?
> Welche Vorstellung verdrängst Du, weil sie Dich auf der einen Seite ängstigt und auf der anderen erregt?
> Wen könntest Du für Deinen „Fetisch" gewinnen und diesen gemeinsam ausleben?

MEIN WEG. UND
ANGEKOMMEN.

P.S. Schreibe hier Deine eigenen Gedanken auf, benutze Dein Begleitbuch, oder sprich direkt mit mir persönlich.

___

___

___

Vergangenheit

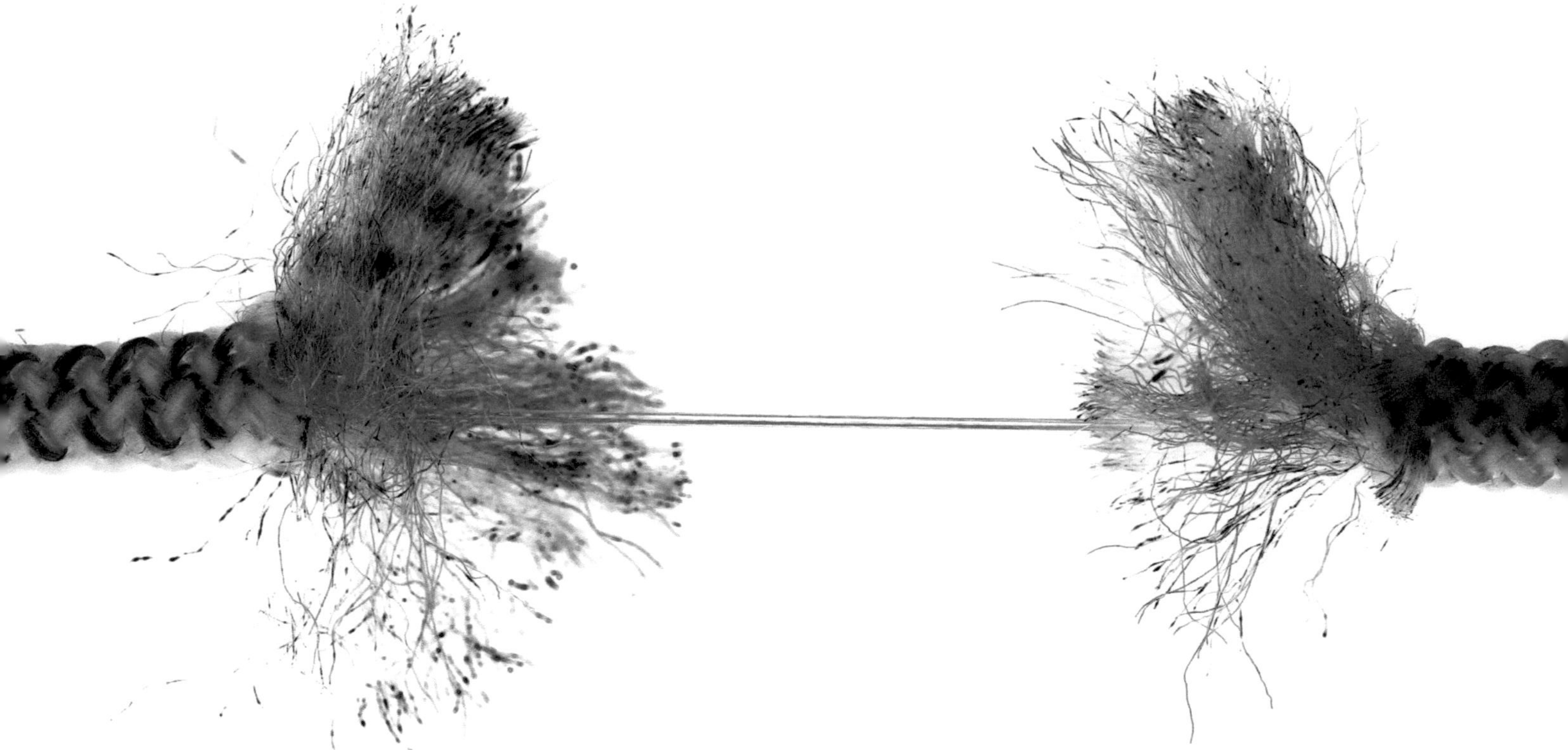

Vergangenheit

und was sie mit Dir als LEITWOLF macht

Deine Sicherheit wird teuer erkauft.

Sie kostet mindestens die Lebensfreude und das Risiko zu scheitern. „Wie? Das Risiko zu Scheitern ist positiv? Ich verstehe die Welt nicht mehr." Nun: Ich verstehe Dich gut. Wie so oft, LEITWOLF.

Unsere – westliche – Welt ist dermaßen in Watte gepackt, dass der Sprung hinaus so gut wie unmöglich erscheint: Wenn Deine Füße beim Abdrücken keinen Halt finden, geht halt einfach nix. Kein Wunder, dass sich schon deshalb so viele Menschen buchstäblich im Kreis drehen und ständig mit ihrer Vergangenheit Schach spielen, meinetwegen auch Super Mario Cart auf der NES – der Nintendo-Spielkonsole aus meiner Jugend.

Wie viele alte Freunde hast Du noch, mit denen Du über alte Zeiten reden kannst, aber nicht über das, was jetzt ist, geschweige denn über den Weg zum LEITWOLF-BEWUSST-SEIN, Wunschleben, Deinen Lieblingsfetisch (Sex) und Deine kleinen oder großen Ziele im Leben?

Es ist nicht ohne: Ambitionierte Ziele sind Beziehungssprengstoff für die meisten (alten) Freunde. Wieso hältst Du noch an dieser Verbindung fest? Ist es pure Gewohnheit? Oder nur Mutlosigkeit, anstatt Dich zu lösen und entschlossen voranzuschreiten?

Ich hatte vor Jahren zwei Freundschaften zerbrochen. „Knack", es hörte sich an wie beim Bruch eines morschen Astes. Es war ein schleichender Prozess. „War das nötig, FUCHS?"

Wenn ich so darüber nachdenke, erscheint es mir beinahe unwirklich. Wenn tiefe Freundschaften sich plötzlich als Vergangenheit darstellen, wird mir kotzübel. Ich könnte – gedanklich – in die Ecke brechen, nicht grüne Galle speien, nein, schlimmer: Es fühlte sich an wie ein Stück vergorenes Fleisch: Mein eigenes! Dieser Schmerz, über 20 Jahre Freundschaft in die Tonne zu treten, zerreißt Dich beinahe. Einst sehr vertraute Wegbegleiter meines Lebens in andere Richtungen gehen zu lassen, reißt mir immer wieder die Beine weg. Als schneidet Dir jemand ein Stück aus Deinem Herzen heraus. Folter und Pein, zu wissen: Du wirst nie wieder die gemeinsamen Erfahrungen in fröhlicher Runde wiederbeleben können. Die Abenteuer von einst sind plötzlich nur noch Schatten in Deiner Erinnerung. Geschichten im Feuer des Vergessens. Verbrennen zu Asche – wie Deine #GRUENDELISTE. Wandeln sich in Deiner Wahrnehmung und der auch des Anderen. Aus Freund wird eine Art von Feind. Nicht gehasst. Schlimmer. Ignoriert. Das ist die maximale Verachtung, die man jemandem entgegenbringen kann? Gleichgültigkeit? Doch mein Wertemodell kennst Du ja. Meine LEITWERTE im Denken, Fühlen und Handeln.

Erinnerst Du Dich noch daran, wofür ich stehe und lebe?

F wie Fokus:
Sich kompromisslos zu entscheiden und damit die eigene Widerstands–fähigkeit, Begeisterung und Umsetzungsgeschwindigkeit zu maximieren!

U wie Unikat:
Klar und deutlich zu benennen, wogegen, vor allem jedoch wofür ich stehe – und dies durch Liebe zum Detail mit besonderer, strategischer Raffinesse durch und durch erlebbar zu machen!

C wie Chancen:
Auf der Grundlage des – bewusst gewählten – und stark geschärften Fokus' ein echtes Unikat zu sein – und somit eindeutige Parameter gegen oder für ein Angebot oder eine Geschäftspartnerschaft festzulegen!

H wie Hebel:
Aus dem Vorhandenen stets die größtmögliche Wirkung zu erzielen – durch permanente, geringfügige Optimierung!

S wie Sinn:
Die feste Überzeugung und stets glaubhaft zu verkörpern, dass es ein Privileg ist, genau hier und jetzt zu sein.

Wenn Du meinen 5 LEITWERTEN – und damit mir – folgen willst, so bist Du herzlich eingeladen. Das mag Dir schlau erscheinen. Ich nenne es: ausgefuchst. Wer das nicht will, oder meint, er könne es nicht, darf gerne verp ..., darf sich in dem von ihm gewünschten Tempo aus meinem Dunstkreis entfernen. Es zählt nicht, wer und wieviele es sind oder waren. Es werden immer mehr. Was zählt sind die, die es tun. Brüder und Schwestern im Geiste – LEITWÖLFE – die sich sofort blind verstehen.

Ein Lied der kontroversen Band „Böhse Onkelz" trifft den Nagel auf den Kopf. Unwichtig, ob Du die Band nun magst oder nicht, lass Deinen Aktenschrank zu, sonst entgeht Dir etwas:

„Wenn Freunde nicht mehr sind, was sie mal waren,
wenn sie dir nichts mehr geben, vergiss' ihre Namen!
Lieber Hass als gespielte Liebe,
Ist alles, was wir fühlen eine Lüge?

Es wird Zeit zu geh'n, zu geh'n, zu geh'n, zu geh'n, zu geh'n.
Es wird Zeit zu geh'n, zu geh'n, zu geh'n, zu geh'n, zu geh'n.
Kommst Du mit mir, oder bleibst Du steh'n?
Trittst Du weiter auf der Stelle, oder beginnst Du zu sehn,
zu seh'n, zu seh'n, zu seh'n, zu seh'n?

Zugegeben: Es gibt bessere und neuere Lieder dieser Truppe als dieses, z.B. „Wie aus der Sage". Deutschen Rock (durchaus mit seelischem Tiefgang). Höre rein un entscheide, ob es diese Band etwas gibt.

Als meine Mutter starb, haben mich die Texte dieser Band tief berührt. Aufgefangen und stabilisiert, ihr nicht ins Licht zu folgen, sondern selbst Verbündete zu gewinnen, die meiner emotionalen Vision – meinem Weg zum LEITWOLF-BEWUSST-SEIN – folgen. Wenn Du so willst, sie ein Stück zu führen. Ich bin DerFUCHS. Ich erwecke LEITWÖLFE, das ist mein Lebens- und Unternehmenszweck. Ich will: Eine Bewegung. Deine Bewegung. Motiva(k)tion. Es hat gerade erst begonnen.

Ich habe erst begonnen...

Entweder trennst Du Dich von den Menschen, die sich für Dich nicht mehr „richtig" anfühlen – Dich nicht mehr verstehen, und deren Interessen sich fundamental von den Deinen unterscheiden. Mögen Sie weiter in ihren Köpfen nisten, die fremden Ideen, Kuckuckskindern gleich. Oder aber Du lässt Dich erdrücken vom Ballast all jener Kritiker. Dabei genügt Dein LEIDWOLF alleine doch bereits: Dann verwirf die Idee, Deiner eignen Vision die volle Aufmerksamkeit und Hingabe zu widmen. Du hast jetzt dafür eintausend Gründe und irrst weiter durch das LEIDWOLF-LABYRINTH.

Doch das bist nicht Du, LEITWOLF?

Du willst mehr. Suchst höheren Verdienst. Vielleicht gar jenseits der Grenzen, die zu sprengen Du Dich niemals getraut hast? Dann komm' mit mir und lass uns die Welt verändern – in der Du Dich heute noch bewegst. Und wenn Du dazu wirklich bereit bist, gilt: Kenne Dein Ziel und zahle den Preis.

Wenn Du Dich noch besser verstehen willst, folgen hier noch vertiefende LEITGEDANKEN

> Was aus Deiner Vergangenheit steht heute vor Dir, und mit welchem Teil davon weißt Du schon heute längst nichts mehr anzufangen?
> Welche Deiner Freunde sind zukunftsorientiert, so wie Du, und gehen mit Dir den Weg zum LEITWOLF-BEWUSST-SEIN weiter?
> Wer wird Dich in naher Zukunft bereichern, wer wird Dein Lebensfreude mit Dir genießen wollen?

MEIN WEG. UND
ANGEKOMMEN.

P.S. Schreibe hier Deine eigenen Gedanken auf, benutze Dein Begleitbuch, oder sprich direkt mit mir persönlich.

„Manchmal muss man sich entscheiden und die Richtung bestimmen."

Jeden Tag steht man vor neuen Entscheidungen. Bei der Frage nach den „richtigen" Entscheidungen muss man fokussiert sein und wissen, was man will.

Genau hier hat mir der **STÄRKENNAVIGATOR** die richtigen Impulse gegeben. Seitdem treffe ich meine Entscheidungen deutlich stringenter und noch zielführender.

Die Art und Weise, wie DerFUCHS hier vorgegangen ist, hat vor allem unbewusst einige Änderung bei mir hervorgerufen, die bis heute und sicherlich noch weit in die Zukunft meine Erfolge sichern werden.

Wer hier richtig liest und die Anweisungen befolgt, wird stark profitieren.

Bjoern Steinbrink, Geschäftsführer
Schlafcoach, Autor und Vortragsredner

heute: healthrocket.de

Immo B. Heinrich

Ein Text von Detlef M. Korus über den Vermögensmentor

Er ist der Vermögensmentor und ist doch viel, viel mehr als das. Ein „Wert-Versteher", Steuernsenker, mehr als Du Dir je vorstellen magst. So einen Berater und Makler hast Du im Leben nicht gesehen. Ein Segelsetzer, Schiffsbeschleuniger, ein Streiter für Gerechtigkeit, geht es ihm doch stets um mehr als „nur" um „schnöden Mammon". Er weiß, was Geld bewirken kann, wie Cashflow hilft und wie er wachsen kann, das ganz gewiss. Mehr Kompetenzen, mehr Optionen, die sieht er überall. Als er noch jünger war, da nahm er im Schwimmbad jeden Job an, reinigte Klos und Duschen, leerte Mülleimer, vertrat auch schon mal den Bademeister am Beckenrand zur Wasseraufsicht. Was keiner machen wollte, machte: Immo Heinrich. Verstand mit 15 schon die Grundidee des Unternehmer–Seins: Entweder machst Du es selbst – oder Du bezahlst jemanden, der es macht.

So einen Immo Heinrich braucht im Grunde jeder – zumindest jedes klug geführte Unternehmen. Die schärfste Waffe, die er heute zieht, das ist sein rabenschwarzer, nie verletzender Humor. So trocken, dass Du erst mal schlucken darfst, um seine messerscharfen Pointen zu erfassen. Dabei ist er doch stets nur drauf bedacht, die Schärfe abzumildern, Patienten Sicherheit zu geben, ob sie krank oder verletzt daniederliegen – oder finanztechnisch ganz einfach viel mehr reißen wollen. Und solcherlei Patienten kennt er viele. Ist es ein Zufall, dass dieser Mann als Rettungssanitäter, Ersthelfer in der Regel, im Vorjahr 179 Menschen das Leben gerettet hat? Wenn er im Notfall-Krankenwagen sitzt, da spielt er denen Brahms vor, die dort auf der Trage liegen. Und dann freut er sich, wenn ihn Schwestern, Ärzte, Pfleger fragen, was er mit den Patienten wohl gemacht hat. Harmonisierte Hirnfrequenz, das weiß er, wirkt. Er weiß, wie er damit umgeht, wenn aus Eigen– schnell mal Fremdgefährdung wird, ja besser:

Wie er mit Menschen selbst in so extremen Lagen sprechen kann und sprechen muss. Gefahrenkenner ist er zweifellos, gerade auch, wenn es an's Eingemachte geht:
Finanzen und Dein Eigentum.

Auch Unternehmer brauchen, das ist ihm bewusst, durchaus mal ziemlich schwarzen, überzeichnenden Humor, um sich aus der geistigen Lethargie zu lösen. Des Unternehmers Freiheit ist ihm schöner Dreiklang: Die eignen Rechte so zu nutzen in Gerechtigkeit, dass mehr bleibt als nur Rechnungen zu zahlen. Drum kotzt's ihn an, wenn mancher, der sich Unternehmer nennt, gerade mal nur ein Prozent der eigenen Möglichkeiten nutzt – und das, zum Teufel, sind schon wieder viele.Er weiß genau, was Banker schreiben, wenn's an's Rating geht. Es ist ihm heilige Pflicht, die Lenker hinzuweisen, dass ihr gelobtes Unternehmen unbedingt zu den Top 1 (ein!) Prozent gehören muss, damit sie überhaupt ein Fünftel (!) Chance auf Finanzierbarkeit gewinnen. Er weiß, warum kein Banker es liebt, wenn Ausfallrisiken auf drei bis vier Prozent steigen, weil Boni dann im Ofen brennen, und die Karriere mit verglüht. Und Immo weiß, dass auch Bankiers sehr häufig Potentiale übersehen.

Kann so einer vom Gelde besser sprechen, weil er um des Lebens Pfeffer weiß? Der Fluch und Segen deutschen Stiftungsrechts benennen kann, das jeden, der nur Gutes will, zwingt, Ertrag und Spenden in nur zwei Jahren zu verprassen, für höchstens zehn Jahre lang Projektrücklagen anzuhäufen, was Investitionen doch arg erschwert? Da hilft er gern – und ziemlich praktisch, kennt all die Möglichkeiten, die dem einen Chance, and'ren Kniffe sind – und nebenbei, da hilft er Völkern, sich noch besser zu verständigen und Wert zu steigern.

Ist so ein Mann ein Engel?

Ein Menschenfreund mit Schalk im Nacken oder ernster, guter, bester Freund für Dich als Unternehmer? In jedem Fall ist er Rendite-Geber, Antriebsingenieur für Kaufmanns Wissen. Wo andere noch den Roller treten, da hat er längst den Hyperschallmotor für mehr Gewinn und Freiheit aufgebaut. Drum blickt er schärfer als so mancher auf Geldströme und Kosten, die er gerne mal halbiert. Kein einziger Vertrag, in dem nicht Mehrwert steckt und stecken kann – dank ihm.

Immo Heinrich, Vermögensmentor. Seine unbewussten Kompetenzen setzt er ein um im nu #Förderung, #Vermögen und #Wertsteigerung zu kreieren. Durch seine Vermögensstrategien baut er Dir einen Vermögensstrategien und seine Vermögenstaktiken geben Deinem Unternehmen Bewusstsein, Atmung und Kreislauf mit Hirn, Herz und Verstand. Andere haben sieben auf einen Streich. Er hat sieben Lizenzen für Vermögen und macht aus Deinem Wissen ein Vermögensunternehmen. Somit bist Du dank verschmolzenem Wissen und Handelsmacht in Deiner Überlegenheitsstrategie.

„Auch Unternehmer brauchen, das ist ihm bewusst, durchaus mal ziemlich schwarzen, überzeichnenden Humor, um sich aus der geistigen Lethargie zu lösen."

Im Glauben.
Zweifel geht weiter.

Reinigung Deiner Seele und Taufe zu gleich.
Die Identität bekommt Deinen Namen.
Du entscheidest das ohne sie.

Entweder schläfst Du weiter als der Mensch.
Oder als LEITWOLF ruhig und sanft.
Schlafen wirst Du immer.

Weiter.

Aber was Du in die Welt bringst,
entscheidest Du künftig selbst.

~~Beeinflussung erkannt.~~

Es geht nicht um Dich oder mich.
Es geht um das „WIR".

Also lass Dir die Zeit, bis Du es mit mir erkennst.

Ein Tag reicht (mir) dafür aus.

5 Leitwerte.
3 Unbewusste Kompetenzen.
1 Lebens- und Unternehmenszweck.

Zusammenfassung
U wie Unikat

13 Prägung
Kein Anderer wird Dich retten, also werde die beste Version Deiner selbst.

14 Zweifel
Wenn Du in einem Loch sitzt, grab Dich zum Erdkern durch und friss die Energie!

15 Bühnenshow
Lerne von Meistern der Rock-Shows, wie Du Dein Publikum mitreißt und Emotionen entfachst.

16 Wissbegierde
IDN – Neues Denken. Neue Zukunft. Neue Führung.

17 Verpflichtung
100% Fokus sind der Antrieb für Deine Berufung.

18 Entscheidung
Kill Deine Quengel-Kunden. Ab sofort wählst Du nur noch die besten und lukrativsten Geschäftspartner.

19 Spontanität

Packe immer für einen zusätzlichen Tag
und sei bereit sein für kurzfristige Angebote.

20 Gleichschritt

Wer führen will, muss dienen lernen –
und Du wirst anfangs es hassen!

21 Spielkind

Du kannst nicht überall gewinnen, also finde DEIN Spiel
und werde Meister darin.

22 Erwachen

Motiv(aktiv)iere Dich schon mit Deinem ersten Gedanken
– um zu bestimmen – was heute passieren soll.

23 Zwang

Lebe Reiz und Risiko und erweitere dadurch
Deine Grenzstabilität.

24 Vergangenheit

Prüfe genau, wer in Deinem Umfeld Dich zurückhalten
oder mit Dir in die Zukunft gehen will.

Immo B. Heinrich

Geld stinkt nicht und Vermögenssinn
ist ein MUSS – kein Kann.

C wie…

welche Chancen ergeben sich daraus?

Günstige Gelegenheit. Glücksfall. Hohe Wahrscheinlichkeit, dass etwas Gutes eintritt. Damit wird die Chance gerne umschrieben. Mir ist das zu wenig.

Chancen musst Du Dir erst einmal erarbeiten. Sie erkennen. Und dann Gas geben.

Eins kannst Du Dir dabei abschminken: Immer nur das Risiko zu sehen. Die Gefahr. „Oh Gott, wenn ich das jetzt mache, dann …" Ja, dann kann das sowas von schief gehen. Das kann es aber auch, wenn Du morgens beim Duschen wegrutschst und den Abgang machst. Aus „Ja, aber" muss „Ja, machen!" werden!

Es ist ein Wunder.

Wenn Du Deinen Fokus neu justierst und dann dauerhaft im Blick hast, wenn Du herausgefunden hast, was Dich – Deine Existenz – einzigartig macht, dann erkennst Du die Chancen von ganz alleine.

Dann wird es Zeit, den neuraligischen Hebel zu finden und maximal entschlossen umzulegen. Ich helfe Dir dabei.

Gemeinsam ist das ein Bewegung.

Viel Vergnügen mit den nächsten 12 LEITGEDANKEN, die weiterhin das Vordenken statt Nachdenken anregen.

MEIN WEG. UND
ANGEKOMMEN.

Klone

Klone

und was sie mit Dir als LEITWOLF machen

We're all living in Amerika,
Amerika ist wunderbar
We're all living in Amerika,
Amerika, Amerika…

… sang Rammstein (Album: Reise, Reise) vor einigen Jahren.
Verstanden habe ich das Lied nie so richtig.

Bis heute…

Wir alle leben in einem Land vor unserer Zeit. Das ist das Land der Dichter und Denker, und dies nicht erst seit dem 17. Jahrhundert. Was in Griechenland, Indien und China begann, wurde hier begierig aufgegriffen und immer wieder neu vertieft. Wer keine oder wenig Bodenschätze besitzt – um auf dem Weltmarkt mitzuspielen – dem bleibt auch kaum viel Anderes als den Genius zu kultivieren.

Ganz anders Amerika, genauer: die Vereinigten Staaten.

Amerika ist laut dem indischen Spirituellen Osho (1931-1990) „ein Kind mit einer Atombombe". Was für eine Metapher. Allerdings bezog Osho sich dabei nach meinem Verständnis vor allem auf den Reifegrad der Kultur. Dessen ungeachtet nehmen wir uns Amerika in sehr vielen Dingen als Vorbild, vor allem wenn es ums Geschäft und den Erfolg geht, denn Eines haben uns die Amerikaner voraus:

Sie können so was von verkaufen und tun es auch fleißig.

Wer kennt Sie nicht, die bekanntesten Erfolgstrainer der Welt:
Tony Robbins, Robert Kiyosaki, Brian Tracy, usw. … Alles Amerikaner!

Und ich war jahrelang felsenfest überzeugt: Alter Schwede, sind die superaffentittengeil! Die haben es drauf! Volle Kanne.

Was ich lange nicht verstand: All diese Unternehmer sind wahre Marketingmaschinen. Echte Ikonen im Business. Und schon deshalb neige ich mein Haupt in tiefem Respekt.

Alles richtig gemacht.

Jahrein, jahraus – war ich ein Abhängiger dieser Maschinerie. Ein Junkie. Hing förmlich an der Nadel eines ganzen Industriezweiges, der Persönlichkeits-Entwicklungs-Branche. „Haha, DerFUCHS und seine Stories", magst Du jetzt vielleicht denken, „bist doch selber ein Clown in diesem Zirkus". Nun, als DerFUCHS suche ich im Unterschied zu Vielen allerdings keine Groupies oder Anhänger. Empfänglich bin ich ausschließlich für echte Verbündete – LEITWÖLFE – mit der breiten Masse hab' ich nichts am Hut. Mit Dir schon, fühle Dich geehrt, LEITWOLF.

Merke: Als Drogendealer darfst Du nicht selbst Konsument sein.

Es funktioniert nicht, wenn Du Dealer und Konsument in einem bist. Doch ich war damals genau das. Heute weiß ich: All meine Gedanken – 12 Leitmodelle – jeder neue Ansatz – sie alle wollen aus mir selbst erzeugt werden. Abklatsch, alten Wein in neuen Schläuchen – das überlasse ich tunlichst Anderen. Die größten Vordenker, Platon und Sokrates etwa, haben eh längst alles gesagt. Es gibt nichts wirklich Neues. Und die Natur hat alles schon entdeckt und zeigt uns immer wieder, wie es funktioniert. Wir brauchen nur unsere Augen und Herzen zu öffnen. Dürfen nur niemals vergessen, dass wir Teil der Schöpfung sind. Ich bin weder Goethe noch Sokrates. Du alleine weißt wer ich mitlerweile für Dich geworden bin.

Ich bin …

„Dein Dealer für meine Art von harten Drogen". Ja, an dieser Stelle mein Warnhinweis: Die könnten Dich süchtig machen. Denn nach dem Konsum ist definitiv Schluss mit Deinem bisherigen Drang, Deinem LEIDWOLF weiter seine Spielchen zu gestatten, aus welchem guten Grund auch immer. Wenn Du Dich einmal – Du persönlich – auf meinen STÄRKENNAVIGATOR eingelassen hast (1 Tag Invest) gibt's kein Zurück. Denn damit schaffst es die Beeinflussung zu erkennen und damit gleichzeit zu beenden.

Das ist alles. Mehr nicht. Du sollst Deine LEITWOLFLIGA wirklich führen lernen. Allerdings erst, nachdem Du Dich führen kannst und verstehst, wer Du eigentlich bist, und welche Aufgabe Du hier wirklich hast. Könnte ja sein, dass ich glaube und Du noch nicht glaubst, dass es für jeden – auch für Dich – eine oder mehrere Bestimmungen gibt. Lausche mal in Dich hinein, ob Du diese Stimme jetzt hören kannst?

JETZT!

Kommt da was zurück? Womöglich gar Antworten? „Kauf Dir doch einfach ein Stück von mir und meinem Tiefenwissen – und Du wirst heilen. Dir wird mehr als vergeben. Es ist mehr, als Dich endlich von Deinen Sünden freigesprochen zu wissen." – Das versprachen und versprechen die „Heiler" der letzten Jahrhunderte. Halten konnten und können es nur wenige. Bevor aus einem Spruch ein echtes Versprechen werden kann, braucht es Deine Erglaubnis, damit die Entsprechung sich in Deiner neuen Realität wieder finden kann.

Ja, auch ich habe sehr viel von den beeindruckensten Menschen übernommen, adaptiert und es in meinen Erfahrungsschatz aufgenommen, möglicherweise auch von den gleichen Gurus wie Du. Um ein Unikat zu sein – zu denken, zu fühlen und zu handeln – statt ein bloßer Abklatsch, eine billige Raubkopie, bedarf es mehr als nur einer großen Klappe. Deshalb bleibe ich dabei: Deine Motiva(k)tion ist die Lösung für beinahe jedes Problem. Mein Glaube. Meine feste Überzeugung.

Die Kopie ist nur was für LEIDWÖLFE.

Amerika ist nicht Deutschland, nicht Österreich, nicht die Schweiz.
Wir ticken komplett anders. Amerika ist ein Schmelztiegel aus ehemaligen Einwanderern, Glücksrittern, Abenteurern und Sklaven, sprich aus verschiedensten Einflüssen. Und falls Du jetzt einwendest: „Ja, aber wir sind doch alle gleich, daher ist es doch gut, sich durch dieselben Keynote-Speaker, Experten und Vordenker motiv(aktiv)ieren zu lassen wie der Rest der Welt …", ich beharre darauf: Wir sind keine Amerikaner.
Wir haben Traditionen, die über Generationen in unserer DNA verankert sind. Wir sind ein Volk von geistigen und technischen Genies – Freigeistern – Ingenieuren – Unternehmern – die übrigens auch in den USA sehr erfolgreich wurden.

Ich erinnere hier nur an Namen wie Levis, Heinz und Steinway und viele andere Pioniere, die aus Deutschland – zum richtigen Zeitpunkt – geflohen sind.

Was macht ein (amerikanischer) Multimillionär mit Dir, wenn er Dir sagt, wie das Leben so läuft? Läuft dann Dein Leben besser? Bist Du dann zufrieden, oder aber bekommst Du durch Genforschung übermenschliche Kräfte – Captain America lässt grüßen – und wirst dann möglicherweise die Kopie einer Kopie einer Kopie? Das nennt man in der Wissenschaft „klonen".

Wenn Du als Klon auf die Welt hättest kommen sollen, dann wäre das doch genauso geschehen. Schmerzfrei.

Du bist noch der Klon eines (amerikanischen) Erfolgstrainers?

Volle Hingabe an das Übermächtige eines fremden Gottes? Echt jetzt? Das ist und war niemals dessen Absicht. Da wette ich drauf. Auf diesen Nenner können wir es bringen: Du machst Dich nur zum Klon, weil Du selbst das entschieden hast. Du bist doch das Alpha und das Omega – oder etwa nicht?

Verlass' das LEIDWOLF-LABYRINTH - endgültig!

Noch ein Blitz in Deinem Gedankengewitter – mir ist schon klar, dass Dein System gerade überläuft. Eine stillschweigende Voraussetzung ist schon erfüllt, wenn Du nicht widersprichst. Es reicht, einfach nichts zu sagen, und schon geht es ungefiltert – wie ein Koffeinstoß – in Deine Blutbahn. Kennst Du das Gefühl, über das ich spreche? Was machst Du da bloß? Wie wird denn aus Dir ein LEITWOLF, der sein Rudel fördert, fordert und führen kann? Niemals, wenn Du ein Klon eines Anderen bleibst. Wie auch. Wer will Dir schon folgen als Klonkrieger? Wer bitte will den trockenen Krümel, wenn doch der saftige Kuchen des eigenen Erfolges lockt?

Also: Wo bist Du gerade? Fang an zu lernen. Lerne intensiv und entferne Dich von der Quelle, werde Deine eigene Quelle.

Das letzte Wort hat Rammstein oder doch Dein LEIDWOLF:
Lasst euch ein wenig kontrollieren. Ich zeige euch wie's richtig geht…

Es stimmen alle mit ein und nicken brav im Takt.

Wenn Du Dich noch besser verstehen willst, folgen hier noch vertiefende LEITGEDANKEN

> Wer war in der Vergangenheit Dein „amerikanisches" Vorbild (nicht Leitbild)?
> Weshalb orientierst Du Dich überhaupt an irgendwelchen Vorbildern?
> Wie kannst Du Deine innere Führung so trainieren, dass Du das Vorbild für Andere wirst?

MEIN WEG. UND
ANGEKOMMEN.

Deine Abkürzung und Ergänzung: 1 Stunde, 1 Tag oder 1 Jahr.

P.S. Schreibe hier Deine eigenen Gedanken auf, benutze Dein Begleitbuch, oder sprich direkt mit mir persönlich.

Weisheit

Weisheit

und was sie mit Dir als LEITWOLF macht

Umgib Dich mit Menschen – die viel Erfahrung auf dem Gebiet haben – das Du näher kennen lernen willst. Denn Tiefenwissen ist der Schlüssel zum (beruflichen) Glück. Deine 3 UBK sind Dein neuer Fokus – ab sofort.

Dies ist eine meiner wichtigsten Empfehlungen – und einer der Gründe, weshalb ich dutzende Interviews mit LEITWÖLFEN geführt habe und immer wieder führe: Diese Interviews findest Du übrigens stärker eingewoben in Band 2 und Band 3.

Eines dieser Interviews, das ich bereits vor 6-7 Jahren geführt habe, hat mich sehr stark geprägt. Die Quintessenz gebe ich hier kondensiert wieder.

„Dein Fokus ist zu wenig nach außen gerichtet!" Pause. Ruhe. Wenn ein LEITWOLF Dir so etwas sagt, gehst Du nicht einfach wieder zum Tagesgeschäft über. Nein, Du hörst ganz genau hin, hörst noch aufmerksamer und intensiver zu, als Du es üblicherweise tust. Antenne auf Empfang, Aufnahmetaste gedrückt, Gedächtnis auf „Speichern" – und für das Buchmanuskript sammelte ich ohnehin Stunde um Stunde aufgezeichnetes Gesprächsmaterial.

Er bemerkt meine Irritation.

„Wie genau meinst du das: Fokus nach außen?" Und prompt kommt der Ball zurück. „Nun, ich habe den Eindruck, dass du dich zu sehr an Anderen orientieren willst. Du bist markant genug. Hör auf, Dich von anderen Meinungen und Ansichten abschleifen zu lassen. Es sind gerade deine Ecken und Kanten, die der Garant für deinen Erfolg sind. Je mehr du dich selbst als Marke positionierst, gerade weil du diese Klarheit besitzt, desto stärker stimmen Dir Andere zu – und folgen Dir. Ja, viele werden sich von Dir abwenden. Aber wenn Du mit solchen Leuten Pferde stehlen willst, bist Du sowieso stets der Doofe, der geschnappt und hängengelassen wird. Dieses Wissen ist unabdingbar, wenn Du Dich als Führungskraft – und als Mensch – weiterentwickeln willst.

Es ist gut, dass du Deinen Fokus nach innen gerichtet hast. Aber komm' bitte jetzt aus der Vergangenheit und richte diesen Fokus jetzt nach außen, scharf wie ein Laserstrahl. Und das heißt: Werde endlich präzise und klar in Deinen Aussagen. Und dann erlebe, wie sich das auszahlt – der maximale Kontrast."

Erinnerst Du Dich, an den LEITGEDANKEN (Klone) zuvor ...?

In mir arbeitete es, da fuhr er auch schon fort: „Deine Gedanken werden verwässert, wenn Dir andere ihre Modelle und Erfahrungen überstülpen. Du glaubst, alles erreichen zu können. Das macht Dich buchstäblich gottgleich – und das bedeutet auch, dass Du einigermaßen unempfänglich wirst für die Realität der Anderen. Und wenn du beginnst, diese Realität zu verurteilen, landest du prompt in der Falle. Und diese Falle nennt sich Selbst-Optimierungs-Wahnsinn. Eine Abhängigkeit, die nie endet. Äußerst lukrativ übrigens für alle, die diesen Wahn befeuern und von außen steuern. Aus meiner Erfahrung weiß ich ja, Du verabscheust eine solche Praxis. Du bist da anders, doch gerade das unterscheidet dich, weil Du es doch so genau kennst und einzuschätzen weißt. Du weißt, wie es geht und wie Du es zum Vorteil deiner Sympathisanten handhaben musst. Das ehrt Dich.

Andere denken da möglicherweise anders.

Es geht mir nicht darum, jemanden zu verurteilen. Für mich jedenfalls erscheint es wichtiger, in den Urlaub zu fahren, statt das hunderste Seminar zu besuchen und schon wieder irgendeinem Guru hinterher zu hecheln. Weiterentwicklung ist schön und gut, aber doch bitte in Maßen und nur für Menschen, die den inneren Fokus justieren wollen. Das ist für viele absolut sinnvoll, und das gilt auch noch, wenn Du sechzig Jahre alt oder gar älter bist. Mein Fokus war allerdings zu lange ausgerichtet – im Außen. Ich gehe inzwischen immer mehr nach innen. Vom Sender zum Empfänger. Das ist mein Weg. Dein Weg aber verläuft genau entgegengesetzt. Du bist DerFUCHS. Also sei bitte so schlau und bewege etwas in der Gesellschaft."

Ups. Das hat gesessen.

Wenn das mal kein LEITWOLF-Kommando war. An welchem Punkt bist Du heute angekommen? Glückwunsch, Du hast schon bis hierhin durchgehalten. Ich nehme also an, dass Du Deine innere Führung füttern willst. Liege ich richtig? Bitte beachte: Ich bin, wenn überhaupt, nur ein Mittel zu Deinem besseren Zweck. Du bist auf dem Weg zum LEITWOLF-BEWUSST-SEIN, einverstanden? Du musst mich nicht überzeugen.

Aber bitte hör auf damit, Deine Zukunft zu verjubeln.

Niemand kann es Dir nehmen, wenn Du Dich ermächtigst. Niemand kann Dich sabotieren, beeinflussen oder manipulieren, wenn Du es nicht mehr zulässt. Wenn Du Deine LEITWOLFLIGA nicht führst – wer sollte es dann tun? Es ist Deine Welt. Dein Wunschleben. Deine Gegenwart, die schon jetzt viel besser sein darf, als Deine Vergangenheit (LEIDWOLF-LABYRINTH) es Dir erlauben will und ermöglicht hat.

Wenn Du Dich noch besser verstehen willst, folgen hier noch vertiefende LEITGEDANKEN

> Wie oft hast Du Deine Krallen eingezogen, nur um Anderen zu gefallen?
> Wann hast Du Dich das letzte Mal mit einem echten LEITWOLF ausgetauscht?
> Welche Ecken und Kanten kannst Du noch viel mehr schärfen, um Dir noch mehr Persönlichkeit zu geben?

MEIN WEG. UND
ANGEKOMMEN.

P.S. Schreibe hier Deine eigenen Gedanken auf, benutze Dein Begleitbuch, oder sprich direkt mit mir persönlich.

Dir sicher sein.
Solange bin ich an Deiner Seite.

Ein Jahr?

Und Du bist, wer Du schon immer sein wolltest,
Dich aber nie getraut hast zu sein.

Es ist Deine Form und Farbe.
Das System läuft wie geschmiert.
Du bist keine Sonne mehr.

Laser strahlen aus Deinen Augen.
Was Du anfasst verwandelt sich.
Deine Zeit. Dein Raum.

Zu Hause.

Die Energie-Vampir-Tankstelle ist geschlossen.
Deine Realität ist für Dich geschaffen.
Alles fleißt, weil Du es willst.

Meine Modelle und Prinzipien sind Dein.
Alles übertragen und verinnerlicht.
Kein Impuls mehr nötig.

Willkommen bei Dir selbst.
Die Zeit der Zweifel – vorbei!

Ein Jahr reicht (mir) dafür aus.

1. ~~Selbstsabotage gestoppt~~
~~2. Beeinflussung erkannt~~
3. Manipulationsfreiheit leben

Intensität

Intensität

und was das mit Dir als LEITWOLF macht

Mit einem Dimmer kannst Du die Lichtintensität im Raum verringern oder erhöhen. Die Lichtstimmung an unterschiedliche Situationen anpassen. Wenn Du es ein bisschen genauer wissen willst, dann stößt Du auf Drehdimmer, Schiebedimmer, Touchdimmer, Tastdimmer, Dimmer mit Fernbedienungen und Dimmer, die sich via App steuern lassen. Wofür ich Dir das erzähle? Nun, manchmal habe ich mir gewünscht, ich hätte einen für mich selbst – eingebaut. Denn wann immer ich irgendwo hinein komme, scheint es mir, als zöge ich alle Blicke auf mich. Manche behaupten, ich hätte eben Charisma oder eine besondere Aura, aber hier soll es nicht um meine Wirkung gehen. Es geht immer um Dich mit jedem Wort.

Wenn Du als LEITWOLF in einen Raum voller LEITWÖLFE kommst, gewissermaßen ein LEITWOLF-Messe besuchst, könnte es sich als durchaus sinnvoll erweisen, sich zunächst herunter zu dimmen, um die Energie ganz gezielt auf vollen Schub zu stellen, wenn der richtige Moment dafür gekommen ist.

Das bedeutet: Wie genau ist der Kontext, der darüber entscheidet, mit welchem Energielevel Du wann genau welche Lichtstärke erzeugen willst? Bedenke: Von schummrig bis gleißend – Du kannst alles nutzen.

Rückblende: Wirtschaftsempfang.

An meinem Tisch zwei Führungskräfte, denen das Testosteron aus allen Poren quillt. LEITWÖLFE oder LEIDWÖLFE? Wir werden es gleich wissen. Schon, wie sie sich in Richtung meines Tischs bewegt haben, meine Güte und Manomann. Das wird was. Wie also agieren? Meine Energie runter schrauben – kleines blaues Sparflämmchen – oder mein LEITFEUER auflodern lassen? Du hast nur eine einzige Chance für einen guten ersten Eindruck, also los.

Die Sparflammen-Variante und die Folgen.

Die Herren kommen an den Tisch und reden einfach weiter miteinander. Untereinander, ohne mich eines einzigen Blickes zu würdigen. Ich sinke in ihrer Hierarchie so schnell wie ein Mafia-Opfer mit einbetonierten Füßen ins Mittelmeer. Buche mit Lichtgeschwindigkeit gewissermaßen einen Urlaub in der Südsee, allerdings einen in 100 Meter Tiefe ohne Sauerstoffflasche. Leb' wohl, FUCHS. Du bist weder eine interessante „Beute". noch ein ernstzunehmender Feind, einfach: unsichtbar. Und weil ich keinerlei Bedrohung darstelle, muss man sich auch nicht weiter mit mir beschäftigen. Kein Kontrast. Langweilig. Unbedeutend.

LEITFEUER. AN.

Ich reiche dem Ersten die Hand gelassen zum Gruß, „Hallo, ich bin DerFUCHS." Musterung in Sekundenbruchteilen. Wie soll man so einen einordnen, ist der nun „Beute" oder eher gefährlich? Leiser Zweifel, also stufen wir ihn vorsichtshalber mal so ein: Der Mann ist im Zweifel bedrohlich, dann ballern wir ihm erst mal eine vor den Latz, kesser Scherz, gepaart mit kaum verdeckter Aggression, Motto: Mal sehen, was der so abkann. „Sind sie auch wegen dem Buffet hier, oder nur so zum Spaß um die Auftragsbücher zu füllen?"

Die pure Provokation? Na, der hat vielleicht Nerven.

Was hättest Du geantwortet? Nimm' Dir doch hier mal 30 Sekunden Zeit, ehe Du blitzartig zurückschlägst …

____

____

____

Dein limbischen System beurteilt in Millisekunden, ob der Reiz schädlich ist oder nützlich. Ist da Gefahr in Verzug? Schon feuert Dein Hirnstamm das tief verwurzelte Defensivprogramm ab. Aber vielleicht geschieht genau jetzt das genaue Gegenteil und Deine Hirnrinde übernimmt, gerade noch rechtzeitig, die volle Kontrolle über Deine emotionale Reaktion auf einen derart unverschämten Spruch.

Stopp!

Ein automatischer Impuls. Dein Ego schaltet sofort ins Notprogramm aus Fluchtverhalten, Angriff, oder Totstellen um. „Neocortex, übernehmen, zack, zack." Fast so wie bei Iron Man, „J.A.R.V.I.S., Analyse-Programm einblenden bitte". Was läuft da genau, während der Gift-Pfeil Dich fast schon erreicht hat.

Nimm' Dir diesen Moment, fühl Dich ein.

Hier ist eine wichtige Lektion für Dich: Die meisten LEITWÖLFE testen erstmal den Stärksten oder Schwächsten in der Runde aus. Beißen gerne ein bisschen um sich – intellektuell verbrämt – versteht sich. Kenn' ich schon, daher, pass auf, und lerne. DerFUCHS hat ebenfalls hübsch-scharfe Zähnchen und Krallen: Das sind meine drei Pfeile im Köcher gegen Attacken wie diese – welcher wäre Dein Favorit gewesen?

a) „Dachte gerade dasselbe über Sie und Ihren etwas zu vollen Teller – (kurze Pause, Verblüffung genießen) Spaß beiseite ... Der Vortrag war gelungen, fanden Sie nicht auch?"

b) „Sie haben Recht. Mögen sie es, Recht zu behalten?" Stolze Antwort mit Blick zum Anderen: „Ja, klar." – „Dann sind sie bestimmt eine Führungskraft, der niemand widersprechen darf, richtig? (weiter reden ohne Pause) Vom alten Schlag. Motivieren, und ein werthaltiges Gespräch beginnen und sich beliebt machen, können Sie, oder? Das merke ich."

c) „Genau richtig! Sie haben mich entlarvt. Kochen kann ich nicht, die Frau ist Zigaretten holen gegangen und nach fünf Jahren immer noch nicht wieder zurück. Ich habe Krebs im Endstadium und werde nur noch sechs Monate leben. Gönnen Sie mir doch die kleine kulinarische Freude in meinem sonst beschissenen Leben." (Dann, ganz wichtig, betroffen gucken ...)

d)

____

____

Schlagfertigkeit kann Spaß machen. Allerdings: Erstens ist sie nicht jedem gegeben – auch wenn sie trainiert wird und zweitens ist sie auch nicht immer der beste Weg zum sinnvollen – und erwünschten – Austausch (mit einem anderen LEITWOLF). Daher: Nutze den inneren Dimmer als Deine Methode, um Situationen wie diese ab sofort immer besser zu bewältigen.

Faustregel: Passe Dich der Stimmung, der Körpersprache und Energie des gesprochenen Wortes an. Und zwar nur für den Moment – und im nächsten drehst Du den Schalter bis zum Anschlag hoch und bist sofort im Mittelpunkt. Fokus.

Wie so oft im Leben: Es funktioniert immer besser, je mehr Du übst. Gewöhne Dich daran, Dich unter LEITWÖLFE zu begeben und intensiv zu testen. Berichte mir gerne Deine Erfahrungen. Du weißt, wo Du mich findest – im LEITWOLF-BEWUSST-SEIN.

Wenn Du Dich noch besser verstehen willst, folgen hier noch vertiefende LEITGEDANKEN

> Überleg' Dir, wann Du einmal nicht die richtigen Worte gefunden hast?
> Wie und wo kannst Du heute noch Deine Schlagfertigkeit steigern?
> Kannst Du Dir vorstellen, was diese Form Deiner Anpassung langfristig bei Anderen bewirkt?

MEIN WEG. UND
ANGEKOMMEN.

P.S. Schreibe hier Deine eigenen Gedanken auf, benutze Dein Begleitbuch, oder sprich direkt mit mir persönlich.

Verbundenheit

Verbundenheit

und was sie mit Dir als LEITWOLF macht

Extravagant? Auf jeden Fall.
Erhaben? Das trifft es auch.
Abgehoben? Mal sehen …

Manchmal braucht es nur einen winzigen Moment, und Du erlebst den Beginn einer tiefen Verbundenheit – wie es sie wohl nur unter Männern gibt. Sorry, liebe Leserin, ich lasse mich gerne eines Besseren belehren, aber als Mann erlebte ich das so: Wahre und tiefe Freundschaft gibt es nur unter Männern.

Abend-Gala auf Schloß Burg im Bergischen Land. Ambiente vom Feinsten. Exklusiv. Geschäftige Etikette. Blaue und schwarze Anzüge von der Stange wohin das Auge blickt. Das Übliche auf jeder Business-Kasper-Konferenz, doch halt: Dort hinten lungern zwei Mohikaner: Wir, die letzten Rebellen im stumpf-sinnlosen Abwehrkampf gegen die ewig gleiche Eintönigkeit der Kleidungswahl. Ich im flaschengrünen Dreiteiler mit meinem Markenzeichen: orangenem Einstecktuch und weißes Hemd. Mein Geschäftsfreund mit bunter Heinz-Erhardt-Fliege um den Hals.

Die Tür fliegt auf und Bollywood explodiert mir im Auge.

Der Mann, der jetzt den Saal betritt, lässt die gesamte Szenerie plötzlich erstrahlen. Gehrock aus rotem Brokat, handgefertigt. Nix Sakko in blau. Welch eine Erscheinung! Wenn das keine Liebe auf den ersten Blick ist – ja, was dann? Ich zögere also keine Sekunde. Gehe ihm entschlossen entgegen und zolle ihm gleich den gebührenden Tribut: „Respekt! Das ist mal ein Auftritt. Filmreif. Ich bin DerFUCHS und Du?" „Ich heiße Mathias." „Nicht Dein Ernst", freue ich mich, „so heiß' ich auch!"

Kennst Du das?

Du triffst einen Menschen und weißt sofort: das passt! Ist es die völlige Übereinstimmung gemeinsamer LEITGEDANKEN. Vielleicht gar derselben LEITWERTE, die wie heiße Lava augenblicklich zusammenschmelzen?

Kam mir damals zumindest so vor. Gut, vielleicht einte uns auch „nur" der innere Mittelfinger (INM) gegen all diese Etikette, genauer: diesen lauen Etikettenschwindel aus Normen einer Gesellschaft, deren Teil wir nie waren, deren Normen wir nie akzeptieren wollten? Ich bleibe dabei und finde es bis heute faszinierend, wenn in der uniformierten – größtenteils männlichen – Gemeinschaft jemand den Schneid hat, anders zu sein, Andersartigkeit zeigt und lebt – in mir jedenfalls weckte dieser Auftritt sofort den Wunsch, proaktiv zu werden: Was für eine Verbrüderung unter Gleichgesinnten. Maximale emotionale Anziehungskraft und beidseitig keinerlei sexuelle Begehrlichkeit. Wir sind seitdem die besten Freunde, inzwischen bereits seit weit über einem Jahrzehnt. Was haben wir nicht für wunderbare Wege beschritten im absoluten Vertrauen und Respekt gegenüber dem Anderen. Seiner Meinung, seiner Haltung. Wir verlangen uns viel ab. Immer wieder. Wollen stets für den anderen das Beste vom Besten, weil zu wenig Zeit bleibt, als dass wir uns mit dem Guten zufrieden geben wollen. Und sind dabei stets schonungslos ehrlich. Ein unbezahlbarer Schatz in einer Welt der ach-so-gut-gemeinten Scheinheiligkeit.

Was ich damit sagen will: Wenn Du ehrliches Interesse und ein offen emotionales Kompliment „schüttelst und servierst", bricht das Eis schneller und nachhaltiger, als man gucken kann. Voilà, wunderbar, Deinen Bruder im Geiste zu treffen – und dafür braucht es wirklich keinen Alkohl. Erkenne Dich selbst. Und dies ist tatsächlich der wichtigste, Dein wichtigster erster Schritt. Ich gratuliere Dir dazu, dass Du ihn gewagt hast. Doch jetzt, da Du Deinem LEITWOLF endlich lieben und zu verstehen gelernt hast, darfst, nein, musst Du noch weiter gehen. Erkenne Dich selbst, und erkenne Dich in Anderen.

Erkenne Dich in Anderen, LEITWOLF!

Erkennst Du die anderen LEITWÖLFE von heute und morgen? Aus dem Gros der Masse, auch blind, weil Du jetzt viel mehr siehst? Dann bist Du so weit und dieser Umstand formt ab jetzt auch Dein Umfeld, für einen Erfolg auf allen Ebenen Deines Lebens. Vertraue Deiner Neugier als Antrieb. Vertraue Deiner inneren Führung. Dein LEITWOLF-BEWUSST-SEIN weiß es. Wer Dir hilfreich zur Seite steht, oder stehen kann. Du kannst darauf verlassen. Denn der Draht ist, wenn auch noch untrainiert, von Anfang an in Deiner DNA abgespeichert.

Es warnt und leitet Dich stets mit größter Liebe und Rücksicht. Und von jetzt an weißt Du genau: Es ist da, nah bei Dir, in jeder Millisekunde, wem auch immer Du ab jetzt noch begegnest, sei es geschäftlich oder privat. Genieße ab sofort die Gewissheit, das Richtige zu tun. Für Dein Wohlbefinden. Deine Ziele. Lass Dein LEITFEUER aufflammen und Dich endlich anzünden mit grundloser Lebensfreude. Du darfst nur lernen zu deuten, was eine Entscheidung auszulösen vermag. Diese – bewusste – Wahrnehmung allein hebt Dich schon jetzt aus der Masse heraus. Lass diese Masse doch weiter treudoof jedem folgen, der viele Versprechungen macht, aber nichts liefert. Seien es Rattenfänger, Bauernfänger, Scharlatane, egal. Ihre Anhänger sind zu bedauern – und Du nicht mehr.

Denn Du – denkst selbst.

Du bist doch anders? Du bist schlau! Du folgst mir nur für den Anfang – wage es einfach – um schon bald nur noch Dir selbst zu folgen.
Dem LEITWOLF in Dir.

Wenn Du Dich noch besser verstehen willst, folgen hier noch vertiefende LEITGEDANKEN

> Wie fühlt sich eine echte Freundschaft für Dich an?
> Kannst Du es nachempfinden, wenn ich hier so emotional schreibe?
> Was kannst Du von heute an und für immer verändern, um andere LEITWÖLFE direkt und systematisch zu erkennen?

MEIN WEG. UND
ANGEKOMMEN.

P.S. Schreibe hier Deine eigenen Gedanken auf, benutze Dein Begleitbuch, oder sprich direkt mit mir persönlich.

Aufmerksamkeit

Aufmerksamkeit

und was sie mit Dir als LEITWOLF macht

„Du bist halt ein Glückskind, FUCHS."
Hör' ich immer wieder.
Aber stimmt das?

Richtig ist ...

Ich empfinde es als wahres Glück, zu leben. Und sage: „Wer so sein Leben leben kann, den kann man schon als Glückskind bezeichnen". Jedoch gibt es zwei Seiten der Medaille. Die des Glückes, das ist die eine. Aber wenn Du eine Münze wirfst, dann stehen die Chancen gut, dass sie auch oftmals auf der anderen Seite landet – und da wird's manchmal ganz schön herausfordernd.

Wie so oft hast Du jedoch die Wahl. Du kannst über das Unglück mitjammern, oder Du nutzt gleich die Gelegenheit, um zu lernen. Denn da, wo's grade nicht so glänzend zugeht, da steht Lektions-Entschlüsselung an erster Stelle. Nenne es eine Kunst. Ich nenn' es Übung: Den Fokus zu wechseln. Möglichst schnell. Fast automatisch. Um das zu lernen, brauchte ich Jahrzehnte. Du siehst, auch ich bin unvollkommen. Bin immer wieder neu Im Lernprogramm. Im Modus „übender Meister".

„Das also, FUCHS, soll die Sonnenseite Deines Lebens sein?" – „Nun, ja, genau das meine ich": Es gehört nur wenig dazu, doch DAS ist wertvoll.

Geduld und Wille.

Was Du aus solchen Geschichten lernen kannst, das weißt nur Du. Doch eins steht fest: Du wirst in jedem Fall dazulernen, wenn Du die Chancen wahrnimmst. Hast Du schon mal etwas von (den) Huna gehört? Aus deren südpazifischer Lebensphilosophie stammt u. a. dieser Satz: MAKIA – Die Energie folgt der Aufmerksamkeit. „Focus goes, where energy flows."

Ja, die Huna, die Ältesten der Hawaiianer, waren halt schon vor Jahrhunderten schlau; schlauer, als wir's im Westen heute vielfach sind.

Denn bei den Huna steht die Natur ständig im Mittelpunkt all ihrer Gedanken und Handlungen. Wieso schreibe ich das? Nicht, um hier ein weiteres Plädoyer für den Umweltschutz zu halten. Ich will Dir nur aufzeigen, wie vernagelt wir ach so aufgeklärten, supermodernen Menschen halt manchmal sind. Wir halten uns für so viel klüger, während wir gar nicht mitbekommen, wie viel Weisheit Andere lange vor uns schon hatten.

Gern vergessen, noch lieber abgestempelt – als „esoterischer Quatsch". Merkwürdig nur, dass vieles von diesem „Quatsch" haltbarer scheint, als so manche Erkenntnis der Wissenschaft, die sich immer wieder in Frage stellen muss.

An dieser Stelle ist es Zeit, für zwei ernstgemeinte Fragen:

Weshalb willst Du ein überhaupt LEITWOLF sein?
Was reizt Dich daran, Andere zu führen?

____

____

____

Hast Du Dir diese Fragen schon einmal gestellt?
Welche Energie wird da in Dir wach und bahnt sich ihren Weg zur Tat?

Dass Du mit Deiner Energie des LEITWOLFES genau zur rechten Zeit am rechten Ort bist, das glaub' ich, ganz sicher. Nur: Sieh Dich um. Wer unter den Konzernlenkern wird von der Öffentlichkeit geliebt für seinen „Posten"? Eine Aufgabe, die Andere für kein Geld der Welt je annehmen würden – und die einige – wenige – dennoch täglich meistern. Wie sicher bist Du Dir Deiner Überzeugungen? Ist es tatsächlich Dein Bestreben, die echte Selbstführung zu erlernen? Selbst wenn dies bedeuten kann, dass Du gehasst, verdammt, oder eben vergöttert wirst?

Das willst Du also?

In Ordnung, dann mache Dir klar: Der Weg hinauf auf den Olymp, der kann schnell ganz scharfkantig und steinig sein. Denn viele Götter neiden Dir das Zepter, und sei es auch bei Dir in besten Händen. Bereite Dich vor. Lerne eine neue Führung kennen, die auf NEUEM DENKEN basiert und auf Deine NEUE ZUKUNFT baut. Und natürlich handelt die LEITWOLF-TRILOGIE nicht zufällig genau davon.

1. Selbstsabotage gestoppt (Band 1)
2. Beeinflussung erkannt (Band 2)
3. Manipulationsfreiheit leben (Band 3)

Wenn Du Dich noch besser verstehen willst, folgen hier noch vertiefende LEITGEDANKEN:
> In welchem Verhältnis (50/50?) landen bei Dir die Münzen?
> Welche Schritte bist Du bereit zu tun, um hier und jetzt das Verhältnis in Richtung Glück zu drehen, und was musst Du dafür tun?
> Was kannst Du unternehmen, um Dir sicher zu sein, dass Du in Deinen Olymp einziehst?

MEIN WEG. UND
ANGEKOMMEN.

Deine Abkürzung und Ergänzung: 1 Stunde, 1 Tag oder 1 Jahr.

P.S. Schreibe hier Deine eigenen Gedanken auf, benutze Dein Begleitbuch, oder sprich direkt mit mir persönlich.

____

____

____

„Wir halten uns für
so viel klüger,
während wir gar
nicht mitbekommen,
wie viel Weisheit
Andere lange vor
uns schon hatten."

Ausbildung

Ausbildung

und was diese mit Dir als LEITWOLF macht

„Waaas, du hast wirklich dort gearbeitet? Im Sex-Shop?" Ja, was sollte ich jetzt darauf antworten, außer: „Klar, wieso nicht? Ich war jung und brauchte das Geld." Ein Grund. Darüber hinaus hat es mein Menschenbild maßgeblich gerade gerückt. Korrigiert und völlig neu justiert. Wenn Du in den Abgrund blickst, kannst Du Dich gruseln oder freuen. Je nach Präferenz.

Ganz wie Du willst.

Ich jedenfalls tat es zunächst nur des Geldes wegen. Allerdings bekam der „Job" schnell einen völlig eigenen Reiz. Einzutauchen in einen solchen Kosmos. So eine ganz besondere Welt – und dort das Verhalten der ganz speziellen Kunden zu studieren, da wurde das Geld rasch zum Neben-Erzeugnis (übrigens: diese Einstellung bringt Dich garantiert immer weiter). Also fangen wir mal mit dem psychologischen Experiment an. Mit mir und für mich, auf höchstem Niveau bei vollem Einsatz.

Meine Wochenenden im Kölner Sex-Shop.

Ein Job, den ich ursprünglich nur als Zubrot verstand, denn der Urlaub wollte bezahlt werden. Und natürlich hatte ich's mir einfacher vorgestellt. Denn faktisch hatte ich mir damit an jedem Samstag ein emotionales Abhärte-Training der Extraklasse verpasst. Ich will hier gar nicht auf die Details eingehen, die kannst Du Dir selbst ausmalen. Viel wichtiger – und schöner – aber ist die Tatsache, dass ich mich für diese „Ausbildung" in Neuro-Marketing, sexuelle Beratung, Selbstrefelxion und praktischer Verhaltensforschung auch noch bezahlen ließ. Ein Konzept, das ich Dir zur Nachahmung übrigens unbedingt empfehle.

Wofür kannst Du Dich – während Deiner „Weiterbildung" – gleichzeitig auch noch bezahlen lassen? Du könntest auch fragen: Bezahlen lassen – obwohl ich mich weiterbilde?

Die Art der Fragestellung verändert ab sofort Deine Einstellung zu jeder sogenannten „niederen" Tätigkeit, die Deinen beruflichen Qualifikationen nicht entspricht.

Überqualifiziert.

Hand auf's Herz: Hättest Du die Chance ebenfalls genutzt, auf eine so ungewöhnliche Art am lebenden Objekt zu lernen? Alle „gesellschaftlichen Zwänge" überwunden? Dich aus Deiner angestammten Bequemlichkeit gelöst, um einen echten Wachstumsschub zu bekommen?

Drei Fliegen mit einer Klappe ...

„Was hat's Dir denn gebracht, FUCHS?", fragst Du jetzt?
Nun, ich verrate es Dir:

1. enorme Steigerung der Selbstsicherheit
2. weiter ausgebautes schauspielerisches Talent
3. Erweiterung meiner Menschenkenntnis

Auch wenn ich anfangs zutiefst erschrocken war, wie schnell Menschen, gerade auch ältere Männer (und Frauen), jeden Anstand hinter sich lassen, wenn es nur darum geht, den eigenen Gelüsten Auslauf zu geben.

Gewissermaßen ihr Zepter in die Hand zu nehmen, um ...

Na, lies lieber noch mal das Kapitel „Unikat" und lass Deine eigene Phantasie spielen. Und bitte: Es geht nicht um's Verurteilen, bzw. Bewerten. Sondern darum, dass Du Dir das mal einfach ausmalst.
Bild verstärkst. Und das ganze dann mit fünf multiplizierst. Keine Übertreibung, so in etwa lief das tatsächlich in der von mir erlebten Realität ab. Pervers? Nun, ich bin sicher, dass jede Phantasie schon längst irgendwo verwirklicht wurde. Nur Du nicht Deine?

Keine Sorge wir machen nichts Neues.

Die Frage „Wogegen stehst Du?" kennst Du ja von mir schon. An dieser Stelle allerdings ist es Zeit für eine andere Frage: „Worauf stehst Du –

nicht?" Ja, jetzt weißt Du also auch, welche Frage ich mir jeden Samstag in diesem Sex-Shop gestellt habe.

Was kann ich tolerieren?
Was kann ich akzeptieren?

Was lehne ich ab und verkaufe es dennoch mit Begeisterung und Überzeugungskraft? Ich meine, das ist doch eine ganz normale Frage, oder?

Wenn Du Dich noch besser verstehen willst, folgen hier noch vertiefende LEITGEDANKEN

> Wann hast Du Dich in der Vergangenheit selbst gezwungen, etwas zu tun, weil es für Deine Zukunft sinnvoll war?
> Welche Toleranz- und Akzeptanz-Grenzen sind in Dir aktiv, wenn Du an diese Geschichte denkst?
> Wie kannst Du Deinen Horizont radikal erweitern, indem Du für etwas bezahlt wirst – was Dich lehrt – Dich weiterbringt?

MEIN WEG. UND
ANGEKOMMEN.

P.S. Schreibe hier Deine eigenen Gedanken auf, benutze Dein Begleitbuch, oder sprich direkt mit mir persönlich.

„Ja, jetzt weißt Du also auch, welche Frage ich mir jeden Samstag in diesem Sex-Shop gestellt habe."

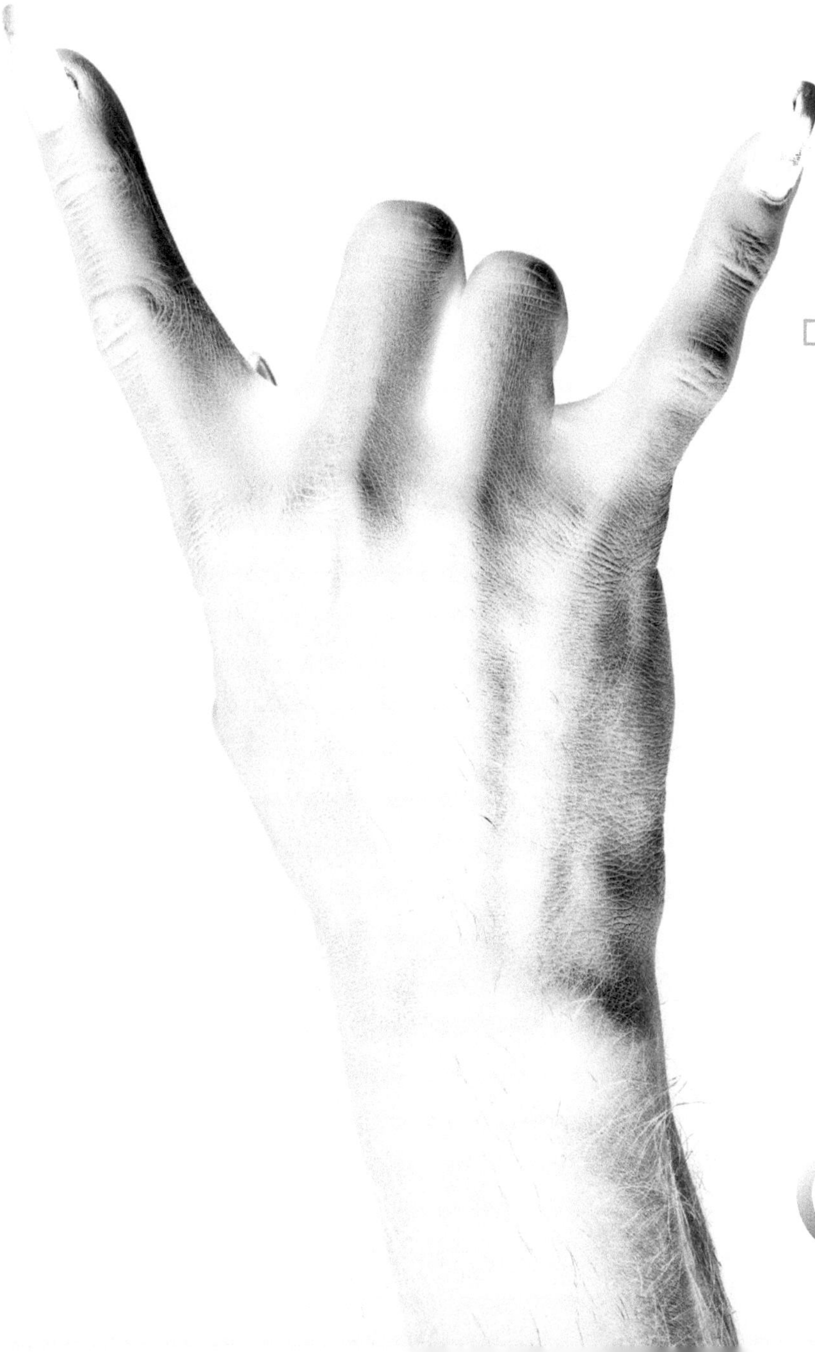

Lampenfieber

Lampenfieber

und was es mit Dir als LEITWOLF macht

Sich etwas Besonderes ausdenken. Etwas nie zuvor Erlebtes tun. Auf der Bühne, vor allen. Unvergesslich sollte es sein. Und es wurde unvergesslich. Zugegeben, für mich war es tatsächlich nichts wirklich Außergewöhnliches mehr. Nichts wirklich Bahnbrechendes. Nichts Dramatisches. Denn „außergewöhnlich" ist gewissermaßen mein zweiter Vorname.

Wir befinden uns im großen Saal eines Wellness-Hotels in der Gegend um Warschau. Ziemlich weit draußen. Am Arsch der Welt in Polen, aber doch in einem so eleganten Ambiente, wie ich mir damals das Domizil der Schönen und Reichen halt so vorstellte, die gerade ein lustvolles Wochenende verbringen wollten. Wo zur Hölle war ich?

Train the Trainer – weil Du es härter brauchst oder willst.

Vielleicht hast Du Dich ja schon mal gefragt, wie all die Bühnen-Profis das hinbekommen: Einfach raus und los. Von Lampenfieber keine Spur. Das, was ich jetzt schreibe, ist streng geheim – und es wird Dir auch nie im Leben ein anderer Trainer verraten (wollen). Dennoch breche ich mein Schweigen. Ich verrate ja keine Geheimnisse Anderer, aber teilhaben lassen will ich doch an diesem Schatz. Dich mitnehmen in Deinen neuen Raum der Möglichkeiten.

Es ist der zweite Abend.

Viele haben sich vor mir bereits auf der Bühne ausgelassen, frivol oder exzessiv gegeben. Die eigene Bequemlichkeit überwunden. Die Todesangst vor der Blamage buchstäblich gefickt. Ich sage dies mit allem Respekt: Ich finde es immer wieder faszinierend, ja besonders schön, wenn – und dass – Menschen so aus sich heraus gehen können. Was für eine tief beeindruckende Erfahrung!

Gib alles, FUCHS.

31

Die Reihe war an mir. Du hast nur zwei Minuten. Deine Bühne. Dein Publikum. Gespannt. Was jetzt wohl kommen mag. Und keinen Schimmer, was dann wirklich kommt …

Synthesizer. Diese einzigartige Tonfolge. „Ich will …"

Bumm. Bumm. ICH WILL. Der Beat aus den Boxen hämmert Deine Ohren weg. Ich will die Ruhe stören. Gewaltig. Loslassen, einfach alles.

Blockade war gestern – für immer: Aus und vorbei!

Dieses Gefühl vergisst Du nie wieder. Nur deshalb bist Du hier … Feuchte Hände. Trockner Mund. Gar Blackout? Das liegt doch längst hinter Dir und kommt nie wieder. Denn heute ist der Tag, an dem Du Dein Fundament gelegt hast – für Deinen einzigartigen Weg zum LEITWOLF-BEWUSST-SEIN – ohne Grenzen und Normen.

Bumm. Bumm. Und alle gehen mit! In diesem Moment entscheidet es sich: Sieg oder Untergang? Mann oder Maus? Durchschnitt oder FUCHS! LEID- oder LEITWOLF, doch das ist längst keine Frage mehr …

Nur noch wenige Augenblicke – und dann geht's raus: Die Hörner auf Angriff. Singend hinaus in die Arena. Ich sehe rot.

Ich will …

Die Ruhe vor dem Sturm. Und dann bricht das Inferno los.

Es sind nur zwei Minuten. Doch zwei Minuten, die Du nie vergisst. Mein Blut kocht. Schießt ungefiltert in jede Pore. Raketenschub für meine Energie. Bereit. Jetzt alles preisgeben. So will ich leben. Sprechen, wirken und alle motiv(aktiv)ieren. So will ich sein. Immer sagen, was gesagt sein muss. Denn Deine Bühne des Lebens, die ist hier und jetzt.

Ich will …

Mein Gesang – ein einziger, animalischer Schrei. Brunftgebrüll. Der LEITWOLF ganz in seinem Element. Längst war das T-Shirt weggerissen, die Hose auch. Fuchsteufelswild. Zwei Grad nur kurz vorm Siedepunkt – das Headset weit vom Kopf geschleudert im lodernden Feuerwerk.

Könnt ihr mich hören?
Könnt ihr mich sehen?
Könnt ihr mich fühlen?

Ich versteh euch nicht.

Die Menge in vollkommener Trance – und ich reiße mir als letzten Akt den Fetzen Stoff, der meinen Schwanz und Eier kaum noch verbirgt, mit einem irren Schrei herunter.

Da war er nun – mein LEIT(Dämon)WOLF – freigelassen. Er tobt und knurrt. Von dunkler animalischer Magie besessen – und meine Augen brennen sich in die Seelen der Zuschauer. Laserstrahlen der inneren Befreiungsaktion. Die Masse tobt und wabert. Ein brodelnder Hexenkessel,der ja nur in wenigen Sekunden entstanden ist. Entstehen könnte. Die Zeit war begrenzt. Dimmer, was ist das LEITFEUER. AN. Aaaaah.

Ich will ...

Vollkommen eins. So wie erschaffen, ganz ohne jede Hülle oder Maske. Kein Zentimeter Platz mehr hier für irgendwelches Ego – kein Raum für Schwanzvergleiche. Vollkommen frei. Vollkommen ungezügelt. Vereint. So fühl' mich seitdem immer wieder – sei's „nur" allein mit Dir oder mit Tausenden. Wir in der Dankbarkeit vereint.

Ich höre euch.
Ich sehe euch.
Ich fühle euch.

Ich verstehe euch ...

DERFUCHSPUR = EIN LÖSUNGSWEG
STÄRKENNAVIGATOR = DAS ENTSCHEIDUNGSPROGRAMM
LEITWOLF-BEWUSST-SEIN = ANGEKOMMEN.

Und WIR verändern die Welt. Zum Besseren. In Liebe und mit Möglichkeiten, die nur ein LEITWOLF kennen und beherrschen darf.

Fördern. Fordern. Führen.
Wir sind E I N S.

Ich will das Du – LEITWOLF – nur das durch mich bekommst ...

1. Selbstsabotage gestoppt
2. Beeinflussung erkannt
3. Manipulationsfreiheit leben

Willst Du das auch - angezogen oder nackt?

Wenn Du Dich noch besser verstehen willst, folgen hier noch vertiefende LEITGEDANKEN

> Welche Ängste haben Dich bis jetzt zurückgehalten?
> Von welchem Status Quo lässt Du Dich führen?
> Was erinnert Dich an die Zeit Deiner Schüchternheit und (eigenen) Begrenzung?

MEIN WEG. UND
ANGEKOMMEN.

Deine Abkürzung und Ergänzung: 1 Stunde, 1 Tag oder 1 Jahr.

P.S. Schreibe hier Deine eigenen Gedanken auf, benutze Dein Begleitbuch, oder sprich direkt mit mir persönlich.

Belohnung

Belohnung

und was sie mit Dir als LEITWOLF macht

„Nee, den heben wir für einen ganz besonderen Anlass auf. Viel zu kostbar. Hat mir der Soundso zum Geburtstag geschenkt. Das sparen wir uns auf für diesen einen speziellen Moment in unserem Leben. Das ist heute nicht angebracht. Wir warten."

Ein Prädikatswein. Das Grün der Flasche beinahe schwarz. Ein feiner Tropfen. Das Etikett im Prägedruck. Jahrgang 2013. Gewürztraminer. Der schreit förmlich nach einer besonderen Gelegenheit. Einem echten Anlass. Zugegeben, von Wein verstehe ich nicht gerade viel, aber einen guten Tropfen vermag ich doch von einem Tetrapack zu unterscheiden. Du musst nicht unbedingt Sommelier sein, um Dir vorzustellen, was ich meine, oder?

Der Text auf dem Etikett verrät nicht allzu viel. Die Rebsorte aber sehr wohl. War's ein Barrique gereift, Cuvée, aus bester Lage? Das weckte meine Neugier, verlockend und verführerisch …

Doch nein, es kam anders: Weinbau seit 1585 en famille, vom Weingut Rheingrafenhof an der Nahe. Spätlese. Mandeler Dellchen. Erzeugerabfüllung. Enthält Sulfite, alc. 9,5% vol …, die Pflichtangaben müssen sein, wir sind schließlich in Deutschland, bitte sehr.

Und hinten drauf: Rein gar nichts.

Na, das ist dreist, denkt mancher sicher hier. Ich aber denke: „Oh, Glückwunsch! Einer mehr, der weiß, wie's geht". Wabi-Sabi – japanisch für die Kunst der Reduktion auf's Wesentliche. Chisoku – das ruhiges Wissen – dass man nicht alles hat, aber zufrieden ist mit dem, was ist. Fast schon ein unbedingter Imperativ. WIESO gerade dieser Wein geöffnet werden muss, denn er verheißt die Offenbarung. Doch hält die blendende Verpackung auch das, was sie verspricht?

Der Tropfen benetzt Dir die Lippen und pures Glück fließt.

Geschenkt. Nur mir. Und jetzt. An einem schnöden Samstagabend.
Der Anlass? Fehlanzeige? Oh doch, hier kommt er:

Der Anlass ist Dein gelungenes Leben. Dein Hier und Jetzt. Die unbedingte Freude – am Leben, das Du Dir wünschst und hast, LEITWOLF. Das, was wirklich zählt: Nur Dein Moment. Dir etwas zu gönnen. Dein Lohn, der gut und richtig ist. Und einfach weil Du Dich feiern willst.

Bezahle Dich immer zu erst.

Du gönnst Dir mal Olivenöl der Extraklasse, ja sicher. Da denkst Du an Salat. An Griechenland und die mediterane Küche. Was kostet die Pulle in Deinem nächsten Supermarkt? Ich mein', da gibt es Öle schon für weniger als vier Euro pro Liter. Nein, danke, das Leben ist zu kurz, um schlechten Wein zu trinken. Zu kurz für Öl, das Du vielleicht lieber zum Schmieren von Fahrradketten nehmen solltest. Zu Hause hatten wir eins der besten Olivenöle der Welt. Gelistet selbst im KDW, wo es sich gegen 150 Mitbewerber durchgesetzt hat. Den halben Liter ab 20 Euro aufwärts. Wir nennen es hier einfach mal das „gute Öl". Du kennst das, denn zu Anfang nennst Du es noch so. „Gib mir doch bitte mal das „gute Öl", und – träufel, träufel – sparsam bitte – denn es ist doch furchtbar teuer. Kein Wunder, dass wir das „gute Öl" nur sehr bewusst genossen haben. Überleg lieber nochmal, ob das wirklich sein muss? … Du hörst die Frage, siehst den Blick, weißt jetzt sofort „Ah, nein, das „normale Öl", das tut's ja auch, das „Gute", lass mal sein" … Wie bitte?! Hast Du einen Knall? Was für ein Reichtum, den Du doch genießen darfst – genießen – nicht verschwenden. Ich belohne mich mittlerweile gern und so oft wie möglich, weil ich's mir wert bin – und das darfst Du auch!

Du sparst es auf. Und morgen bist Du tot.

Ein Freund sagt mir: „Das ist mein Lieblings-T-Shirt." – Ich seh' ihn an wie eine Herde blöder Schafe. Wieso er denn nicht nur Lieblings-T-Shirts hat? Er zögert, dann: „Da müsste ich ja neun von zehn Shirts wegwerfen; ich bin doch nicht beknackt!" Mir völlig unverständlich, denn in meinem Schrank gibt's nur noch Lieblings-Shirts – und jedes Jahr wird weggeworfen, was mir nicht mehr gefällt. Ich frage Dich mal direkt: Wie ziehst Du Dich morgens an? Wieso fühlst Du Dich nicht besonders und geliebt? Das bist Du doch, oder etwa nicht? Doch sicher wenigstens von Dir – geliebt! Heute ist Dein Tag (ETL) – zieh' an – was immer Dir gefällt – und ab sofort und immer einfach nur noch Deine Lieblingskleidungsstücke – was anderes verdient keinen Raum mehr in Deinem Leben. Und sieh dann hin, was mit Dir geschieht. Du hast es längst erfasst. Belohnung und noch mehr Selbstwert darf es sein! Ist es der Wein, das Öl, Dein Lieblings-T-Shirt? Sie alle sind ein Sinnbild für Deine Fähigkeit, Dich selbst wunderbar zu finden, zu feiern und zu ehren.

Dein Körper ist Dein Tempel.

Wann hast Du dieses starke Gefühl, Dich belohnen zu wollen – und das auch zu dürfen? Ich jedenfalls belohne mich in jeder Sekunde, in der ich existiere – lebe! Auf einer Skala von 1 (zum Geburtstag) bis 10 (jede Sekunde): Wo bist Du gerade unterwegs? Hier kommt Deine Belohnungsskala – und wie Du sie einsetzt:

Geisteshaltung: Lob Dich nicht zu viel, es könnte ja ... (Skala 1-4)

Was könnte es bedeuten, dass Du Dir zu wenig gönnst im Leben? Und wenn, nur dann, wenn es einen triftigen Grund dafür gibt. Lob Dir selbst gegenüber ist Mangelware, und ich vermute mal (ich schieße jetzt einfach drauf los, wenn ich treffe, gut – dann spüre die Energie des Veränderungswillen im Herzen). Du lobst Dein Umfeld ebenfalls sehr spärlich, nach dem Motto: „Nix gesagt ist schon gelobt genug", was? Selbstsabotge in Action. Die Irrungen und Wirkungen im LEIDWOLF-LABYRINTH.

Achtung: Wie man in den Wald hinein ruft, so schallt es auch heraus.

Dein Umfeld sendet und empfängt – Dich. Und zwar komplett, so wie Du bist. Du weißt doch noch, was die Spiegelneuronen können? Deine Gedanken spiegeln sich in den Augen Deines Gegenübers. Bedenke das unbedingt, ehe Du das nächste Mal ungefragt Kritik äußerst – oder Dich innerlich fertig machst. Vorsicht: Dein LEIDWOLF ist bestens trainiert, aber die Änderung eines Buchstabens ändert Dein Selbstverständnis. Denksportaufgabe 17.234: Welchen Buchstaben meine ich wohl?

Geisteshaltung: Gönne Dir mal eine Aufmerksamkeit. Das reicht aus! (Skala 5-7)

Ab und an redest Du nicht schlecht über Dich selbst. „Wie meinst Du das, FUCHS?", fragst Du Dich jetzt vielleicht. Naja, wir quatschen den lieben langen Tag mit uns selbst. Und dabei schwappt garantiert ständig neuer Quatsch – Blödsinn oder unsinniges Zeug – in unsere Hirnwindungen.

Sorgen, Ängste, Probleme.

Vor allem aber Schuld, Scham und Zweifel. Diese Beeinflussungswerkzeuge penetrieren uns in jeder einzelnen Sekunde. Unser LEIDWOLF testet gewissermaßen permanent, wie grenzstabil wir sind. Was also tun?
Hier kommt mein Rat: Achte auf die Sprachhygiene. Sprich ab sofort von innen nach außen, und damit gut über Dich und zu Dir. Weil Du damit ab sofort auch wesentlich glücklicher leben und auftreten kannst. Bingo, Glückwunsch zu Deinem Fortschritt: Du belohnst Dich jetzt einfach mal – alleine für diesen Gedankengang – statt Dich schon wieder zu verurteilen und zu kritisieren. Und wie kannst Du Dich jetzt ehren, Dich feiern?

Geisteshaltung: Ich bin die tägliche Bestätigung meiner Liebe auf dem Weg zum LEITWOLF-BEWUSST-SEIN (Skala 8-10)

Das Leben kann sich nicht genug bei mir dafür bedanken, dass ich existiere. Ich lebe diese Überzeugung jeden Tag – und will es unbedingt (vor) leben. Und belohne mich dafür auf unterschiedlichste Weise. Weil ich dieses Wissen, dieses Bewusstsein als unwiderruflichen Beweis tief in mir verankert trage. Leben, so intensiv wie irgend möglich. Jeder Orgasmus. Jedes Geschenk. Jedes gute Gespräch, mit mir – laut oder leise, oder mit Anderen. Und plötzlich wirst Du unabhängig von jedem Lob und Tadel. Wirst endlich manipulationsfrei von jedem Leistungsdruck und allem Anspruch Dritter. Denn wenn Du da bist – hier in Deinem Sein – dann brauchst Du keinen weiteren Beweis. Ich ziehe meinen Hut vor Dir, verneige mich in Ehrfurcht. Denn Du bist angekommen, willkommen in dem für mich heiligen – Kreis der inneren Führung. Gegrüßt seist Du, Du erstarkter LEITWOLF.

Denn Du machst mich von Herzen stolz!

Nutze also Deine Belohnungsskala.

Ganz gleich, wo Du gerade warst: Werde Dir bewusst, dass es sie gibt. Nutze die Erkenntnis für Dein Wohlbefinden. Belohne Dich, weil Du bis hierher gelesen hast, auf welche Art auch immer, und sei es ein Gedanke, der Dir ein Lächeln auf's Gesicht zaubert. Das ist doch wunderbar und stärkt, nebenbei, Dein Immunsystem. Ist Dir zu blumig? Nun, Lachen ist gesund und schreibe mir, wie gut es Dir inzwischen geht. Du erreichts mich schon.

Wenn Du Dich noch besser verstehen willst, folgen hier noch vertiefende LEITGEDANKEN

> Wie war das früher, als Du kleiner warst, wann wurdest Du belohnt, und für was genau gab es auf die Flossen?
> Wie setzt Du das Prinzip der Belohnungsskala sofort ein – für Dich?
> Und was geschieht, wenn Du Dich täglich dran erinnerst, Dich ab sofort für Deine Existenz – alleine – zu ehren?

MEIN WEG. UND
ANGEKOMMEN.

P.S. Schreibe hier Deine eigenen Gedanken auf, benutze Dein Begleitbuch, oder sprich direkt mit mir persönlich.

„Ich belohne mich mittlerweile gern und so oft wie möglich, weil ich's mir wert bin – und das darfst Du auch!"

überlastung

Überlastung

und was sie mit Dir als LEITWOLF macht

Tränenüberströmt stand sie an meinem Bett im Krankenhaus. In diesem Moment fühlte ich mich schuldig, hier zu liegen. Ich hatte das Gefühl: „Du hast es gründlich verkackt!" Dabei hatten wir es uns doch so wundervoll ausgemalt.

Eben fast wie beim „Malen nach Zahlen".

Sicher, nicht bis ins letzte Detail, das war nicht unsere Art. Aber die Umrisse waren gezeichnet. Was wir allerdings nicht bedacht hatten – und was keinesfalls in unser Wunschbild passte –, war, dass ich an diesem Samstag, sechs Wochen vor unserem so lange ersehnten Tripp nach Thailand, nun also genau hier lag – als Privatpatient im Einzelzimmer.

Traumurlaub, adé.

Dabei hatte ich mir das „Event" einfach nur lustig vorgestellt. Ein schöner Tag unter Männern? Was war geschehen? Wie kam es zu der Tragödie?

Ein von mir mitorganisierter Junggesellenabschied war die Bühne. Vorhang auf! Wir, ein paar Kumpels des Bräutigams und ich, hatten uns Mittags getroffen um unter anderem Bubbleball-Turnier zu testen. Das ist, salopp gesagt, eine Mischung aus Sumo-Ringen, Fußball und Rugby. Wie beim Fußball geht es darum, einen Ball ins gegnerische Tor zu bringen. Aber mit Dribbeln und gezielten Torschüssen ist da nix, denn der Gegner darf Dich jederzeit wegstoßen und aus dem Gleichgewicht bringen – während Du in einer Art Riesen-Seifenblasen-Panzer steckst, der gleichzeitig als Knautschzone und Stoßstange fungiert. Der Oberkörper ist amimal geschützt.

So weit die Theorie.

Die Praxis allerdings: brutal. Aus dem Augenwinkel nehme ich noch meinen „Kumpel" wahr, der von schräg hinten auf mich zu rennt und grätscht mich um. Und während ich noch versuche, das Gleichgewicht zu halten, knickt mein Bein um wie ein Streichholz. Ich höre noch dieses trockene Knacken – und in diesem Moment setzt auch schon der Schock ein. Und weil es hier irgendwie dazuzugehören scheint, dass mal einer zu Boden geht, kümmern sich alle anderen auch wenig um mich, die spielen einfach weiter. „Stell Dich nicht so an, FUCHS". Und Du bist plötzlich nicht nur der Arsch mit der entsprechenden Karte, sondern findest Dich wenig später auf einer harten Plastikbank in einem grünen Krankenhausgang wieder. Und warte ... wie in Trance und starre auf den Boden, auf dem sich langsam eine Blutlache bildet, die merkwürdigerweise von der Kanüle in meiner Hand gespeist zu werden scheint. Tropf, tropf, tropf. Bis sich der Nebel des Schocks etwas lichtet und ich, kreidebleich, nach gefühlten Stunden, nicht ohne Verwunderung, um Hilfe krächze. Oh. Schwamm drüber. Ist nur mein Blut. Und es keimte das Gefühl auf, dass ich das wunderbare Männer-Spiel-und-Spass-Vergnügen komplett knicken kann. Endstation.

Diagnose.

Sie scheint meine Freundin allerdings viel härter zu treffen, als mich. Sehnenanriss, Kniescheibe angebrochen. „Jaja, die vom Bubbleball, die haben wir hier jede Woche zu Gast", scherzt der Chefarzt und will sofort am anderen Tag operieren, was ich kategorisch ablehne. Ich bestimme über mein Leben. „Also gut", meint Onkel Doktor etwas später, „dann halt das Beinchen eingegipst bis oben hin und später die Orthese, wie sie die Top-Sportler kriegen nach ähnlichen Verletzungen ..."

Zum Heulen.

Da liege ich also jetzt hier alleine, die anderen feiern und schicken mir sogar Bilder und Videos. Und bin dieser Einsamkeit völlig ausgeliefert. Riesendrama, Verzweiflung par excellence. Ich weine abwechselnd still und laut. Alles auf den Kopf gestellt. Dabei hatte SIE ihren Urlaub doch so bitter nötig, denn – wie bei vielen Angestellten – bist Du irgendwann komplett am Ende Deiner Kräfte. Ausgelaugt. Und ihre Grenze war schon viel zu lange überschritten. Die so ersehnte Erholung – durch meine „Spaßaktion" also auf's Spiel gesetzt, ich Teufel(s-Kerl). Der schöne Plan: Makulatur. Good bye, Urlaub. Willkommen Weltuntergang. Sind unsere Ziele wirklich für die Götter zur Belustigung gedacht?

Tatsächlich?

Tja, wenn Du so schöne Pläne zeichnen kannst, um dort später nur die Farbe zu ergänzen – dann habe ich jetzt einen Tipp für Dich: Zeichne lieber spontan mit noch viel bunteren Farben …

Wenn Du Deine LEITWOLF überhörst …

Thailand, sechs Wochen später. DerFUCHS stakst mit seiner Super-Orthese bei 40 Grad und maximaler Luftfeuchtigkeit zwar nicht durch den Dschungel, aber vom Hotel zum Strand. Aber im Urlaub waren wir eben trotzdem – umdisponiert. Mehr Ruhe statt Action.

Und weil mich gerade schon wieder der Übermut packt, machst Du halt für einen Tag eine Ausnahme und einen Ausflug mit dem Motorroller (in Thailand fährt ja beinahe jeder damit rum). Unser Ziel: Ein Aussichtspunkt, von dem aus man die gesamte Insel überblicken kann. An die Orthese hatte ich mich einigermaßen gewöhnt, die war ein wenig lästig. Aber, pah, wer bitte wäre DerFUCHS, wenn er sich von so etwas die Laune verhageln ließe …

Und wir klettern los.

In Flipflops und kurzer Hose, versteht sich, während Dir die Dampf-Sauna-Walze in der tropischen Sonne das T-Shirt an die Brust klatscht. „Irgendwie steiler als gedacht hier", denkst Du noch, „liegt der Mount Everest nicht ganz woanders?" Wir klettern, scherzen anfangs noch über die dicken Seile, die dem Wanderer Halt bieten sollen, doch unser freudiges Gespräch versiegt schnell. Dieser Anstieg wird mit jedem Schritt grässlicher – und dieses Flimmern vor meinen Augen ist auch nicht gerade ermutigend. Endlich kommen wir oben an. Fix und alle. Keine Spur vom Bergsteigerglück. Für diesen ach so tollen Ausblick über die gesamte Insel hatten wir uns also so abgemüht? Schön. Foto gemacht. Abgespeichert. Abstieg.

Es reichte mir, buchstäblich.

Und auch wenn es „nur" geschätzt 300 Höhenmeter waren, die wir zurückgelegt hatten: In meinem Kopf schrillten alle Alarmglocken.

Mein inneres System riet mir, all meine restliche Energie zusammenzunehmen, um wenigstens halbwegs heil wieder ins Tal zu gelangen. Kapazitäten am Ende? In diesem Moment noch nicht vollständig, doch ich kenne mich …

Dachte ich.

Tatsächlich hatte ich mich völlig überschätzt. Limit erreicht und überschritten. Zwar schaffte ich es gerade noch mit letzter Kraft, mich ins Tal zu schleppen. Doch das war's. Mir war kotzübel. Ich war grün im Gesicht. Und dieser Zustand blieb, bis, ja, bis ich in den dreckigsten Abgrund der letzten Kloake – und meinem Mageninhalt hinterher – blicken durfte.

Was ich damit sagen will? Nun, manchmal misstraue ich meiner inneren Führung und fordere mich weit über meine Grenzen hinaus. Und prompt bekam ich die Quittung – die Erinnerung an einen Tag, den ich mein Lebtag lang nicht vergessen werde. Lehrreich? Wenigstens diese eine wertvolle Erfahrung für uns alle, und diese lautet:

Höre auf Deinen LEITWOLF, auch dann, wenn Dein Übermut Dich verleiten will. Ich hatte alle Information – und eine weise Stimme, die ich geflissentlich überhört hatte. Weil ich dachte, es sei einfacher, weiterzugehen, als nur im Tal zu warten. Falscher Stolz? Dummheit? Sturheit? Ich kannte da das LEITPENDEL noch nicht – Du auch nicht (Band 2). Prüfe Dich einmal selber, wieviel von dem beliebten (amerikanischen) Mantra: „Sprenge Deine Grenzen und raus aus der Komfortzone …" in der jeweiligen Situation wirklich gut ist? Meine dringende Empfehlung: Höre einfach noch intensiver auf das, was aus Dir mit Dir spricht – und Dich manchmal besser kennt, als Du Dich selbst. Wie gesagt: Manchmal.

Es kommt auf die Situation an.

Besorg' Dir ausreichend Informationen über die Sachlage. Und dann entscheide mit Bedacht. Wenn ich so darüber nachdenke, würde ich mir das nicht noch mal antun, denn ich war töricht und handelte gegen alle meine Warnsignale. Das Leben ist kein „Malen nach Zahlen". Sondern tatsächlich eine wilde Erlebnisreise unentwegter Entscheidungen. An jedem einzelnen Tag (ETL). Kleineren und größeren, doch am Ende bündeln sie sich, und vielfach erkennen wir erst rückwirkend, wohin wir uns mit unseren Entscheidungen selbst gebracht haben. Auf den höchsten Gipfel oder in die abgründigste Tiefe? Dein LEITWOLF – kennt das Ergebnis Deiner Handlungen sehr oft schon im Voraus. Aus Erfahrung und Eingebung. Glaube mir!

Überlege Dir deshalb immer vorab:
Was ist Dein Ziel? Und wie hoch ist der Preis dafür?

Das ist eine Lebensgesetz. Dein LEITWOLF kennt dieses und gleicht es permanent ab. Ganz unbewusst, und für Dich unbedingt vorteilhaft. Studiere diese Gesetzmäßigkeit ausführlich – und Du wirst wissen, wie es Dich stabilisiert, wann immer es nötig ist.

Wenn Du Dich noch besser verstehen willst, folgen hier noch vertiefende LEITGEDANKEN

> Wann hast Du Dich zuletzt komplett überfordert mit einer Aufgabe oder Entscheidung?
> Was kannst Du aus der Geschichte des unvorbereiteten und unüberlegte Bergausflugs für Dich lernen?
> Welche Überlastungen wirst Du künftig vermeiden können, sobald Du nur Deinem LEITWOLF häufiger vertraust?

MEIN WEG. UND
ANGEKOMMEN.

Deine Abkürzung und Ergänzung: 1 Stunde, 1 Tag oder 1 Jahr.

P.S. Schreibe hier Deine eigenen Gedanken auf, benutze Dein Begleitbuch, oder sprich direkt mit mir persönlich.

„Höre auf Deinen LEITWOLF, auch dann wenn Dein Übermut Dich verleiten will.“

Dir sicher sein.

Solange bin ich an Deiner Seite.

Ein Jahr?

Und Du bist, wer Du schon immer sein wolltest,
Dich aber nie getraut hast zu sein.

Es ist Deine Form und Farbe.
Das System läuft wie geschmiert.
Du bist keine Sonne mehr.

Laser strahlen aus Deinen Augen.
Was Du anfasst verwandelt sich.
Deine Zeit. Dein Raum.

Zu Hause.

Die Energie-Vampir-Tankstelle ist geschlossen.
Deine Realität ist für Dich geschaffen.
Alles fleißt, weil Du es willst.

Meine Modelle und Prinzipien sind Dein.
Alles übertragen und verinnerlicht.
Kein Impuls mehr nötig.

Willkommen bei Dir selbst.
Die Zeit der Zweifel – vorbei!

Ein Jahr reicht (mir) dafür aus.

1. ~~Selbstsabotage gestoppt~~
~~2. Beeinflussung erkannt~~
3. Manipulationsfreiheit leben

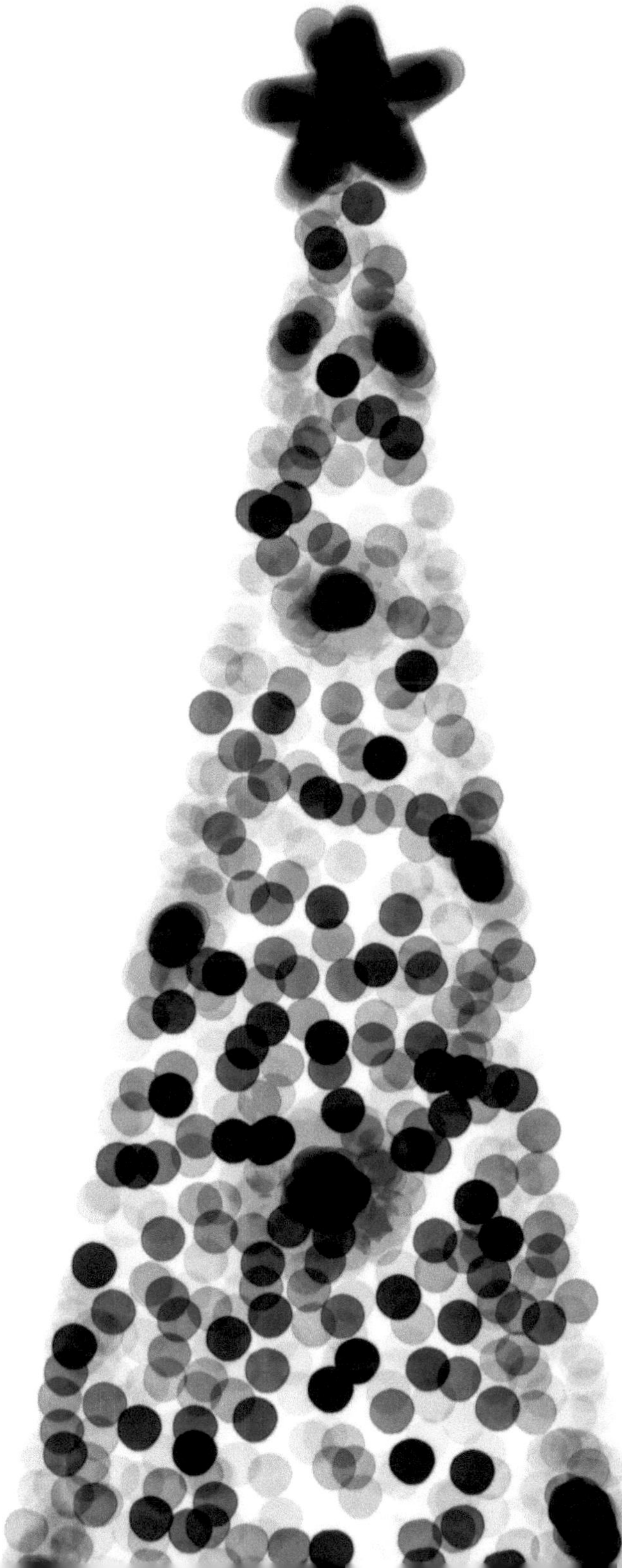

Hochmut

Hochmut

und was er mit Dir als LEITWOLF macht

Glaubst Du an den Weihnachtsmann oder an das Christkind?
Schreibst Du Wunschzettel ans Universum?
Früher … ja, früher … da war alles besser und einfacher?

Wünsche – zurück in die Kindheit.

Als Kind schrieb ich meine Wünsche immer auf einen großen Zettel. Den drückte ich meiner Mutter zur Weihnachtszeit in die Hand mit den Worten: „Das möchte ich alles haben." Das kennst Du ja vielleicht aus Deiner Kindheit. „Ich will. Und wehe, wenn nicht. Dann schreie ich aber …". Nun, meine Familie meinte es stets gut mit mir. Und ich war sicher: Ich bekomme alles, was ich mir wünsche. Und – wie es verantwortlich handelnde Eltern nun mal so tun – ich ahnte natürlich nicht, dass mir diese Überzeugung gezogen werden sollte. So wird man erwachsen?

Das Leben ist kein Wunschkonzert.

Der Tannenbaum geschmückt, Heiligabend. Den ganzen Tag lang bin ich nervös vor Anspannung. Endlich: Bescherung. Geschenke, ich flippe aus. Natürlich musste ich mich mit 12-13 Jahren äußerlich ganz cool geben, siegesgewiss jedenfalls, denn heute würde ich ja das teuerste Geschenk bekommen, das ich mir je gewünscht hatte. Ich wusste schließlich, dass meine Eltern wussten, dass sie den glücklichsten Junge der Welt haben wollten, also den mit diesem GI Joe Luftkissenboot – He-Man für mich schon lange out und weiterverkauft.

Dein Leben besteht aus wunderbaren Träumen.

Als Kind träumst nach Weihnachten bis zum Geburtstag und von da an bis Weihnachten. Und ich war ja immerhin genügsam und unerfahren, wusste nicht, welche Möglichkeiten es noch so im Leben gibt. Reicht doch, oder? Schließlich träumen die meisten Erwachsenen ja auch von Urlaub zu Urlaub, hoffend auf das Weihnachtswunder, dass sich dann alles wie von selbst ändern wird oder bestellen sich Liebe auf Knopfdruck.

Das bringt dann nicht der Weihnachtsmann in rot, sondern der Postbote in gelb.

Tarngrün war mein Triumph!

Dieses Luftkissenboot also würde mich heute, an diesem Heiligabend, zum König der Kinder krönen. Teuer. Ja, völlig unerschwinglich für mich Krümel mit meinem Taschengeld: 150 DM (75€) kostete es, das hatte ich längst herausgefunden. Und ich wusste doch, war zu 100% sicher: Egal was ich mir wünsche. Ich werde nie enttäuscht. Höchste Zeit also, in der Vorfeude, in See zu stechen. Konnte es sogar schwimmen?

Auf die Plätze. Fertig. Looos!

Ich darf endlich ins Wohnzimmer, in dem der Baum funkelt und strahlt. Drei Schritte noch, da stoppte mich etwas jäh. Am Platz für meine Geschenke unter'm Tannenbaum. Ein Loch. Das musste ein Irrtum sein. Nun, der Platz war nicht leer, aber das Entscheidende fehlte: Keine große Schachtel, wunderbar verpackt, ich wusste doch ganz genau, wie groß die hätte sein müssen. Doch da lagen nur kleinere, in diesem entscheidenden Moment absolut unwichtige Päckchen, die mich nicht die Bohne interessierten. Meine Eltern hatten – Weihnachten zerstört. Für immer meine Träume vernichtet. „Wo ist mein Luftkissenboot?" quetschte ich tonlos, fassungslos zwischen den Zähnen hervor.

Eine Welle der bodenlosen Enttäuschung erfasste mich, riss mich fast von den Füßen. Wut stieg in mir auf. Gleichzeitig ohnmächtig. Vom Leben gezeichnet. Kein GI Joe. Oh, Du hinterhältiges Leben. Welche Grausamkeit meiner Eltern, große Schuld hatten sie auf sich geladen. Mir nicht zu geben, was mir doch zustand. Ich, ganz der arme junge LEIDWOLF. Opfer widrigster Umstände, das sich vollständig zu unterwerfen hatte. Wehrlos! „Es gibt hier kein Luftkissenboot. Pack doch erst mal aus." Bloß nichts anmerken lassen, nicht weinen jetzt, kleiner FUCHS, Du bist doch ein großer FUCHS. Du reißt das Papier des nächstbesten Geschenks auf, geistesabwesend, wie in Trance, kein Boot, kein Boot, und zum Vorschein kommt:

Monopoly. Die Originalversion. Oh mein Gott, wie öde, wie langweilig, wie … demütigend.

Mein Herz war gebrochen. Durchstoßen von einer Lanze der Enttäuschung aus tiefstem Schmerz: Nur weil Du es Dir so sehr wünschst, bekommst Du es noch längst nicht geschenkt …

Und ich plötzlich fuchsteufelswild.

Ein kleiner tobender Fuchs, der – in Tollwut – in sein Zimmer rennt, die Tür zuknallt und den Schlüssel umdreht, um sich auf's Bett zu werfen und bitterlich in seine Kissen zu weinen. Wenn ich jetzt sterbe, dann bekomme ich ja vielleicht doch noch mein Geschenk? Mein Boot? Lieber Gott, Du bist doch gnädig. Mach', dass ich mein Geschenk noch bekomme. Es kann nicht. Es muss doch, grrrrraaaaaaaaaaaah!

In Ewigkeit. Amen.

Meine Eltern, mittlerweile mit einem Anflug von Ärger in der Stimme, fordern mich auf, wieder heraus zu kommen. Ich hasste sie. Wie konnten sie mir so etwas nur antun? Ich habe doch ein Recht auf … Was ich mir wünsche, ist Gesetz, und die Anderen haben zu folgen, so dachte ich wirklich. Naja, Du weißt ja, genauso wie das eben auch so ist – mit Reichtum und Erfolg.

Murrend, widerwillig füge ich mich in mein Schicksal. Zeit zum Aufbruch, zu einer weihnachtlichen Verabredung. Besuch bei unseren Nachbarn. Mein Vater nur: „Zieh dich an, wir gehen los." Dieses Dauergrummeln im Kopf und in der Magengegend, doch ich bekomme gar keine Gelegenheit, mich weiter in mein Elend zu vertiefen. Die plötzliche Aktivität reißt mich aus den Tälern meines grenzenlosen Selbstmitleids. „Bewegung, Junior!"

Also, Stiefel an und raus.

Die Kälte draußen spüre ich gar nicht, weil meine Kälte innen ja viel größer ist. Wir kommen beim Nachbarn an, und ich wünsche zerknirscht „Frohe Weihnachten", und zu mir: „Was mache ich hier überhaupt?

Was soll das? Wieso bin ich hier? Es ändert sich ja sowieso nichts."
Und verändern kann ich ja eh nichts, richtig? (Das denkst Du doch auch …? Nichts neues, oder, LEIDWOLF?)

Und in diesem Moment kommt der Nachbar aus der Küche.

Das Grinsen in seinem Gesicht bemerke ich gar nicht. Ich bin noch heruntergefahren wie ein Computer ohne Strom. Bin gescheitert. Hab' vollständig kapituliert. Aufgegeben. Noch am Boden zerstört. „Was ist das?" – In den Händen hält er einen unfassbar großen Karton. „Frohe Weihnachten, Matthias!" feixt er fröhlich. Oh – mein – Gott! Da ist das Boot! Mein BOOOOOOOOT!

Sie steckten alle unter einer Decke.

Mir eine Lektion zu erteilen, auf die ich nicht vorbereitet war. Und diese Lektion saß – ein für allemal. Komm' in Bewegung. Komm' einfach mit, nach draußen, und lass Dich überraschen! Und was war das für eine Überraschung!

Ich hätte doch nie gedacht, dass das was verändert: Zwar schmerzt es noch, aber … Du kommst ins Tun. Und merkst plötzlich, dass all das besser ist, als im Modus zu verharren …

Jaja, auch große Füchse können noch was lernen, gell?

Motiva(k)tion ist immer eine gute Option, für mich:
die Beste, und zwar immer.

Denn: Ohne Elan und Antrieb verpufft jede Leistung. Bleibst Du im LEIDWOLF-LABYRINTH. Und dort macht er was auch er anstellen will. Und Du bewirkst – nichts – im Kindchen-Schema der Hilflosigkeit.

Wann warst Du das letzte Mal so voller Energie, die Deine Wirklichkeit völlig neu – und aus sich selbst heraus – erschafft? Dieser Moment, wenn Du plötzlich absolut sicher weißt: All Deine Anstrengungen haben sich gelohnt. Erweisen sich jetzt als Dein Wegweiser und Lehrer – für genau das, was Du jetzt gerade machst!

Es geht immer weiter. Du weißt doch. Wenn Dir die Scheiße bis zum Hals steht: Immer schön den Kopf hochhalten. Und lass Dich mal beschenken von Menschen, an Orten, von denen Du noch nie gehört hast. Oder die

Dir das – in Deiner gestrigen Vorstellung – nie ermöglichen würden. Lass Dich überraschen, von dem was ist und wird. Und nimm' es dankbar an!

Wer weiß denn schon, wofür es gut ist ...

Glaub' unbedingt an Dich und Deine Kräfte. Es braucht nur ein bisschen Überwindung: Leb' nach Deinen Maßstäben. Lebe es vor allem nach Deiner Vorstellung von Erfolg. Motivation? Lass diesen Irrglauben, besser ist doch stets Motiv(k)tion. Denn wenn Dein Wunsch sich in Gewissheit wandelt mit Deiner Tatkraft in Entschlossenheit: Dann spielen alle mit – Kinder und Erwachsene. Die Wünsche gehen so in Erfüllung – alle –
das wußte ich schon früher als Du.

Wenn Du Dich noch besser verstehen willst, folgen hier noch vertiefende LEITGEDANKEN

> Wann hast Du als Kind das letzte Mal frustriert geweint, weil Du nicht das bekamst, was Dir doch zustand?
> Gibt es auch heute noch Situationen, in denen Du in Dein Zimmer rennen willst und in Dein Kissen prügelst?
> Wie kannst Du die Realität so beeinflussen, dass Du das bekommst, was Du Dir selbst gönnst?

MEIN WEG. UND
ANGEKOMMEN.

P.S. Schreibe hier Deine eigenen Gedanken auf, benutze Dein Begleitbuch, oder sprich direkt mit mir persönlich.

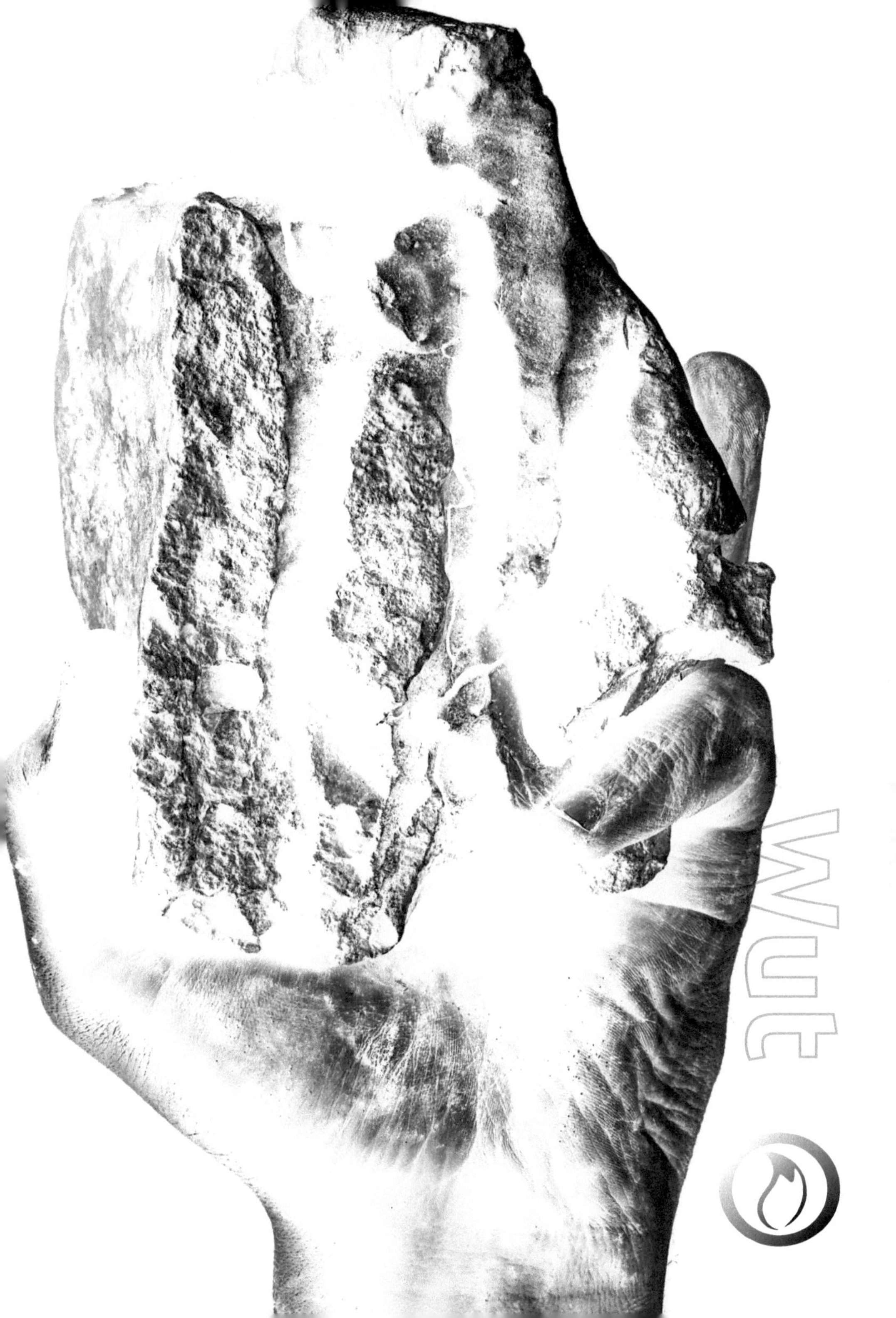
Wut

Wut

und was sie mit Dir als LEITWOLF macht

Wer verletzt hier wen? Der, der angreift? Oder der, der nicht reagiert? Der, der sich verletzt fühlt, oder der, der sich verletzen lässt, weil man das Gefühl zulässt?

Das ist schon fast so etwas wie die Frage meines Lebens. Bei Dir auch? Ich habe es immer wieder erlebt, dass mir meine Partnerin vorwarf, ich (!) würde sie – bewusst – verletzen. „Böser Wolf und herzlose Bisse! Wie kannst Du nur?!", all das schwingt dabei immer mit. Und ich sage: „Stimmt, Du hast Recht. Weil ich es kann!" Denn darin sehe ich eine meiner wichtigsten Aufgaben in jeder echten (Liebes-)Partnerschaft.

„Wie bitte, hast Du zu viel gesoffen, FUCHS?"

Ja, Du hast ganz richtig gelesen: Exakt so meine ich es. Denn immer geht es mir auch um die Erforschung Deiner Sekundärgewinne und – vielfach falschen – Überzeugungen. Und zwar konkret derjenigen Überzeugungen, die dazu führen, dass Du Dein Leben buchstäblich verpimmelst. Nun, das gehört schon zum Paradies auf Erden, dass wir uns durch den Anderen immer tiefer selbst erkunden. Klar ist das mitunter schmerzhaft. Eigentlich ist es jedoch supergeil. Es kommt allerdings auf die Situation und die Partnerschaft an. Du wirst es kennen … Und im übrigen bin ich ja schließlich nicht Dein Beziehungsratgeber. Ich gebe Dir nur hier den Hinweis: Jede (!) Beziehung wird Dich verletzen. Akeptiere es und spring in die nächste, und wieder weiter, oder bleib, weil Du Dich entschieden hast, auch den Schmerz auszuhalten, wenn es sich lohnt. „Ach FUCHS, muss das sein, schon wieder schwarz-weiß?" Yep. Voller Kontrast. Unabdingbar. Und zwar, um Dein Bewusstsein dafür zu schärfen, dass wir uns mit anderen Menschen beschäftigen dürfen. ICH KANN NICHT ANDERS.

Ich hasse Streit.

Jeden! Wenn allerdings mein LEIDWOLF übernimmt, dann kann ich aber so was von austeilen. Du wirst schon sehen: Da kann ich verbal alles dafür tun, um brutale Wirkungstreffer zu landen, die den Streit nicht nur provozieren, sondern gleich so richtig hochkochen lassen. Das ist dann beinahe so wie in der Schokoriegel-Werbung: „Du bist nicht Du selbst, wenn Du hungrig bist!" Wann das geschieht? Na, zum Beispiel, wenn meine Grundbedürfnisse nicht erfüllt werden. Kein Essen, nach hemmungslosem Sex. Nur sechs Stunden Schlaf oder weniger. Schlapp wie Nachbars Lumpi, werde ich übernommen wie eine Marionette. Ferngesteuert, vollkommen wehrlos zum Instrument der Willkür.

Verirrt im LEIDWOLF-LABYRINTH.

Als DerFUCHS komme ich zwar nur noch selten in so eine Lage. Und doch wäre es schlicht gelogen, wenn ich behaupten würde, ich sei dagegen immun. Im Gegensatz zu Dir habe ich in meinem Kopf allerdings einen Alarm-Ton etabliert, der immer dann losschlägt, wenn mein LEIDWOLF die Kontrolle zu übernehmen droht. Hier piepst wohl?

Nix da. Aus. Kusch.

Was da in deiner Birne passiert, kannst Du Dir im Pixar-Film „Alles steht Kopf" eindrucksvoll vorführen lassen. Schau Dir einmal genau an, was in einem Gehirn – oder Bauch oder Herz – jedenfalls in Deiner Schaltzentrale, abgehen kann. Hier hat ganz bestimmt niemand mehr die Kontrolle, jedenfalls nicht, wenn ein bestimmter Akteur das System übernommen hat: Dein rotes Männchen, alias „Wut".

Die völlig unterschätzte Emotion. Denn neben ihren vielfach negativen Folgen hat sie natürlich auch eine positive Seite. Wut ist Antrieb und Warnhinweis zugleich. Gewissermaßen Deine Aufforderung, Dich jetzt sofort zu schützen. Wenn ich wütend bin, habe ich die beste Chance etwas zu lernen, wenn auch immer erst im Nachgang. Ich habe daher gelernt, meine Wut zu schätzen, ja zu lieben: Sie ist meine Motiva(k)tion, die mich dazu bringt, unbedingt die Welt – durch mich – zu verbessern. Wird gemacht. Haken dran.

Welche Emotion treibt Dich an?

Die Liebe, als Urkraft? Zweifelsohne, aber es gibt auch andere starke Emotionen, die uns proaktivieren. Schreibe hier Deine kurz nieder.

Es sind die sieben Grundemotionen, die auch im Gesicht durch Mikro-Mimik, weltweit identisch, deutlich ablesbar sind: Angst, Ekel, Freude, Trauer, Überraschung, Verachtung und – Wut. Heute geht es jedoch noch tiefer, nämlich um Deinen inneren Scheiterhaufen der Hexenverbrennung. Und darum, wieso der ruhig mal lichterloh brennen darf. Was genau bitte macht Dich wütend, und wieso? Also nochmal auf Anfang, zurück zu den positiven Aspekten dieser Energie – genannt Wut – in Dir.

Wenn ich mich richtig aufrege, über mich oder Andere, dann kommt mein „innerer Mittelfinger – (INM)" ins Spiel (Band 2). Denn der meldet sich sehr vernehmlich, glasklar und kennt dabei kein Pardon. „Du kannst mich mal," ruft er mir zu, „Dir zeige ich es! Du wirst mich noch kennen lernen! Ich beweis' Dir jetzt mal, was wirklich in mir steckt!" So ungefähr hört er sich an, bis ich nachgebe, den LEIDWOLF rausschmeiße, und meinen LEITWOLF wieder schalten und walten lassen.

Mal so ganz nebenbei: Alle LEITWÖLFE, mit denen ich gesprochen habe, bezeichnen dieses LEITMODELL als ihren aller stärksten Antrieb.

Wann immer ich etwas „auf die Fresse" bekomme: Nach der ersten Niedergeschlagenheit – der Frustrations-Phase – komme ich gestärkt wieder. Gereift. Gestählt. Schlauer. Schlauer, verstanden?!

Einverstanden.

Die Frust-Phase kann schon mal einen Tag lang anhalten. Betrachte es doch mal so: Dein Eintagsleben dient in diesem Fall einfach Deiner Regeneration. Blut abwischen, kurz dem Schmerz nachspüren, diesen begrüßen und freundlich verabschieden. Ich weiß: Mein über Jahre genährtes, meterhohes LEITFEUER verbrennt jede Negation in Sekundenschnelle zu Asche und Staub. Und spendet dabei auch noch Wärme für die nächste neue Taktik. Eine gute Investition. Aus dem Scheiterhaufen der Vergangenheit steigt wie Phoenix aus der Asche die stärkste Kraft auf, die mir hilft, frisch motiv(aktiv)iert, meine Vision einer besseren Welt weiter umzusetzen.

Das LEITFEUER ist weit mehr als ein Symbol und Tätowierung. Lässt Du Dich davon anzünden?

Bist Du wie ein olympischer Fackelträger, der das Feuer von Austragungsort zu Austragungsort trägt, selbst, wenn er dafür einen Marathon laufen muss? Derjenige, der buchstäblich vorangeht. Ikone seiner selbst (LEITBILD), damit das Rudel folgen kann. Ganz LEITWOLF und mit allem Wissen, das Du längst in Dir trägst?

Deine Initialisierung.

Spürst Du Dein LEITFEUER? Spürst Du es jetzt? Dann hast Du soeben den wichtigsten Initialisierungsschritt getan. Einen Schritt, der Dein ganzes weiteres Leben in eine völlig neue Richtung lenkt, beruflich wie privat. Jeder LEITWOLF, den ich begleiten oder sprechen durfte, um mich herum, wirklich jeder, gibt Dir darauf Brief und Siegel. Du bist noch immer am Anfang, gewiss. Aber Du wirst dazu gehören. Dann heißen wir Dich willkommen auf dem Weg zum LEITWOLF-BEWUSST-SEIN.

Nutze Deine Wut. Vertraue Deiner inneren Führung: Vertraue dem LEITWOLF in Dir, und lebe – endlich – Dein Wunschleben nach Deiner Vorstellung. Und los! Mach' jetzt!

Noch nicht so weit? Dann einfach nochmal zurück zum Anfang. Fokus schärfen. Täglich. Wöchentlich. Monatlich. Deine Wahl.

Wenn Du Dich noch besser verstehen willst, folgen hier noch vertiefende LEITGEDANKEN …

> Was ist Dein LEITFEUER – Dein echter Antrieb aus tiefster Emotion?
> Wann nutzt Du die ganze Energie der Wut für Deine Ziele?
> Wie verbündest Du Dich – auf Lebenszeit – mit Deinem LEITWOLF?

MEIN WEG. UND
ANGEKOMMEN.

P.S. Schreibe hier Deine eigenen Gedanken auf, benutze Dein Begleitbuch, oder sprich direkt mit mir persönlich.

„Alle LEITWÖLFE, mit denen ich gesprochen habe, bezeichnen dieses LEITMODELL als ihren aller stärksten Antrieb."

Persönlichkeit

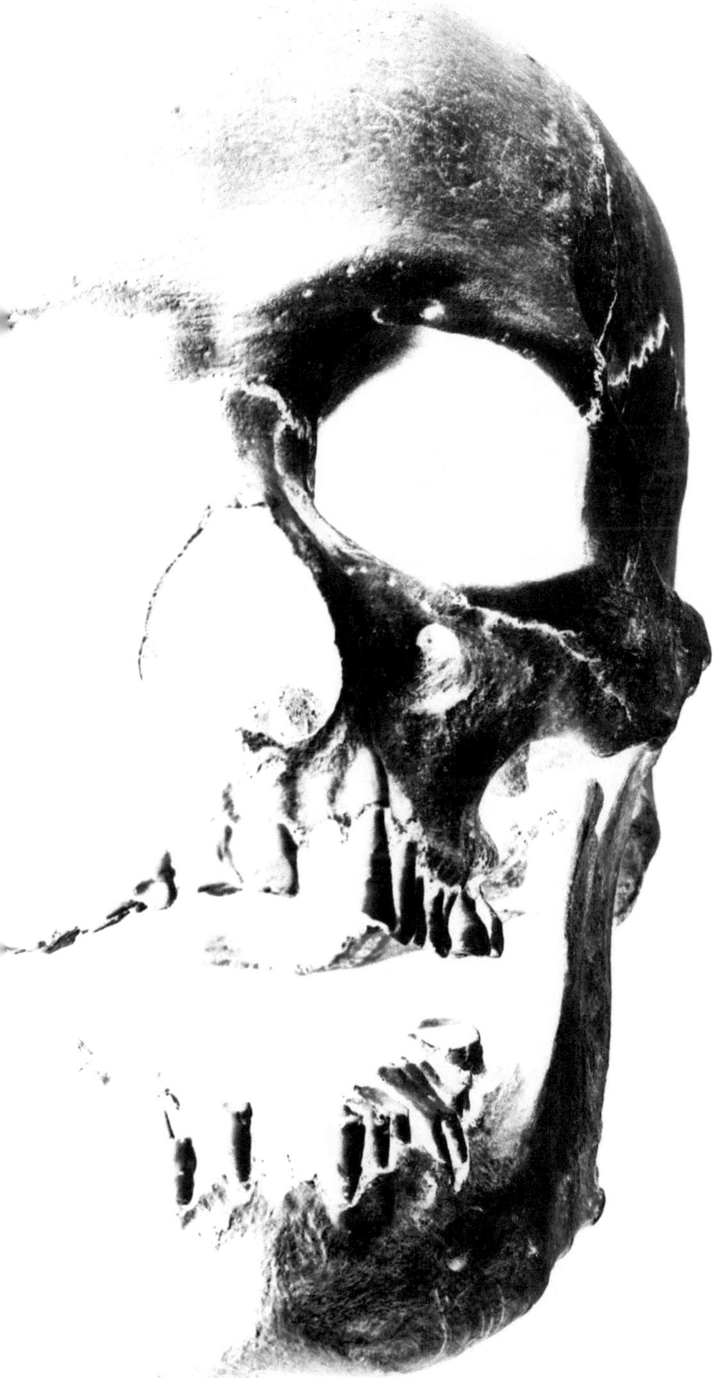

Persönlichkeit

und was sie mit Dir als LEITWOLF macht

Tot. Wenn das Leben aus uns gewichen ist, was bleibt dann noch übrig? Ich sage es Dir: Eine Hülle, die unbewohnt wie ein leer stehendes Haus wartet. Die hineingewachsene Persönlichkeit ist für immer verreist. Die Seele hat sich verabschiedet. Sie ist aus dem Haufen von Haut, Knochen, ein paar Organen und einem Hirn ausgezogen.

Tot. Das Ereignis hat an Bedeutung verloren. Der Tod ist allgegenwärtig. Und doch verdrängen wir diesen mehr als alles andere aus unserem Leben. Logisch, denn der Tod ist die absolute Grenze dieses irdischen Phantasia-Landes. Wirklich?

Tot. Der Jungbrunnen und die ewige Jugend waren schon immer ein Traum der Menschheit. Der gesamte Vampirismus-Mythos basiert auf der Wunschvorstellung, ewig zu leben, den Tod zu überwinden. Der Preis in den Geschichten ist sehr hoch, kostet Andere – fast immer – ihr Leben. Einige Ärzte und Wissenschaftler finden darin ihren stärksten Antrieb: Den Tod zu besiegen und das Ende nach hinten zu verschieben.

Aber: Der Tod dient dem Leben. Er erdet uns, vollständig. Erinnert uns gnadenlos an unsere wahren Aufgaben und Wünsche. Schlägt sich mit aller Gewalt in unsere heile Welt des Verdrängens. Der Nichtigkeiten. Der permanenten Verschleierung – von uns selbst. Wer es mag …

Der Tod führt Dir schonungslos vor Augen, was in Deinem Leben tatsächlich die Aufmerksamkeit verdient hat. Schon klar, Du hast gelernt, dass man darüber nicht spricht. Ist schließlich tabu. Geld ebenfalls! Macht man nicht. Tod, wer will sich schon damit beschäftigen. Heute wird gefeiert. Gesoffen und gekauft! Und dann tritt er plötzlich durch Deine Tür, „Was denn, heute? Hier und jetzt, das ist doch viel zu schnell" … „Nein, doch nicht diesen lieben Menschen!" … Und Du spürst tiefste Reue. Weil Du den Verstorbenen lange nicht besucht hast? Neid, weil dessen Leben erfüllter war, als Deines es jetzt ist und bisher war …?

Weißt Du überhaupt, welche Geschenke uns der Tod tatsächlich präsentiert? Was er uns mitgibt? Oder siehst Du das nur als „Mit-Gift"? Hier also kommt Deine einmalige Gelegenheit. Supergünstig. Ein Mega-Schnäppchen. Mein Wahnsinnsangebot für Dich … aber so wahnsinnig bist Du ja nicht.

Was der Tod Dir zu schenken vermag – wenn Du es anzunehmen weißt.

1. Du wirst (!) Deine Gefühle ausleben und Blockaden lösen
2. Du kannst die schönsten Momente noch einmal erleben
3. Du besinnst Dich (!) auf das Wesentliche in Deinem Leben
4. Du ziehst (!) die richtigen Vergleiche mit anderen
5. Du nimmst würdig Abschied von einer echten Persönlichkeit
6. Du kannst aus vollem Herzen feiern, dass Du am Leben (dieses phantastischen Menschen teilhaben durftest) bist
7. Du überdenkst Dein eigenes ETL grundlegend

Ja, natürlich empfindest Du Trauer und Leid, und der Schmerz braucht seine Zeit, um zu integriert zu werden. Und gleichzeitig darfst Du Dich freuen, wenn daraus neue Zuversicht und Überlebenswille aufflammen. Stirbt ein alter Baum, ziehen die neuen Sprösslinge im Boden Energie aus dem Alten und auch schon vorher wird die Enegie verteilt. In jedem Tod liegt so auch der Keim für neues Leben. Hätte sonst je irgendein Nachwuchs eine Chance, zu reifen und zu gedeihen? Wieso haben wir Menschen immer solche Mühe, diesen ganz einfachen Grundsatz anzunehmen? Wenn wir gegen unsere Überzeugungen agieren, sterben wir an jedem einzelnen Tag ein bisschen mehr. Dabei vergessen, verdrängen wir völlig: Dieser Tag kann Dein letzter sein. Dazu genügt es, sich einmal zu verschlucken. Einen Sekundenbruchteil auf der Straße unaufmerksam zu sein. In der Dusche ausgerutscht. Herzstillstand. Schlaganfall. Die Killer lauern täglich und immer mitten unter uns. Wie wir sterben, ist völlig unerheblich. Das Ergebnis ist am Ende immer das selbe – Du bist tot.

Also machen wir es uns doch bewusst: Wir werden sterben.

Du wirst sterben. Das ist keine Drohung. Es ist eine Tatsache. Diese endlich zu akzeptieren, verändert Dein Hier und Jetzt radikal. Verändert Deinen Fokus. Wenn Du es zulässt.

Du kannst natürlich auch weiter Dein Leben verpimmeln.

Halbherzig irgendeinem unsinnigen Job nachgehen, in dem Du für jemand anderen den Heini gibst, damit der sich die Taschen etwas voller machen kann. In sinnlosen Meetings abhängen, aus denen Du Dich mit dem Konsum von Katzenvideos oder sogenannten „Nachrichten" davonstiehlst. Über Deinen Ex-Kunden fluchen, denn der ist ja daran schuld, dass Du Dir keine größere Wohnung leisten kannst. Über die Welt schimpfen, weil sie ja so ungerecht ist. Einfach hinnehmen, dass andere ständig auf Dir herumtrampeln, um sich nach vorne zu spielen. Immer „Ja" sagen zu allem, was Andere von Dir fordern. Oder ständig „Nö" sagen zu jeder neuen Aufgabe, weil Du sonst ja Deine liebgewonnene Bequemlichkeit aufgeben müsstest. Denn das Wichtigste ist doch im Leben: Rechnungen bezahlen, für Andere, die Du gar nicht magst.

„Nicht wahr, mein lieber, armer LEIDWOLF?"

Tja. Die Einen werden halt ruhiger. Die Anderen verständnisvoller. Wieder Andere werden zielstrebiger statt nachgiebiger. Die Augen zu verschließen. Den Kopf in den Sand zu stecken bringt leider nix. Der Tod ist omnipräsent und kriecht auch in Deinen Treibsand des Alltags. Wenn Du das einmal verstanden hast, verändert das alles und Du bleibst oben auf.

Deshalb: Bedenke, dass Du sterblich bist.

Lade ihn doch mal ein, den Tod, und biete ihm einen Platz in Deinem täglichen Leben an. Vielleicht stiftest Du mit Deiner Lebenszeit ja dann mehr Freude und Wohlbefinden in Deinem Umfeld? Das wäre schon viel mehr als nur ein Anfang.

Memento mori ist der Beginn, nicht das Ende des Weges.

Mehr über das erste LEITMODELL (ETL) in Band 2.

Wenn Du Dich noch besser verstehen willst, folgen hier noch vertiefende LEITGEDANKEN …

> Welche persönlichen Berührungspunkte hattest Du schon mit dem „Gevatter Tod"?
> Was macht die Einbeziehung des Themas in Deinen Alltag mit Dir?
> Welches Geschenk des Todes scheint Dir am wichtigsten für Dich?

MEIN WEG. UND
ANGEKOMMEN.

P.S. Schreibe hier Deine eigenen Gedanken auf, benutze Dein Begleitbuch, oder sprich direkt mit mir persönlich.

„Der Tod führt Dir schonungslos vor Augen, was in Deinem Leben tatsächlich die Aufmerksamkeit verdient hat."

Detlef M. Korus

Ein Text von und über den Charisma-Mentor

Wie geht's denn so? Kein Schwein kennt Dich und Du kennst nur Deine Probleme? „Und weil Du in Deiner Welt gefangen bleibst, kommst Du auch nicht an's Licht ..."

Präsenz zeigen, da sein, hinhören, was andere so denken und sagen und meinen – ich gebe zu, das fällt selbst einem Charisma-Mentor immer wieder schwer. Zu groß war und ist immer wieder die Versuchung zu denken: „Kenn ich schon. Hab' ich schon tausendmal gehört. Ist nicht neu. Vor allem ist es ja vielleicht: Falsch. Klugscheißerkönigsklasse in Reinkultur.

Hm. Muss es neu sein, damit Du hinhörst? Oder wertvoll? Wann bitte ist etwas wertvoll – für Dich und andere? Was bitte bedeutet überhaupt: Präsenz? Mit der Präsenz ist das so eine Sache.

Vor allem, wenn Du im Fernsehen warst und es plötzlich nicht mehr bist. Dann lernst Du erst mal: Keine Demut, sondern Beleidigtsein. Weil Dein Ego–Modus Dir ständig ins Ohr flüstert, dass Du ja jetzt ungerecht behandelt worden bist. Dann kannst Du zwar herumjammern und erhältst vielleicht zum Dank den Sekundärgewinn der kurzfristigen, vielleicht im besten Falle mitleidigen Aufmerksamkeit. Aber die macht weder satt noch zufrieden, geschweige denn: glücklich.

Je eher Du also mit so einem selbstmitleidigen Getue aufhörst, desto besser für Dich. Was ja nicht heißt, dass es leicht ist, mit einem echten Schicksalsschlag umzugehen. Eine Kündigung, ein Rauswurf, eine Pleite, ein berufliches Scheitern alleine aber zähle ich nicht (mehr) dazu.

Es gibt nämlich tatsächlich weitaus Schlimmeres als alles, was mir bisher zugestoßen ist. Und das meiste verdanke ich meinen eigenen und vielfach blödsinnigen Entscheidungen. Die falsche Partnerwahl, bei der Du am Anfang nie glaubst, dass sie sich als eine solche entpuppen könnte.

Detlef M. Korus

So manche Don Quichotterie in Michael Kohlhaas-Manier. Kämpfen gegen Windmühlenflügel, nur weil Du gerne mächtig Wind machst. Allerdings hat mich jede dieser sogenannten „Fehlentscheidungen" zu dem gemacht, was ich heute bin. Charisma-Mentor. Eine der besten Entscheidungen im Leben auf dem Weg hierhin, soviel sei zur eigenen Ehrenrettung gesagt, war(schließlich ist dies das Buch vom FUCHS), einen **STÄRKENNAVIGATOR** bei DerFUCHS zu absolvieren. Der flext Dir das Hirn auf eine Weise auf, die sich gewaschen hat.

Präsenz. Wortmacht. Moderation. Konnte ich zwar vorher auch, irgendwie. Allerdings niemals zuvor mit solch unbedingtem Fokus wie nach diesem Stärkennavigator. Dies in aller Entschiedenheit an jedem einzelnen Tag zu leben, weil ich dies in zehntausend Stunden und mehr immer wieder neu aus– und eingeübt habe — das brauchte einen Anstoß von außen. Und zwar einen, den ich selber zulassen konnte.

Die eigene Eitelkeit überwinden, zulassen, dass an der Kritik Deiner Freunde und Geschäftspartner etwas dran ist: für mich eine der größten Hürden überhaupt. Bis eben zu diesem Stärkennavigator. Deshalb ist dies nicht nur ein Text über mich, sondern einer in Dankbarkeit:

Wir senden Ideen, die fliegen. Lebens- und Unternehmenszweck verschmolzen. Das ist nicht nur eine Floskel. Sondern eine Tatsache, die jeden einzelnen Tag zum Ereignis macht.

Und weil ich es bis heute liebe, wenn das Licht angeht und die Kamera auf Sendung steht, fällt es mir naturgemäß schwerer, Geduld zu zeigen, wenn Du Dich lieber im Dunkeln hältst. Wobei ich es verstehen kann, wenn Du mit Waffen oder Drogen handelst, da ist zu viel Aufmerksamkeit gewiss nicht angebracht. Aber wenn Du Menschen erreichen willst, weil Du eine Botschaft hast, eben einen Idee, die fliegt: Warum fällt es Dir dann eigentlich so schwer, Dich zu zeigen?

Aus Angst, was andere denken könnten? Weil Du „keine Zeit hast", schließlich bist Du doch „zu wichtig"? Ja, kenne ich, diese Geschäftsführer-Haltung, dieses „Über-den-Dingen-Schweben". Ist halt großer Mist, weil Du damit allen Mitdenkenden, Mitfühlenden, Mithandelnden (Danke, Matthias für diese Formulierung) signalisierst, dass Deine Position, Deine Botschaft in Sachen Marktauftritt, Marktbereinigung und Marktdominanz halt einfach nicht so wichtig sind. Du siehst: Um Präsenz nach innen und nach außen zu zeigen, braucht es: Deine Entscheidung. Jede ist für mich in Ordnung. Welche ich für die bessere halte, kannst Du jetzt selber einschätzen.

Detlef M. Korus, Charisma-Mentor, kennt die Geheimnisse und Schweinereien des Mediengeschäfts wie kaum ein Zweiter.

Detlef M. Korus, führender Charisma-Mentor für Unternehmer, Führungskräfte und Solopreneure. Mit seiner Erfahrung als TV-Produzent, Anchor-Man im SAT.1-Newsmagazin und Chefredakteur bei TV.BERLIN hat er die Medienwelt geprägt und sich als Experte etabliert. Unter anderem als Mitbegründer des Kontrast-Kollektivs „DIE MARKTDOMINANZ" und der „MARKTDOMINANZ-SHOW", die am 1. September 2021 startete, bewies er ein weiteres Mal seine Fähigkeit, visionäre Formate zu schaffen und Unternehmen zur Marktführerschaft zu verhelfen.

Mit einem Abschluss als Diplom-Journalist (Univ.) an der Katholischen Universität Eichstätt, publizierte er über die Kriterien journalistischer Qualität. Seitdem hat Detlef M. Korus die Kunst der Kommunikation perfektioniert. Als Meister der Fragekunst, Wortmacht-Schöpfer und Moderations-Experte betrachtet er es als seine Lebensaufgabe, Persönlichkeitsmarken und Unternehmen zu mehr Strahlkraft als charismatischer KONTAKTBESCHLEUNIGER zu verhelfen.

Durch seine eigenen Erfahrungen, die ihn lehrten, dass fehlendes Charisma, dadurch bedingt vielfach (selbst-)schädigende Präsenz zu schwerwiegenden persönlichen und geschäftlichen Verlusten führen kann, vermittelt er heute Führungskräften und Unternehmern die Fähigkeit, ihr inneres Charisma in einen glaubwürdigen und überzeugenden Auftritt zu verwandeln.

Seine drei unbewussten Kompetenzen – Charisma, Wortmacht und Moderation – setzt er längst spielerisch ein, um seinem Lebens- und Unternehmenszweck zu folgen:

„WIR SENDEN IDEEN, DIE FLIEGEN".

Zusammenfassung
C wie Chancen

25 Klone
Imitiere nicht Deine Vorbilder, sondern entwickle Dich zu Deinem eigenen LEITBILD für Andere, LEITWOLF.

26 Weisheit
Hör auf zu konsumieren, sondern produziere aus Deinen Erfahrungen Dein Ding.

27 Intensität
Lerne, Deinen Status je nach Situation anzupassen.

28 Verbundenheit
Erkenne den LEITWOLF im anderen und macht euch bekannt.

29 Aufmerksamkeit
Fokussiere Dich auf das, was Du willst, und es wird mehr werden.

30 Ausbildung
Verkaufe ein Produkt, das nicht Deinen 5 LEITWERTEN entspricht, und lerne Dich dabei selbst viel besser kennen.

31 Lampenfieber

Überwinde Deine (inneren) Grenzen und reiße andere mit.

32 Belohnung

Ehre und feiere Dich täglich, weil Du lebst.

33 Überlastung

Vertraue Deinem LEITWOLF und vermeide es,
Dir zu viel abzuverlangen.

34 Hochmut

Glaube daran, dass Du bekommst, was Du willst;
Du weißt nur nicht, wann und von wem.

35 Wut

Nutze Deine Emotionen als Motor für innere Reife-Prozesse.

36 Persönlichkeit

Lerne den den Tod hinter der Angst zu lieben und
beginne jetzt zu Leben.

Detlef M. Korus

Charisma hat einfach jeder, egal wie alt und
welches Geschlecht.

Nach nur 52 Wochen – sicher – beeinflusst!

Du hast das Lexikon der Leitwölfe (Band 1) fast durchgelesen, und dazu gratuliere ich Dir auch von Herzen.

Klebe jetzt rückwirkend Post-its oder Markierungen an die LEITGEDANKEN, die Dich immer wieder erinnern soll, wer Du sein willst. Schlage Band 1 immer wieder auf, denn es ist wichtig, die Geschichte – Deine! – nicht zu vergessen. Es ist Dein Nachschlagewerk zu den für Dich dringlichen Themen, ähnlich wie es Dale Carnegie für meinen Mentor war.

Weiter auf den Weg zum LEITWOLF-BEWUSST-SEIN.

Bestelle Dir noch heute Band 2, die „Bibel der Leitwölfe":
DU BIST DER LEITWOLF! – Fokussiert und klar, wie noch nie in Deinem Leben.

Die Dich selbstüberzeugenden Gründe kennst Du.

Soviel kann ich Dir heute schon versprechen: So wie Band 1 Dein altes Denken nun erweitert haben dürfte – flexibilisiert – nach 36 LEITGEDANKEN – so ändert Band 2 ganz nebenbei Deine Zukunft. Schwupps!

Du willst noch immer alles viel, viel schneller?

Doch glaube mir, es braucht die geführte Vertiefung. Band 2 erschließt Dir diese neue Welt – und Dein LEITWOLF lernt – 12 Leitmodelle kennen, die es Dir viel einfacher machen, die Zukunft in Deinem Hier und jetzt vollständig neu zu 1. verstehen, 2. vorzuleben und zu damit 3. zu leben.

Lies ab dann bitte wöchtlich nur ein Kapitel.

Band 2, zeigt Dir dann, was wirklich möglich ist. Du weißt es schon, weil Du mich mittlerweile etwas besser kennst: Am Anfang wird der Fisch geputzt. Da wird „das Ding gewonnen". Am Ende scheißt die Ente und wir sehen schon, was Du daraus gemacht haben wirst.

Und solltest Du nach dieser Mahnung immer noch zu viel der Ungeduld verspüren, weil Du endlich schneller, weiter kommen willst:

Dann, meinetwegen, magst Du Dich mit mir vernetzen – falls noch nicht geschehen. Und mit mir die Abkürzung nehmen. Melde Dich.

1 Jahr
1 Tag
1 Stunde

Du weißt es schon wie lange es dauern wird. Bestelle jetzt also Band 2 und weil Du dabei gerade bist den übernächsten Band – Das Zauberbuch der Leitwölfe – Band 3. Das macht sich nicht nur gut im Schrank, sondern motiv(aktiv)iert Dich – immer weiter – zu gehen.

Der Weg zum LEITWOLF-BEWUSST-SEIN läuft übrigens auch parallel, wenn Du es Dir zu traust und Du die Zeit investieren willst. In DICH und Deine Bedeutsamkeit.

Band 1 = täglich
Band 2 = wöchentlich
Band 3 = monatlich

MEIN WEG. UND
ANGEKOMMEN.

H wie...

wo setzt Du den neuralgischen Hebel an, damit Du das Beste aus Deinen Chancen machst?

Mit anderen Worten: Wie setzt Du all Deine Energie so effizient ein, wie nur möglich?

Das wusste schon der alte Archimedes: Ein Hebel ist ein mechanischer Kraftwandler. Ein starrer Körper, der um einen Drehpunkt beweglich ist. Du nutzt dieses Prinzip, ganz praktisch, zum Beispiel im Garten, wenn Du ein Loch gräbst, um einen Baum zu pflanzen. Du könntest mit den Händen graben. Oder Du nimmst einen Spaten, stichst in den Boden und hebelst die Erde nach oben. Geht nicht unbedingt leicht, aber in jedem Fall doch erheblich leichter als mit bloßen Händen.

Und genau darum geht es mir: Die neue Leichtigkeit. Weil Du – mit mir – Deine neuen Möglichkeiten entdeckst, die sich plötzlich wie von Zauberhand auftun. Weil Du plötzlich völlig neue Erfolgsaussichten wahrnimmst.

„Ja ja, FUCHS", denkst Du jetzt vielleicht schon wieder. Keine Frage: Die hier zitierte Leichtigkeit braucht schon eine gehörige Portion Anstrengung und Kraft – zweifellos. Um zum Beispiel in Deinem gesamten Wunschleben, bei jedem Menschen in Deinem Umfeld, den Hebel in Richtung „viel mehr Wirkung" umzulegen, musst Du überzeugen, motiv(aktiv)ieren, nachbohren und es (vor)leben können. Deshalb zeige ich Dir im Folgenden ein paar Techniken und Verfahren, die dramatisch wirksamer sind, weil sie auf (mentale) Hebel setzen.

Und natürlich bekommst Du von mir auch weitere LEITGEDANKEN, in diesem noch viel praktischeren Teil des „Buches". Viel Vergnügen beim NEUEN DENKEN.

MEIN WEG. UND
ANGEKOMMEN.

Plantagen-motivation

Plantagen-motivation

und was sie mit Dir als LEITWOLF macht

Ein „ganz normales" Unternehmen. Es könnte – jetzt oder in der Zukunft – Deines sein. Lass uns dieses Gedankenexperiment mal zusammen machen, LEITWOLF.

Kompetenz-Wege laufen von oben nach unten und von unten nach oben. Hand aufs Herz, wer sitzt im obersten Stock und blickt auf seine Mitarbeiter herab? Du natürlich?!

Hierarchien sind stets eingeschliffen und trainiert. Die Machtverhältnisse und Befugnisse der Beteiligten sind geklärt. Und wenn es hart auf hart kommt, wie in Stein gemeißelt. Ob Konzern oder Mittelstand:

Zuckerbrot und Peitsche.

Kennst Du das? Lebst Du es vielleicht sogar? In welchem Bereich?

Und es hantieren auch manche LEITWÖLFE (und solche, die sich dafür halten) täglich mit dieser „Volksweisheit" herum, ohne die Folgen auch nur ansatzweise abschätzen zu können. Daher hier ein kleiner Exkurs, der Deine Sicht auf Deine Mitarbeiter und Dich selbst verändern darf.

Es war einmal – und nicht nur in Amerika.

Tatsächlich hatten es schon die Römer verstanden: Sklaven leisten keine gute Arbeit, wenn man sie in Angst und Schrecken versetzt. Wer also seine Sklaven zu produktiverer Arbeit bewegen wollte, griff schon damals zu schlagenden „Bonusprogrammen", von langfristigen Anreizen bis hin zu ertüchtigenden Gruppenaktivitäten, die die allgemeine Moral heben und den Teamgeist stärken sollten oder demoralisieren. Kommt Dir bekannt vor? Sollte es auch. Die Römer wussten immerhin vor uns: Zwischen dem Management einer Einheit und der echten Fähigkeit, diese auch zu führen, liegen Welten, und tätowiereten ihren Namen auf die Stirn des Eigentums. Gar nicht so kultiviert, eher babarisch, wie ich finde.

Führst Du schon ohne ohne Leine?

Brav gemacht, dafür ein Leckerli, wenn nicht: Peitsche – das soll also die Art von (Ver-)Führung sein, die Du vorlebst? Unerbittlich erziehen. Wobei die Arbeitsfähigkeit natürlich nicht leiden durfte. Wie man das mit Afrikanern in Amerika einst trieb, mit roher Gewalt das Leder auf nackte Haut prügeln, um die Leiber für immer zu zeichnen?

Du denkst vielleicht: „Aber als Vorgesetzter muss ich doch Grenzen aufzuzeigen und meine Position unmißverständlich klar machen – Größe zeigen und Sanktionen durchsetzen, dann haben alle Respekt ..."

Da kommt er wieder. Der Einpeitscher ...

Versetze Dich doch mal ein paar Jahrhunderte zurück. Als möglicher Plantagenbesitzer hast Du Dir Deinen Respekt verschafft. Sadistische Züge völlig ausleben dürfen. Jetzt witterst Du die Angst der Bediensteten, wenn Du nur den Raum betrittst.

Was ist das für ein Gefühl? Freude? Erstaunen? Lust?

Kribbelnd. Pulsierend. Der pure Reiz, ausgelöst durch die Reaktion der Untergebenen? Oder ist da noch was völlig Anderes? Die Angst vor Rache, Revolution oder Aufstand?

Nun: Welcher Sklave würde einem solchen unerbittlichen Plantagenbesitzer helfen, wenn dieser mal in Not gerät? Und wenn eine solche unterlassene Hilfe unbemerkt bliebe und keine Folgen nach sich zöge? Was meinst Du – betrachtet aus der Position Deines Mitarbeiters – und dann wieder aus der Vogelperspektive: Was würde dieser Mitarbeiter denn wohl tun? Hilft er Dir, weil Du so gut geführt hast (MDFH)? Oder nutzt er die „Chance", es Dir endlich heimzuzahlen?

In den meisten Staaten dieser Erde ist es heute undenkbar, Menschen sein Eigentum zu nennen – sie als Sklaven zu halten. Doch erstens ist das nicht überall angekommen. Zweitens verhalten sich nach wie vor viel zu viele so, als sei die Sklaverei nie abgeschafft worden. Kein Wunder, dass sich Deine Mitarbeiter gelegentlich wie Sklaven fühlen und nicht wie Menschen, die geschätzt und „geliebt" werden für (ihre Arbeit) …

Fühl Dich mal tief ein, in die Menschen, die Du bald führen willst: Schmeckt da die Luft eher nach Vergeltung, oder nach Verbundenheit?

Bewertung (2GP).

Da sind wir meistens ziemlich schnell. Doch hilft es wirklich, nur schwarzweiß zu denken? Sind Menschen böse oder gut? Oder vielmehr die Taten, an denen wir sie messen? Ganz egal: Wir alle sind ganz sicher Menschen, die beides in sich tragen. Und es kommt halt immer auf Situation und Kontext an, ob bei uns selbst, oder bei dem Anderen.

Was lebst Du als LEITWOLF Deines Rudels (noch vor)? Was lebst Du aus? Wie richtungsgebend, fokussiert auf ein Ergebnis, darf Dein Führungsstil denn sein? Wer bringt denn heute noch Despoten und Diktatoren an die Macht? Und welche Macht hat so einer denn je gehabt, für die er doch den Zwang, Gewalt und Peitsche braucht? Ist der nicht schrecklich arm im Geiste, diese „Macht" zu mißbrauchen?

NEUE FÜHRUNG? Du wirst immer mehr (ver-)lernen. Bleib' einfach auf dem Weg zum LEITWOLF-BEWUSST-SEIN.

Wenn Du Dich noch besser verstehen willst, folgen hier noch vertiefende LEITGEDANKEN …

> Was glaubst Du, weshalb „Zuckerbrot und Peitsche" noch immer praktiziert wird?
> Was ändert sich gerade in unserer Gesellschaft zum Vorteil aller?
> Wie kannst Du Dein Bewusstsein strategisches Führen lehren, um andere zu fördern und zu fordern?

MEIN WEG. UND
ANGEKOMMEN.

Deine Abkürzung und Ergänzung: 1 Stunde, 1 Tag oder 1 Jahr.

P.S. Schreibe hier Deine eigenen Gedanken auf, benutze Dein Begleitbuch, oder sprich direkt mit mir persönlich.

„Hilft er Dir, weil Du so gut geführt hast (MDFH)? Oder nutzt er die „Chance", es Dir endlich heimzuzahlen?"

FUCHSTEUFELSWILD = DER PODCAST VON DERFUCHS

HÖRE MICH AN AUF AMAZON!

SCAN ME

HÖRE MICH AN AUF SPOTIFY!

HÖRE MICH AN AUF ITUNES!

Veredelung

Veredelung

und was sie mit Dir als LEITWOLF macht

Alles beginnt mit Deiner Entscheidung.
Denn das Ziel wird immer am Anfang erreicht.

„DerFUCHS ist ja 'ne Marke!" Ist das jetzt ein Kompliment oder eher ein abfälliger Kommentar?

Na, ich verstehe es als Kompliment. Wenn Du erst so magnetisch, also gleichzeitig anziehend und abstoßend geworden bist – sofort wiedererkennbar und stark polarisierend – dann bist Du zu einer Marke gereift. Im besten Fall zu einer LEITMARKE.

Mut braucht Überwindung. Und Überwindung ein Motiv. Dein Motiv bestimmt Deine Aktion. Aktion entsteht aus einer Absicht, gespeist aus einem Wunsch, also einem starkem Bild in uns. Zum Beispiel einer Vision, die wir genährt haben. Die in uns heranwächst – und zwar aus dem gesamten Erfahrungsschatz, den wir in uns tragen, also diesen, den wir bewusst (er)kennen und benennen können.

Du machst Dir ein Bild, von einer Situation, von Deinem Gegenüber. Du hast nur eine Chance für einen guten ersten Eindruck. Es ist dieser Eindruck, der in Deinem Kopf entsteht, wenn Du erfassen willst, wer der Andere wirklich ist. Und dies gilt umgekehrt für Dich: Du selbst beurteilst und verschaffst Dir durch klare Unterscheidbarkeit, genannt „Differenzierung", viel mehr Wiedererkennungswert. Es lebe der Kontrast und der „Aktenschrank" – den wir sehen können.

Es befreit uns, Entscheidungen aufgrund der Erfahrungen zu treffen.

Echte Marken sind verlässlich. Sind berechenbar, denn sie geben Sicherheit. Du kannst Dich drauf verlassen, was Du dort bekommst. Sehr oft aktivieren sie auch Dein Belohnungszentrum. Salben Dich mit schönen Erinnerungen. Du kannst es drehen und wenden, wie Du willst.

Beim Zweitplatzierten – geschieht rein gar nichts. Ein Abklatsch wirkt einfach nie so gut wie das Original. Wieso sollte ein Kunde auch die zweitbeste Wahl treffen, wenn er doch die eine Marke, „seine Marke", liebt und auch bekommen kann? Vorausgesetzt, er kann sie auch bekommen. Die Marke somit würdig ist.

Bist Du, seid Ihr, Dein Produkt, Dein Unternehmen im Kopf des Kunden abgespeichert als Lösung seines Kernproblems? Denkt dieser Kunde nur an Dich, wenn es um Deine Branche geht? Weshalb nur braucht es das: Immer wieder andere Angebote zu vergleichen, wenn es doch klar und logisch ist, allein bei Dir zu kaufen? Was braucht's da noch an weiteren „Kriterien"?

Nur: Was erzählst Du Deinen Kunden? Was bist Du für den Kunden oder „Konsumenten"? Was stellst Du dar? Repräsentierst Du? Welche Qualität hat Deine Wortwahl wirklich? Was weiß er denn tatsächlich über Dich oder besser: was wird geglaubt? Und wie um alles in der Welt kann es denn sein, dass er – gefüttert von Dir oder ganz Anderen – zu dieser Meinung kommt?

Marke ist das, was hinter Deinem Rücker über Dich erzält wird.

Ist jetzt die Zeit für Deine LEITMARKE? Falls ja, dann sag's mir, denn dazu zählt, sie nicht in den Schatten zu verbannen, wo sie mäßig flackert und kaum noch jemand hinsieht. Ja, lass sie leuchten – auf allen möglichen Kanälen.

Zuvor jedoch die Begeisterung in Deiner LEITWOLFLIGA entstehen lassen. Ja, gib Dir einen Ruck, Deine LEITMARKE jetzt neu zu denken. Gespeist aus bester Tradition, aus dem Status Quo und wahrer Kraft, ganz Neues erst zu zeichnen, dann zu schaffen – und Deine DNA mit einer Zukunft zu verschmelzen, die mehr ist, als Du je zu träumen wagtest. Bist Du bereit? Dann ist jetzt Zeit: Nur Du und ich. Ein Jahr, Tag oder Stunde.

Management der LEITMARKE

Es geht im Leben stets um Trennung und Verbindung. Und damit um die unbedingte Reduktion aufs Wesentliche.

Vielleicht gehörst Du, wie viele andere Unternehmer auch, zu denen, die jeden Kunden haben wollen? Das verstehe ich sehr gut, doch läufst Du dabei Gefahr, Dich so wenig zu differenzieren, dass Mitbewerber nur einen minimalen Einsatz leisten müssen, um sich von Dir abzuheben. So sind wir Menschen nun mal gepolt. Wir versuchen ständig, mit minimalem Einsatz maximalen Ertrag zu erzielen. Das liegt in unserer Natur und ist in der Regel höchst effizient; und es liegt vermutlich in unseren Genen, uns zu unterscheiden, um die Besten überleben zu lassen. Darwin lässt grüßen.

Um es ganz klar zu sagen: Der erkennbare – also kontrastreiche – Unterschied (!) macht den Erfolg. Und wenn irgendetwas Dein roter Faden für Deine unternehmerischen Handlungen sein sollte, dann dies: Das Ziel darf nie die Differenzierung alleine sein. Es geht um die Reduktion als alles entscheidenden Vorteil, so entsteht der blaue Ozean.

Reduktion auf das Wesentliche!

Markenführung ist für die meisten ein ziemlicher Drahtseilakt. Und schon deshalb etwas anderes als „Brand Management". Die meisten verlieren dabei schnell das Gleichgewicht, trauen sich nicht, oder sie kennen und nutzen nur falsche Techniken. Es beginnt damit, dass die Mehrheit es unterlässt, ob aus Unsicherheit und Unkenntnis, sich wirklich, maßgebend zu entscheiden. Und damit die unbedingte Entscheidung zu treffen, anders zu sein, dies zu wollen und dieses Besondere bedingungs- und grenzenlos zu lieben. Kein Wunder, dass dies kaum einer kann und auch den Mut dazu findet – man könnte ihn ja aus der Gemeinschaft ausschließen – was durchaus ja, Du weißt das sicher, auch Todesangst auslöst. Und beigebracht hat man uns dies schon gar nicht. Niemand. Es ist, als wäre da ein riesengroßer blinder Fleck. Ein Elefant im Raum, den keiner sieht, und der an jeder Ecke Umsatz zu zertrampeln droht.

Zur echten Markenführung braucht es doch ein bisschen mehr.

Doch Du – DU BIST DER LEITWOLF – richtig? Am Puls der Zeit. Und meisterhaft beherrschst Du doch die Kunst, Dein Unternehmen an Marktbedingungen anzupassen. Die LEITMARKE zum Motor und zum starken Herzen Deiner Schaffenskraft zu machen und sie weit in die Zukunft fortzuführen. Gut.

LEITMARKE – Marketing
Wer allen gefallen will, gefällt sich selbst nicht mehr.

Von der Sexshop-Betreiberin meines Vertrauens habe ich erfahren, dass alles, was es dort zu kaufen gibt, auch gekauft wird. Ich meine damit: ALLES! Auch das, von dem Du Dir nicht vorstellen kannst (Phantasie), dass es im Gebrauch sein könnte, oder gar, wie es benutzt wird. Streng Dich an. Logisch, erschließt sich das. Hätte man es sonst produziert, was meinst Du?

Es gibt für fast alles einen Markt.
Die entscheidenden Fragen sind aber folgende:

- Wer ist mein Ziel(-kunde) bzw. die Buyer Persona wirklich?
- Welche LEITWERTE stehen dahinter?
- Wie kann ich welche Bedürfnisse/Wünsche genau mit meinen Produkten/Dienstleistungen wecken oder befriedigen?
- Wie gestalte ich meine Angebote so, dass diese unwiderstehlich für meinen Lieblingskunden (Persona), meinen Wunschkunden sind?
- Wie positioniere ich meine LEITMARKE in der Wahrnehmung als konkurrenzlos, also als „top of mind" (Marketingjargon)?

Dein Unternehmen mag technisch noch so versiert sein: Bauchgefühl, der Nasenfaktor und die Intuition bestimmen maßgeblich, ob Du als der ideale Geschäftspartner im täglichen Vergleich mit den Mitbewerbern wahrgenommen wirst. Das kannst Du überhaupt nicht unterschätzen. So entscheiden Kunden nun mal – ob wir es wollen, oder nicht.

„Brand Marketing", das Marketing für eine LEITMARKE, kann daher nur funktionieren, wenn Lebens- und Unternehmenszweck entschieden (LEITWOLF) ist. Das ist essenziell für Deine LEITWOLFLIGA. Um es deutlich zu sagen: Es geht einzig und allein um Deine Positionierung. Wofür stehst Du? Wofür steht Dein Unternehmen wirklich und wo gegen? Denn das entscheidet, ob Du morgen und in Zukunft noch gekauft wirst.

Wieso im Marketing so viel Geld verbrannt wird ...

Auffallen um jeden Preis ist immer teuer. Sich abzuheben durch Cleverness, durch ausgefuchste und strategisch auf die LEITMARKE abgestimmte Taktiken, die tatsächlich verkaufsfördernd wirken, das ist natürlich schlauer. Ja, mehr noch: Es entscheidet über Gewinn oder Verlust in Zukunft. Klartext: Kein LEITFEUER – keine LEITMARKE!

Design oder Nicht sein – das ist hier die Frage

Die meisten Logos sind ohne Aussage und Qualität – enthalten keinerlei Wertversprechen mit Esprit und Größe. Sie sind alles. Nur keine LEITMARKEN.

Stell Dir mal vor, Du hättest in einem Dorf im Mittelalter eine bestimmte Dienstleistung gesucht. Woran hättest Du Dich orientiert? An den Zunftzeichen natürlich. Der Mörser mit Stößel für den Apotheker. Die Waage für den Krämer. Die Brezel für den Bäcker. Das Lamm mit Flagge für den Metzger und dergleichen mehr ... schon wusstest Du, was wo zu haben war. Und jetzt sieh' mal Dein eigenes Zeichen an, die Marke Deiner Zunft. Na, fällt Dir da was auf? Jetzt bin ich ganz bestimmt kein Mensch, der sagt: „Ja, früher, da war alles besser." Das kann ich so nicht unterschreiben. Allerdings liegt es mir doch am Herzen, Deine Tradition(en), Deinen Status Quo und all die Macht zu echter Innovation in Deiner Organisation aus dem Tiefschlaf aufzuwecken – und all das zu verschmelzen, ein extrastarkes Emblem zu schaffen: Das Emblem als ersichtliche LEITMARKE.

Wir entnehmen die DNA aus Deinem Unternehmerblut.

Gießen sie ein in ein Symbol. Ein Anker muss es sein, der alle Energie aus Deiner ganzen Schaffenskraft bündelt. Nur so – und niemals anders – wirst Du (be)-greifbar. Kaufbar. Echt. Erfahrbar. Und alle, die Dich lieben, reißen sich darum. Spüren Deine Energie – destiliert und fokussiert.

Über die Architektur der LEITMARKE

Wer Tradition nicht in der Gegenwart beweisen kann,
der hat kein Recht auf Zukunft. Er sollte sich zur Ruhe setzen.

Wie baut man ein Haus? Wie würdest Du beginnen? Mit dem Dach, den Wänden, dem Fundament, oder vielleicht doch mit einem Experten: einem Architekten und ein passendes Grundstück?

Im Vorfeld genau zu überlegen – strategisch zu denken und seine Gedanken niederzuschreiben – ist mit Sicherheit ein guter Anfang. Mitfachmännischer Unterstützung geht es natürlich leichter. Ein tragfähiges Konzept, eine (!) solide Strategie zu entwickeln, und diese dann in ein Fundament zu gießen, damit liegst Du unter Garantie richtig. Dasselbe gilt auch für Deine Markenarchitektur. Oder wie es ein großer Finanzdienstleister schreibt: „Früher an später denken." Kann man kaum besser sagen. Problem erkannt, Problem gebannt.

Eine zeitlose LEITMARKEN-Architektur zu schaffen, dazu bedarf es der unbedingten Fokussierung und Reduktion auf das Wesentliche. Diesen Prozess zu planen, ist ein guter Anfang. Die Planung Deiner LEITMARKE ist also gewiss ein guter erster Schritt. Sie gesund und wirksam wachsen zu lassen, dazu braucht es noch ein wenig mehr ...

Auf jeden Fall genug Zeit (mit mir)!

Wenn Du Dich noch besser verstehen willst, folgt hier zur Abwechslung kein vertiefender LEITGEDANKE …

… aber dafür mein Appell: Machen wir uns gemeinsam ein paar kluge LEITGEDANKEN – und zwar persönlich: Kontaktiere mich, um zu erfahren, wie wir Deine LEITMARKE ab sofort in den Kontrast bringen.

MEIN WEG. UND
ANGEKOMMEN.

P.S. Schreibe hier Deine eigenen Gedanken auf, benutze Dein Begleitbuch, oder sprich direkt mit mir persönlich.

„Marke ist das,
was hinter Deinem
Rücker über Dich
erzält wird."

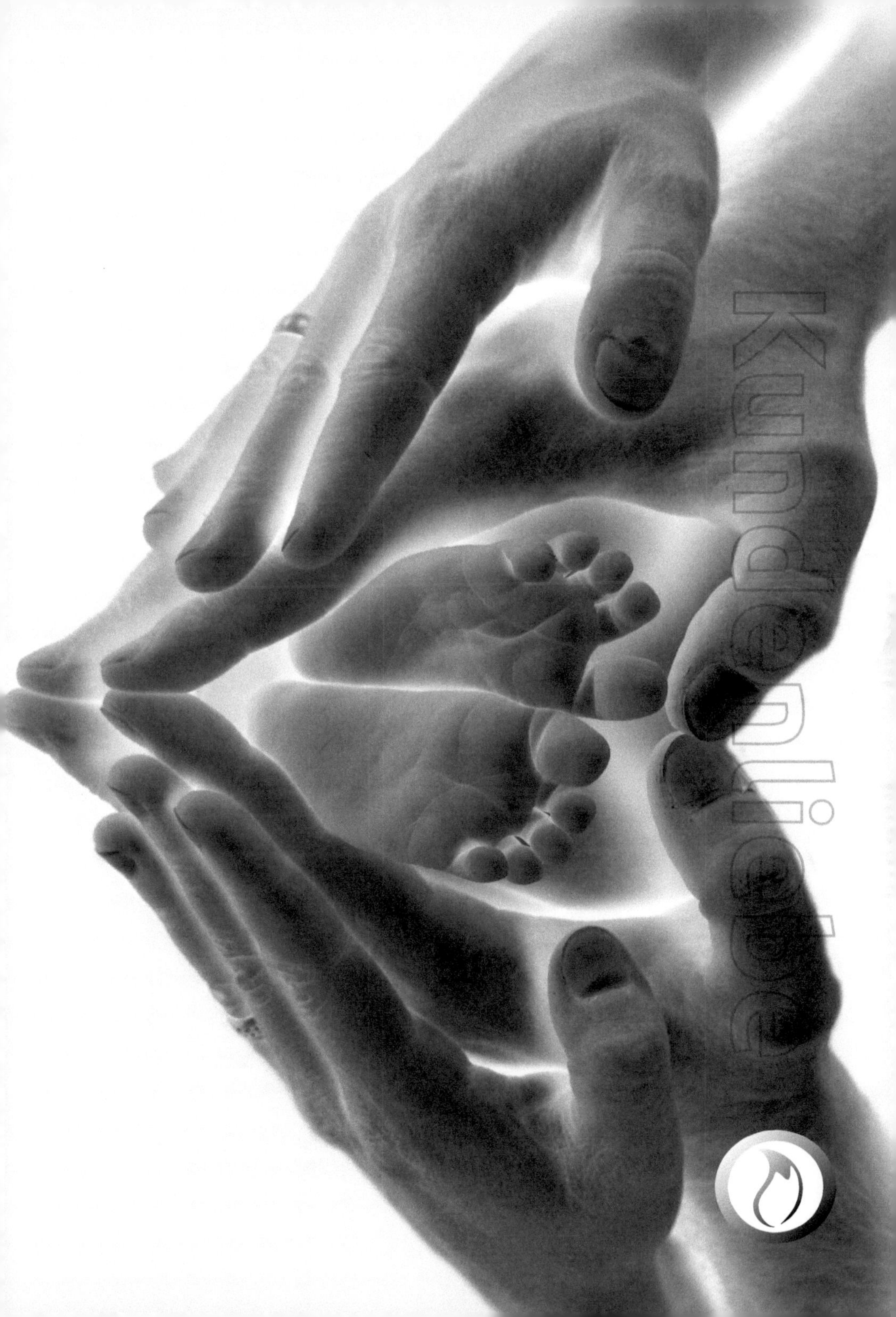
Kundenliebe

Kundenliebe

und was sie mit Dir als LEITWOLF macht

Für welche Eigenschaft gibt's am meisten Geld,
welche ist die Höchstbezahlte der Welt?

Begeisterung entfachen!

Dieses Blitzen in Kinderaugen. Pures Glück, wenn sie vom letzten Zoo-Besuch erzählen, ungebremste Freude! Und jetzt überleg' doch mal, wie Du und Deine Mitdenkenden, Mitfühlenden und Mithandelnden (MDFH) von Deiner LEITWOLFLIGA erzählen.

Strahlt da so etwas wie eine faszinierende Botschaft in farbenfrohen Worten? Weshalb unterscheidet sich gerade Dein Unternehmen von allen anderen seiner Branche? Können das alle, so wie Dein bester Verkäufer, fasziniert von Deinen Produkten zu schwärmen? Voll motiv-(aktiv)iert. Eindringlich zu transportieren, dass keiner sich entziehen kann. Dass jeder ruft: „Das will ich, das muss ich haben! Preis egal, der Typ ist klasse und dieses Produkt ist es sicher auch!" Na, ehrlich, kannst Du begeistern? Oder lässt Du doch noch Zweifel spüren?

Nehmen wir doch mal Herrn Stöckl, mit Leib und Seele Dienstleister. Gebürtiger Österreicher, mit viel Erfahrung in der gehobenen Gastronomie. 2009 erfüllt er sich, gemeinsam mit seiner Frau, den Traum eines Fachgeschäfts für Kinder- und Jugendschuhe in Leverkusen. Wenn einer Charme hat, heißt er Stöckl. Wen er „umgarnt", der kauft – und das sind acht von zehn – garantiert. Hauptkundschaft: Junge Mütter mit Sinn für Qualität. „Gnädigste, nein, dieser Weltmeisterfuß hat ganz was anderes verdient. Dürfen wir der Dame derweil noch ein Kaffeetscherl bringen?" Ja, wer liebt's nicht, hofiert zu werden. „Moment, Moment, lass uns mal Maß nehmen, damit der Fuß gesund wächst und damit ja nix zwickt …" Und Du fragst Dich noch, weshalb die Mütter all dieser tollen Spieler, der größten, besten Fußballvereine sich hier gern zur Stammkundschaft zählen? Und wenn dann all die „Lieben" Sonderpreise kriegen, Rabatt nur für besondere Kunden, und Geschenke, ja was soll der Umsatz da noch andres machen als zu steigen?

Der Star-Schuhverkäufer ist ein Könner seines Faches, der hundertprozentig weiß, was er da tut. Längst ist das zweite Ladenlokal eröffnet. Und wieder sind die Kunden begeistert und kaufen ausschließlich bei ihm. Seit Jahren lebt das Unternehmen also fast ausschließlich – befeuert nur von einem Tropfen Zündungs-Öl aus LEITFEUER – von Empfehlungen all der Stammkunden.

Das ist es, was mich antreibt, mir echte Freude macht: Wenn einer da ist, der verstanden hat: Sich einzustellen mit Leib und Seele auf das, was Kunden wirklich wollen. Der liebt und lebt, mit allem was er ist und tut.

An jedem Tag. Step by Step.

Für jeden seiner Lieblingskunden.
Bei jedem einzelnen Verkaufsschritt und -prozess.

Was würde dieser Mehrwert bei Dir bewirken, wenn Du wie der LEITWOLF Stöckl denken, fühlen und handeln würdest?

Lass es mich so sagen: Als Unternehmer hättest Du endlich Mitdenkende, Mitfühlende, Mithandelnde (MDFH) statt lediglich Mitarbeiter. Dein LEITFEUER würde die Leute mitreißen und auf sie überspringen.

Wärst Du noch Schüler oder Student, so würde Deine Umwelt schnell spitzkriegen, wer hier wirklich Bock aufs Lernen hat. Vielleicht schreibst Du ja bessere Noten, weil selbst Deine Lehrer/Professoren Dich stärker wahrnehmen. Du schleimst nicht, aber liebst ab sofort den Moment und auch das Fach. Wenn das nicht bestärkt, was dann?

Übertrage diese Geschichte auf irgendein Rudel, Deine Familie ... Wird diese Mischung aus Begeisterung und Hingabe sich ebenfalls positiv bemerkbar machen? Wie genau? Teste es – die Erfahrung will ich Dir nicht nehmen.

Kannst Du Dir vorstellen, was für ein Entwicklungsschub das für Dich persönlich sein könnte?

Wenn Du Dich noch besser verstehen willst, folgen hier noch vertiefende LEITGEDANKEN …

> Weißt Du noch, wann Du zum letzten Mal null Bock auf etwas hattest?
> Was genau würde geschehen, wenn Du Deine Faszination für das, was Du tust, deutlich erfahrbar auf Andere übertragen würdest?
> Welche Zukunftsperspektiven würden dadurch denkbarer und realistischer?

MEIN WEG. UND
ANGEKOMMEN.

Deine Abkürzung und Ergänzung: 1 Stunde, 1 Tag oder 1 Jahr.

P.S. Schreibe hier Deine eigenen Gedanken auf, benutze Dein Begleitbuch, oder sprich direkt mit mir persönlich.

„Weshalb unter-
scheidet sich gerade
Dein Unternehmen
von allen anderen
seiner Branche?“

Irritation

Irritation

und was sie mit Dir als LEITWOLF macht

Eine Frage – das ist geballte Innovationskraft!

Auf einer Veranstaltung hielt ich einmal eine LEITREDE über „Innovationssprünge". Ein Unternehmer fühlte sich von meiner Ansprache so wach gerüttelt, dass der Geschäftsführer mich anschließend um ein Gespräch bat. Dazu musst Du wissen: Manche nennen meine Rede(n) gerne einen „emotionalen Arschtritt". Das ist mir allerdings zu unkonkret, und es trifft auch nicht den Kern. Wachrütteln, gerne. Die Wunde öffnen, heilen und reinigen, nur wenn ich die Erglaubnis habe (Konsens) und es wirklich nötig ist. Ich war natürlich neugierig, wie meine Rede auf meinen Gesprächspartner gewirkt hatte. Er jedenfalls schien angezündet. Er hatte meinen Startpunkt sofort verstanden. Konnte nachfühlen, dass es mir darum geht, eine Gefühlsachterbahn in Gang zu setzen, ganz unabhängig von jeder Reaktion. Jedenfalls alles, außer gewöhnlich. Denn davon bin ich überzeugt: Lieb mich oder hasse mich, das eine oder das andere. Denn Kontrast ist das, was am stärksten wirkt.

Er ließ mich also wissen, er sei schon seit drei Jahren am Markt. Seine Geldgeber seien schon scharf auf sein Produkt. Eine Software für Architekten. Bei solchen Sätzen werde ich schnell hellhörig, also hakte ich nach, wie gut seine Software denn vom Markt angenommen werde, und nach einem kurzen Ausweichversuch räumt er schließlich ein, dass sein Unternehmen doch einige Probleme mit der „Akzeptanz" habe.

„Wenn ich das richtig verstanden habe, ist Deine Software zu langsam, richtig? Langsamer als alle anderen auf dem Markt?" frage ich nach.
Er bejaht; ich lächle und schieße den nächsten Pfeil ab, der prompt ins Schwarze trifft: „Was ist denn gut daran, der langsamste Anbieter am Markt zu sein?" Er versteht nur Bahnhof. Also wiederhole ich die Frage, formuliere allerdings etwas anders: „Was macht diese „Langsamkeit" zum Vorteil?" Seine Verwirrung verstärkt sich, wir tauschen kurz unsere Kontaktdaten aus, und ich lasse ihn etwas ratlos zurück.

Für den Fall, dass Du Dich jetzt auch fragen solltest – „Hä, was ist denn das für eine blöde Frage, FUCHS?" Lass mich Dir das Prinzip dieser ach so blöden Frage kurz erläutern. Du hast ein Problem? Frag Dich einfach mal, worin der Vorteil dieses Problems für Dich liegen könnte. Wofür das wertvoll ist? Ganz einfach: Nur so kann überhaupt ein neues und radikales Denken entstehen. Funktionsweise: Raus aus dem bekannten Rahmen, verwirren und durcheinander wirbeln. Das kann DerFUCHS.

Tipp: FUCHSTEUFELSWILD und ich bin (jeden Morgen) in Deinem Kopf.

Und hier ist meine Lieblingsfrage für Dich … Was musst Du tun, damit Dein Unternehmen, definitiv und sicher, in maximal fünf Jahren keine Existenzberechtigung mehr hat?

Diese Fragestellung hat es in sich.

Ein Bewahrer wird alle Sicherheitsmaßnahmen und Vorkehrungen zum Schutz des Status Quo treffen.

Ein Macher wird alle Möglichkeiten der beschleunigten Gewinnmaximierung auskundschaften, denn es könnten ja künftig keine Umsätze und Provisionen mehr gezahlt werden.

Ein Vordenker wird sie dafür nutzen, neue Überlegungen und Produkte anzustoßen. DIE ALLES-IST-MÖGLICH-MACHT nutzen.

Weshalb Du als LEITWOLF eine derart ausgefuchste Frage nutzen solltest?

Der Ernstfall kann sehr viel in Dir motiv(aktiv)ieren. Wenn Du im Jetzt und Hier schon maximale Energie freisetzt, damit Dir ein Morgen mit Schrecken erspart bleibt, bist Du Deinen Mitbewerbern in der Regel um Längen voraus. Natürlich kannst Du nie wissen, wie es in Zukunft laufen wird. Allerdings ist Vorbeugen schon immer besser gewesen als im Katastrophenfall zu flennen und auf Dein Kissen einzuschlagen, Motto: „Chantalle, heul leiser."

Du willst also weiter an Deiner bisherigen, Deiner alten Taktiken festhalten?

Nicht Dein Ernst ... Klaus ... Stefanie?

Also: Fang an, die richtigen Fragen zu stellen – und die dürfen ruhig auch mal weh tun. Ist nicht persönlich gemeint, aber weil Du ja am liebsten durch Schmerz lernst. Ist das die richtige Methode, gell? Weil Du natürlich klüger bist als der Durchschnitt, weißt Du das längst und hast verstanden: Das ist die beste Versicherung für Dein gesund(heran)gewachsende LEITWOLFLIGA mit einer phantastischen Zukunft – mit Dir als LEITWOLF – und echter Relevanz am Markt (LEITMARKE).

Wenn Du Dich noch besser verstehen willst, folgen hier noch vertiefende LEITGEDANKEN ...

> Welche Fragen hast Du Dir in der Vergangenheit nicht gestellt?
> Welche Kunden willst Du auf keinen Fall anziehen?
> Welche fünf Fragen kannst Du mir vorbeugend stellen, damit ernste Probleme erst gar nicht am Horizont auftauchen können?

MEIN WEG. UND
ANGEKOMMEN.

Deine Abkürzung und Ergänzung: 1 Stunde, 1 Tag oder 1 Jahr.

P.S. Schreibe hier Deine eigenen Gedanken auf, benutze Dein Begleitbuch, oder sprich direkt mit mir persönlich.

Rollentausch

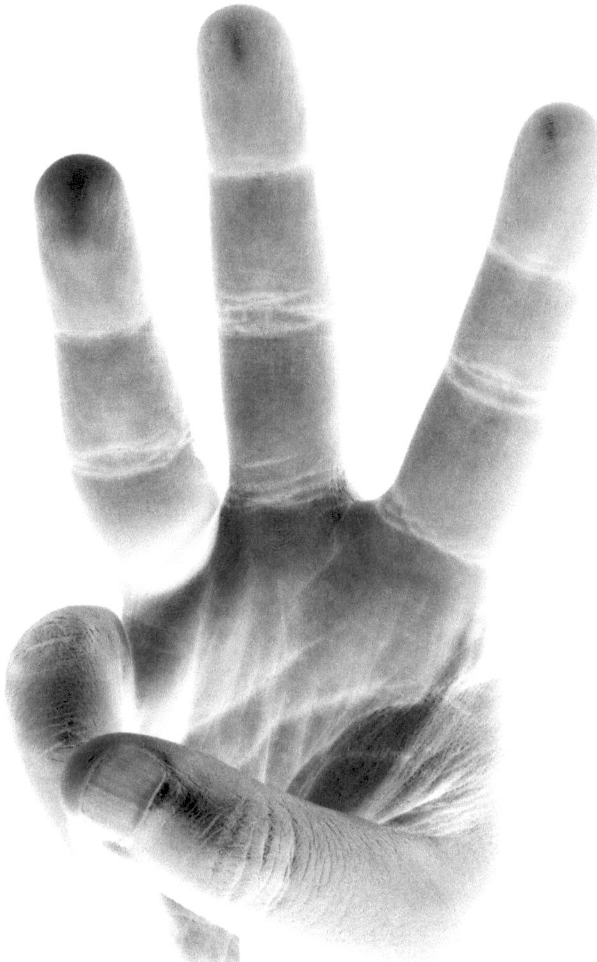

Rollentausch

und was das mit Dir als LEITWOLF macht

41

Walt Disney war ein Genie. Keine Frage. Und jetzt mache ich Dich auch zum (Walt-Disney-)Fan.

Wenn einer als LEITWOLF bezeichnet werden konnte, dann er. Beindruckend, mutig und detailverliebt. Revolutionär.

Wusstest Du, dass er den ersten abendfüllenden Zeichentrickfilm (1937) ins Kino gebracht hat?

Walt Disney hat unzählige Figuren (Mickey Maus, Donald und Dagobert Duck, Pluto, Goofy und viele mehr) erdacht und zum Leben erweckt. Hinreißende Charaktere, die Generationen verzaubert, belustigt, zum Weinen oder Schmunzeln gebracht haben. (Kinder-)Freundliche Unterhaltung für die ganze Familie. Wir wissen nicht, wieviele Taschentücher drauf gegangen sind, als Bambis Mutter starb – oder eine andere Figur, die alle ins Herz geschlossen hatten. Das alles schuf – mit unvergleichlicher emotionaler Macht – ein Mann. Sicher, nicht alleine. Unmöglich. Aber er war der treibende Motor hinter dieser Emotionsfabrik. Und wenn er selbst „echte" Männer zum Weinen bringen konnte …, dann könntest Du Dir doch sicher davon eine Scheibe abschneiden. Wieviel Psychologie Du schon einzusetzen? An welchen LEITFILM erinnerst Du Dich (Band 2)?

Sie nannten es: Magie!

Walt Disney konnte etwas, was viele von uns lange verlernt zu haben scheinen. Er stellte sich über gesellschaftliche Normen. Setzte sich darüber hinweg. Wie hat er das gemacht? Mit einem gut bezahlten Team? Mit maximaler Klarheit, die er in zielgerichtete Handlungen zu überführen wusste? Einer Vision, die größer war, als zu Lebzeiten realisierbar schien? Ich habe keine Ahnung. Eines aber weiß ich gewiss. Walt Disney beherrschte die Kunst des bewussten Rollentauschs – in sich.

Disney war alles in einem: Bewahrer. Macher. Vordenker. Er war „fokussiert-situativ-schizophren" – und damit meine ich selbstverständlich nicht das klinische Krankheitsbild, sondern eine ganz spezifische Denkweise!

Wann immer er in einer Besprechung z.B. über einen neuen Film saß, gelang es ihm, immer wieder die Rollen zu tauschen. Eine andere Perspektive einzunehmen. Und genau deshalb konnte er alle relevanten Faktoren gleichermaßen berücksichtigen, die er in der richtigen Reihenfolge setzte. Überhaupt ist die richtige Reihenfolge absolut entscheidend.

Als erstes versetzte er sich in die Rolle des Vordenkers: Des Pioniers, des Fantasten und des Hellsehers. Die Lieblingsfrage des Vordenkers lautet:

Was wäre, wenn alles möglich wäre?

Als zweites kommt der Macher: Der Umsetzer und der Realist. Der, der alles plant und auf die Bahn bringt, und am Ende auch vermarktet.
Die Lieblingsfrage des Machers lautet:

Wie realisieren wir das?

Zum Schluss folgt der Bewahrer. Der Routinier, der Kritiker und DNA–Beschützer im Unternehmen. Die Lieblingsfrage des Bewahrers lautet:

Welche Schwachpunkte sind noch vorhanden?

Das Wichtigste beim NEUEN DENKEN: In jeder Rolle verhältst Du Dich anders. Denkst, fühlst und handelst anders. Jede Persönlichkeit ist stets nur mit einem Mund ausgestattet, hat nur jeweils eine eigene Meinung, eine Ansicht. Damit es also funktioniert, bitte merken: Die Reihenfolge gilt es strikt einzuhalten! Erst der Vordenker (Ja!), dann der Macher (Wie?), und erst zum Schluss der Bewahrer (Nö.). Wenn Du diesen Prozess dreimal wiederholst, ist ein stimmiges und exzellent durchleuchtetes Ergebnis so gut wie unausweichlich (LWD, Band 2).

Ein LEITWOLF, der nach diesem Muster vorgeht, kann so völlig autark eine exzellente Vorarbeit leisten, während sein Rudel dann das beisteuert, was nötig ist. Vorsicht: Beachte die Grenzen Deiner Kompetenzen, denn das Rudel hat ganz andere als Du. Nutze diese also aktiv und schaffe unbedingten Freiraum für maximale Kreativität, um das volle Potenzial jeder Gedankenleistung ausschöpfen zu können.

Du wirst dafür bezahlt, das nicht nur zu wissen, sondern dies auch umzusetzen und zu ermöglichen.

Klartext: Fördere, fordere und führe Dein Rudel mit dieser äußerst effizienten Kreativitätstechnik, die Dich viel schneller zu viel besseren Ergebnissen bringt. Dich – und Deine LEITWOLFLIGA gleich mit.

Wie Du ein ganzes Team damit auf Höchstleistung bringst, steht in Band 2 und 3. Welch Wunder.

Gedulde Dich oder fang sofort parallel an.

Wenn Du Dich noch besser verstehen willst, folgen hier noch vertiefende LEITGEDANKEN …

> Wie oft warst Du schon viel zu früh viel zu kritisch in Deinen Gedanken?
> Welches Problem kannst Du noch heute mit dieser Strategie anpacken?
> Was geschieht in Deiner Zukunft, wenn Du ab und an „fokussiert-situativ-schizophren" bist?

MEIN WEG. UND
ANGEKOMMEN.

P.S. Schreibe hier Deine eigenen Gedanken auf, benutze Dein Begleitbuch, oder sprich direkt mit mir persönlich.

___

___

___

„Walt Disney konnte etwas, was viele von uns lange verlernt zu haben scheinen. Er stellte sich über gesellschaftliche Normen, setzte sich darüber hinweg."

Veränderungs-bereitschaft

Verändrungs-bereitschaft

und was sie mit Dir als LEITWOLF macht

Vom Schock ins Tal der Tränen.

Autounfall. Ein Unglück. Ein „Schicksalsschlag" zur falschen Zeit. Im Leben sind Ereignisse wie diese vielfach der Auslöser für massive Veränderung. Überhaupt ist Veränderung unvermeidbar – ob erzwungen oder bewusst spielt dabei keine Rolle. Wetten, dass kein einziger der sonst so laut auftretenden Motivations-Götter des weltweiten Marktes eine vergleichbare Wirkung erzielt, wie ein solcher Schock?

Bewegungsunfähig.

Ist ein Schock ein „Veränderungsbotschafter"? Ich stellte mir schon früh die Frage: Verändere ich mich jetzt gerade, weil die Situation es erfordert, oder weil ich es will? Bevor ich die Frage richtig verstanden hatte, habe ich mich intuitiv meist dafür entschieden: Ich will die Veränderung – und vor allem will ich sie mit gestalten. Ich meine damit, in meinem Entscheidungssystem bewusst angekommen zu sein. Wie aber läuft das mit dem „freien Willen" so in der Wirtschaft?

Der Wandel ist so sicher wie das Amen in der Kirche.

Der Wandel der Energiewirtschaft, beispielsweise, zwingt selbst große Konzerne zum Umdenken und zu neuen Strukturen, Prozessen und zur Entwicklung neuer Produkte. Du kannst nicht einfach das Spielfeld verlassen. Du bist mittendrin. Aber Aussitzen ist in dieser Falle die dümmste Option – garantiert.

Veränderungen zu akzeptieren, nach anfänglicher Starre und völliger Bewegungsunfähigkeit, bedeutet zunächst einmal, die Phasen der Verleugnung und des Widerstands zu verlassen und den Kampf um die Erhaltung des Status quo aufzugeben. Für die meisten Menschen ist das ein schmerzhafter Prozess, verbunden mit einem Gefühl von Kontrollverlust, das (wieder) Ängste auslöst. Wut, Frustration, Protest, Hilflosigkeit und Verwirrung wechseln sich ab, wenn Du realisierst: Du wirst die Situation nicht so schnell ändern. Es folgt: Das Tal der Tränen. Energie auf dem Tiefpunkt. Depression und oftmals: tiefe Trauer. Ist dieses Tal erst mal durchschritten, siehst Du Licht am Ende Deines Tunnels. Hoffnung macht sich langsam wieder breit, bis Du irgendwann so weit bist und Neues ausprobierst, beginnst zu experimentieren.

Wer dies als Unternehmenslenker oder Führungskraft verleugnet, ist fehl am Platz. Die angstinduzierte Ignoranz ist daher auch einer der wichtigsten Gründe dafür, dass das Allheilmittel „Change-Management" nicht helfen kann. Denn die Angst vor Veränderung ist in uns allen tief verwurzelt. Es ist ein wichtiger Schutzmechanismus und genetisch programmiert. Ja, arterhaltend. Wiederholung ...

Soll man die Angst also negieren?

Das ist gewiss der falsche Weg, doch es gibt einen, der viel schneller und viel wirksamer hilft. Und wieder einmal geht es darum, den Rahmen zu verändern, genauer: die Rahmengröße zu beeinflussen. Bist Du erst in der Lage, Veränderung als etwas zu sehen, das Raum für Neues schafft, das besser ist als das Bekannte, dann kannst Du die notwendige Veränderung zulassen und in echte Innovationsansätze verwandeln.

Und in genau einer solchen Umbruchphase erreichte mich die folgende Anfrage einer Organisation – ist schon ein paar Jahre her – der man meine „Business-Magie" empfohlen hatte.

Es begann wie so oft.

Ein erstes Telefonat, in dem es – natürlich – um Führungs(kräfte)trainings ging. Irgendwann stellt sich heraus: Das Unternehmen braucht viel mehr Veränderungsbereitschaft. Das Ziel: Aus einer Unternehmung sollten langfristig zwei eigenständige Firmen hervorgehen. Eine Aufgabe ganz nach meinem Geschmack. Systeme und deren Kultur, so zu sabotieren, beeinflussen und manipulieren, dass neuer Glaube an die eigenen Kräfte entstehen kann. Wissend um den Schmerz, den der Weg dahin auslösen wird; verantwortungsvoll umgehen mit dem Wissen, dass es bei der Um setzung durchaus auch manche Krise geben wird. Das Schöne auskosten, das aus dem Wissen erwächst, dass aus echter Veränderungsbereitschaft etwas Wertvolles. Einzigartiges entsteht und maximal gedeihen wird.

NEUES DENKEN.
NEUE ZUKUNFT.
NEUE FÜHRUNG.

Bewegung statt Rückschritt – Raumwechsel.

In der erste Stunde wird kollektiv das Jammerlied angestimmt: „In meiner Branche gibt es so viele schwarze Schafe. Mein Unternehmen leidet wirklich darunter." Wie üblich, höre ich an dieser Stelle genauer hin und hake nach. „Was ist das für ein Geschäftsmodell? Wie äußert sich das? Was bedeutet das?" usw.

Doch binnen kürzester Zeit schießt mir der Gedanke in den Kopf, der funktionieren muss. Wir starten einfach eine Gegenbewegung. 180° entgegengesetzt. Die anwesenden LEITWÖLFE gucken verdutzt. Und weil ich in der ALLES-IST-MÖGLICH-MACHT bin sage ich: „Wir gründen eine Bewegung via Internet".

Perplexes Schweigen, dann Begeisterung. Wieder einmal hat mein IDN phantastisch funktioniert. Mein interdisziplinäres Wissensnetz ist ein „Game-Changer".

Darauf gehe ich an dieser Stelle nicht näher ein. Der Weihnachtsmann (oder das Christkind) verrät Dir ja schließlich auch nicht, wie all die Geschenke zu Dir kommen. Nur so viel sei Dir hier verraten: Dies wird nicht der letzte (LEIT-)Gedanke sein, den ich Dir mitgebe.

Für jetzt gilt: Wenn Du die Spielregeln bestimmst, ist Dir der Sieg so gut wie gewiss. Nimm´ Veränderungen an und gestalte daraus das Beste für Dich als LEITWOLF (und Deine LEITWOLFLIGA).

Wenn Du Dich noch besser verstehen willst, folgen hier noch vertiefende LEITGEDANKEN …

> Welcher Schock hat Deinem Leben eine neue Richtung gegeben?
> Wie kannst Du Veränderung bewusst für Dich nutzen?
> Welcher Bewegung kannst Du Dich anschließen, um mehr zu werden?

MEIN WEG. UND
ANGEKOMMEN.

P.S. Schreibe hier Deine eigenen Gedanken auf, benutze Dein Begleitbuch, oder sprich direkt mit mir persönlich.

„ …sabotieren, beeinflussen und manipulieren, dass neuer Glaube an die eigenen Kräfte entstehen kann …"

Aufgelöst:
Welches Problem?

Welche Frage stellst Du mir?
Wer möchte wirklich Antworten und keine Gründe?

Du hast mich.
Das ist ok.
Für diesen Zeitraum bin ich Dein.

Aber anders als Du denkst, fühlst und handelst.
Ich höre genau hin und dann ...

Spiele ich nicht mit – Dir.

Ich gewinne mehr als nur Dein Vertrauen.
Meine Erzählungen fruchten und gehen tief.
Die Ansätze sind plausibel und abgespeichert.

Umsetzungsgeschwindigkeit.
Lass Taten folgen.
Das Verständnis ist geschaffen.

Wunder gibt es immer wieder!

Doch das ist Talent und Erfahrung gemischt.
Dein Cocktail zur Unbeschwertheit.

~~**Selbstsabotage gestoppt!**~~

Eine Stunde reicht (mir) dafür aus.

1 Person.
1 Frage.
1 Lösungsweg.

(Pilz)-Kultur

(Pilz)-Kultur

und was sie mit Dir als LEITWOLF macht

Hast Du Angst vor Blitz und Donner ...
... wenn Du gemütlich zu Hause im Bettchen liegst?
Natürlich nicht ...
... weshalb auch, ist doch alles sicher.

Wer hat Angst vor Blitz und Donner ...
... wenn er auf einem großen, freien Feld steht?
Aaah, da sind schon mehr dabei.
Gute Reaktion – denn sie hilft Dir zu überleben.

Wenn im Sommer feuchtwarme bis heiße Luftmassen – im Winter Kaltfronten von kräftigen Sturmtiefs zusammenkommen – knallt's schon mal heftig. „Blitzintensive Gewitter" nennt das der Fachmann. Da können in einer Minute dutzende, superstarke Erdblitze in den Boden schlagen. Und die Gefahr von einem getroffen zu werden ist groß. Auf freien Plätzen werden so immer wieder Menschen vom Blitz getroffen, weil sie ein nahendes Gewitter nicht ernst genommen haben.

Blitz und Donner.

Windgeschwindigkeiten von bis zu 200 Kilometern pro Stunde.
Das fegt die stärkste Kuh vom Acker! Muuuu–aaaaaaaaah ...
Hagelschlag, Orkan, Tornado – in Europa sind wir noch einigermaßen verschont von den dramatischsten Natur-Katastrophen.
Und doch gibt es sie auch hier. Sommer 2016. Alle in Feierlaune.
Zwillings-Musikfestivals. Das South Side im Süden und das Hurricane Festival im Norden Deutschlands.

Wie jedes Jahr?

South Side Festival: 57 Verletzte durch Unwettereinwirkung. Fünf Besucher mussten sogar ins Krankenhaus gebracht werden. Festivalabbruch schon am ersten Tag. Autos, die eineinhalb Meter tief im Wasser standen. Zustände: Unbeschreiblich.

Hurricane Festival: Null Verletzte. Festivalabbruch ebenfalls am ersten Tag. Temporär. Ebenfalls stundenlange sintflutartige Regenfälle. Mit den Erfahrungswerten aus dem Süden hatten die Veranstalter auf Empfehlung – ausgefuchster – Berater hier allerdings entschieden, präventiv zu handeln, forderten rechtzeitig rund 50.000 Menschen auf, das Gelände in Ruhe zu verlassen.

Einer davon war ich.

Die Aufforderung lautete, sich zum Schutz in ein Auto zu begeben, einen faradayschen Käfig, und dort abzuwarten, ob die Situation sich wieder entspannt. Faradayscher Käfig? Na klar, das kennst Du noch aus dem Physikunterricht, richtig?

Der Appell lautete: „Bitte bieten Sie allen, die kein Auto zur Verfügung haben, einen Platz in Ihrem Auto an. Wir sind alle gemeinsam hier, lasst uns was füreinander tun. Das ist ein Teil der Festival-Kultur! Mit-Menschlichkeit! Wir-Gefühl!"

Weshalb erzähle ich Dir das, LEITWOLF?

Was hast Du mit diesen beiden Musikfestivals zu tun? Wie kannst Du Erkenntnisse aus beiden Ereignissen für Dich im Privaten, auf Deinen beruflichen Alltag übertragen?

Lass es mich so formulieren: Du kontrollierst gerne alles. Das verstehe ich gut. Doch wirklich jeder kann sehr schnell von höherer Gewalt entmachtet werden. Von einem Moment auf den anderen. Allerdings: Diese Entmachtung kannst Du gekonnt und dauerhaft abmildern. Indem Du Deine Grenzen anerkennst. Und doch die Macht der Veränderung in Dir spürst. Mehr Schutz, mehr Raum – für Kreativitätskultur.

Ich liebe Raucher-Pilze in Unternehmen!

Das ist so ein Unterstand, auch „Smoke-Point" oder „Smoke-Area" genannt, an dem sich die Raucher treffen – und quatschen. Einer meiner Bekannten ist leitender Angestellter bei der KVB AG (das sind die Kölner Verkehrs-Betriebe). Ein Unternehmen mit etwa 3.500 Beschäftigten. Dort hat er eine hohe Budget- und Personalverantwortung. Und er zündete bei mir eine Lampe an, deres Licht ich nie zuvor sah. Weil er mir eine neue Sichtweise zur Funktion eines Raucher-Pilzes mitgab. „Rauchen fördert enorm den Zusammenhalt im Unternehmen", ließ er mich wissen. Mein erster Impuls: „Der hat doch einen an der Waffel …" Doch wenn eine hochstehende Führungskraft das behauptet, zündet das natürlich meine Neugier. Er blieb dabei: Raucher-Pilze sind Schutz- und Kreativitätsräume, in denen eine einmalige Unternehmenskultur erblüht und verbreitet wird.

Lass uns mal überlegen, was Mitarbeiter darüber denken könnten, wenn sie sich ganz ungestört und von Dir beabsichtigt (unbeaufsichtigt) unterhalten dürften. Und zwar während der Arbeitszeit und bereichsübergreifend. Und zwar ganz ohne Reue. Ohne argwöhnische Observierung der firmeninternen Dauerüberwachung. Ein Knotenpunkt der abteilungsübergreifenden Kommunikation. Der Raucher-Pilz – die Raucherzone als Dein lebendiges Intranet – klar, offline, aber viel schneller. Wie wichtig selbst der kleinste Informationsvorsprung heute sein kann, brauche ich Dir ja nicht zu erklären …

Wenn Du so willst, sind Raucher für die Unternehmenskultur, was eine Glasfaserleitung für Deine Internetanbindung bedeutet. Informationsaustausch-Autobahn mit Garantie der Lichtgeschwindigkeit – und einfach genial. Wenn Du darüber nachdenkst, erscheint das nur logisch, denn:

1. Zeit: Eine Zigarette zu rauchen, dauert zirka fünf bis sieben Minuten, je nach Rauchverhalten. Da können einige Sätze gewechselt werden, die gehaltvoll sind und alle weiter bringen.

2. Wir-Gefühl: Gemeinsamkeit schafft Verbindung. Du magst aus der Buchhaltung kommen, ich aus dem Einkauf, egal: Du bist okay, weil wir etwas gemeinsam haben. Klar, wir sind beide Raucher, und schon deshalb keine Gesundheitsapostel. Aber: Wir alle sind das Unternehmen.

3. Andere Umgebung: Du wechselst den Standort und unterbrichst Deine Tätigkeit. Dein Gehirn schaltet um auf Kreativität, die am Arbeitsplatz – dank Fremdbestimmung – allzuoft keinen Raum mehr bekommt. Es heißt ja auch: Arbeits-Platz, nicht Kreativ-Platz. Also schaff doch mal buchstäblich Raum für neue und ungewöhnliche Ideen.

Mein Wunschtraum deshalb: Lasst uns doch Nicht-Raucher-Pilze schaffen. Einen einladenden Kommunikationsraum, der jederzeit zum Verweilen animiert. Was so ein Nicht-Raucher-Pilz so alles bringen könnte. Kontaktiere mich und frage, wenn Du hier mehr erfahren möchtest.

Und weil wir gerade bei der Unternehmenskultur sind: Aus meiner Sicht ist es höchste Zeit, so manch vertrocknetes Kreativitäts-Pflänzchen im Unternehmen einmal ordentlich zu düngen, um so was wie Kultur überhaupt zum Blühen zu bringen. Es braucht Potenzialmaximierung, Re-Positionierung (also Fokussierung) – und zwar zuallererst intern: nach innen! Denn dort liegen genau die wichtigen Umsatz- und Innovationstreiber, die allzuoft links liegen gelassen werden. Wer irgendwann mal eingestellt wurde, ist bestimmt nicht fachlich oder geistig stehengeblieben. Das hoffe ich inständig für Dich. Also, wieso um alles in der Welt wird diese Energie denn nicht genutzt, ja wirtschaftlich mit maximaler Wirkung eingesetzt?

Tagesgeschäft frisst Strategiezeit auf.

Wieviel Wille zur Leistung in einem Menschen steckt, wenn dieser wieder durch (intrinsische) Motiva(k)tion beseelt ist – weißt Du das?

Studien haben es immer wieder auf's Neue belegt: Eine extrinsische Motivation – etwa Einkommenssteigerung und andere Boni – rückt immer dann ganz schnell in den Hintergrund, sobald die echte Motiva(k)tion ins Spiel kommt. Sobald eine Unternehmenskultur ganz offensichtlich gefördert, gelebt und geliebt wird. Und das bedeutet im Idealfall: Die Mitarbeiter eines Unternehmens sind zu Mitdenkenden, Mitfühlenden und Mithandelnden (MDFH) geworden. „Das sollte doch eine Selbstverständlichkeit sein", sagst Du? Weil es alles maximal erleichtert? Ja, recht hast Du. Alle wissen es. Handelst Du auch danach, um das Vertrauen im Rudel maximal zu stärken? Du bist ein LEITWOLF, oder mindestens jetzt auf dem Weg dorthin. Dann weißt Du auch intuitiv, dass die Motiva(k)tion (Deines Rudels) die beste Option ist, die Du wählen kannst. Denn wenn Du auch dieses Ergebnis wünschst: Maximalen Zusammenhalt, einen extrem starken Reifeprozess, dann:

Mach die einzigartige Unternehmenskultur erlebbar!

Ein kluger Geschäftspartner sagte mal zu mir: „Fuchs, das Ziel wird am Anfang erreicht!" Dem kann ich nur zustimmen. Wann lässt Du Dein Rudel endlich das „Wir-Gefühl" von Festival-Besuchern spüren? Wie machst Du das erlebbar: Das „Wir" als die vornehmste, edelste und wirkmächtigste Form der Mitarbeiter-Identifikation?! Weil nur mit dem echten „Ich/Wir" eine starke Gemeinschaft wachsen kann. Das „Wir" als unser Schild und Schwert. Deine Identität als das Ich? Das Mysterium bleibt offen.

South Side oder Hurricane?
Du weißt doch: Du hast immer eine Wahl.

Wenn Du Dich noch besser verstehen willst, folgen hier noch vertiefende LEITGEDANKEN …

> Welches „Wir-Gefühl" hat Dir als Kind oder Jugendlicher die größte Sicherheit und Zugehörigkeit gegeben?
> Wann bist Du so richtig motiv(aktiv)iert, etwas zu tun?
> Welche Art der Informationsgewinnung nutzt Du, um auf dem neusten Stand der Dinge zu bleiben?

MEIN WEG. UND
ANGEKOMMEN.

Deine Abkürzung und Ergänzung: 1 Stunde, 1 Tag oder 1 Jahr.

P.S. Schreibe hier Deine eigenen Gedanken auf, benutze Dein Begleitbuch, oder sprich direkt mit mir persönlich.

„Doch wenn
eine hochstehende
Führungskraft
das behauptet,
zündet das
natürlich meine
Neugier."

Vertief–schleunigung

Vertiefschleunigung

und was sie mit Dir als LEITWOLF macht

Er fliegt durch den Raum. Schijjjjtttttttt! Vorbei an der Zielscheibe. Die Scheibe ist kein Ziel. Das Ziel liegt ganz woanders, wo kein Pfeil treffen kann, und mit jedem Schuss treffe ich mehr ins Schwarze. Nicht in meine Seele, sondern ins Mark meiner Identität.

Schon mal gehört, dass Zen-Meditations-Techniken für Manager und Führungskräfte als idealer Ausgleich zum Druck der Verantwortung angepriesen werden? Ich verstehe mittlerweile sehr gut, was damit gemeint ist. Der Sieger in Dir will gut sein und gewinnen. Pustekuchen, denn genau das gelingt beim meditativen Bogenschießen nicht mehr.

Es gibt etwas zu treffen. Ja. Es gibt nichts zu gewinnen. Es gibt keine Rivalen. Stimmt nicht ganz ... einen gibt es schon. Den Sieger. Es ist der Teil Deines Selbstbildes und der LEIDWOLF-Gefolgschaft. Und auch dieser Teilaspekt quatscht die ganze Zeit in den Kopf:

„Ich will etwas erreichen und den „Preis" gewinnen."

Du glaubst es nicht – wer der härteste Rivale ist: Du selbst. Der Sinn und Zweck jedes Schusses ist ein klarer Fokus, der Akt an sich. Es mag Dir total sinnentleert vorkommen, drei Pfeile immer und immer wieder auf eine Scheibe zu schicken und nichts zu wollen. Großartig! Es geht um's Machen – nicht um's Ziel. Das Ziel zu treffen ist eine Möglichkeit. Ein Resultat. Es gibt noch viele andere.

Zeit, loszulassen.

Schieß Deine 3 Pfeile ohne Sinn und Verstand, aber völlig fokussiert ab. Verbünde Dich mit dem Nichtwollen und bring' Dich damit weiter.

Vertiefschleunigung: Wenn Du etwas erreichen willst, kannst Du zwei erprobte Taktiken nutzen. Beschleunigung und Vertiefung.

Was verstehe ich unter Beschleunigung?

Um beim Beispiel des Bogenschießens zu bleiben: Wie lerne ich, das „Scheitern" zu ignorieren und meinem Ziel treu zu bleiben? Genau diese Frage stellt sich nicht, wenn Du einfach weiter machst. Pfeil auflegen. Anlegen, Sehne spannen, loslassen. Sobald der Pfeil fliegt und mit maximaler Geschwindigkeit – das liegt an Dir und Deiner Energie – auf die Scheibe zu jagt, ist die Aktion Vergangenheit.

Die Gegenwart ist nur noch Dein Atem.

Ein und aus, während das Ergebnis unkorrigierbar geworden ist. Ist das Ergebnis jetzt noch wichtig? Vielleicht, doch die Tat an sich ist schon ein Ergebnis. Ein Erfolg. Beim nächsten Mal, gleich danach, kann ich schon aus dem sogenannten „Fehler" lernen und mich sofort am Fortschritt erfreuen.

Die Vertiefung ist eine andere gewinnbringende Variante.

Der generelle Ablauf bleibt gleich. Pfeil auflegen. Anlegen. Sehne spannen und loslassen. Keine Veränderung? Doch bei dieser Methode gibt es eine gravierende Modifikation. Ich ziele eine Sekunde länger. Halte die Anspannung einen Moment lang fokussierter. Analysiere jeden Schuss aus der Ferne detaillierter. Die Zeit erfährt hier eine gefühlte Verlangsamung. Alles ist intensiver, da der Akt selbst jetzt viel mehr Aufmerksamkeit bekommt.

Vorteil: Eine andere Form des Lernens. Die Betonung liegt auf „andere". Nicht besser oder effizienter. Sondern eine weitere, eine von vielen strategischen Praxiserfahrungen in unzähligen Lebensbereichen.

Was wäre, wenn Du beide Varianten gleichzeitig einsetzten würdest? Was wäre, wenn Du sie verbindest und mischst? Dann könnte dieses neue Vorgehen „Vertiefschleunigung" heissen. Was meinst Du, bist Du aufgrund Deiner bisherigen Erfahrung bereits in der Lage, derart „ergänzend" zu handeln (fokussiert-situativ-schizophren, wie ich es bin und Disney war)? Ja. Ab morgen, wenn Du es willst.

Ich vertiefe oder beschleunige am Ende des Textes ganz bestimmt keinen Lernerfolg. Der Erfolg stellt sich bei Dir nur durch das Wissen ein, dass es Taktiken gibt, die Dir sofortige Hilfe bieten. Es bleibt alles beim bewährten Vorgehen, nämlich:

Pfeil auflegen.
Anlegen.
Sehne spannen und los lassen.

Und Du hörst auf mich?!

Wenn Du Dich noch besser verstehen willst, folgen hier noch vertiefende LEITGEDANKEN …

> Für welchen Bereich Deines Wunschlebens möchtest Du die Beschleunigung oder Vertiefung aktiv nutzen?
> Was passiert, nachdem Du Dich in diesem Bereich beschleunigt oder vertieft hast?
> Wie kannst Du in der Zukunft die Vertiefschleunigung einsetzen?

MEIN WEG. UND
ANGEKOMMEN.

Deine Abkürzung und Ergänzung: 1 Stunde, 1 Tag oder 1 Jahr.

P.S. Schreibe hier Deine eigenen Gedanken auf, benutze Dein Begleitbuch, oder sprich direkt mit mir persönlich.

Verbindungen

Verbindungen

und was sie mit Dir als LEITWOLF machen

Der amerikanische Psychologe Stanley Milgram wusste schon 1967, dass jeder Mensch jeden beliebigen anderen Menschen über durchschnittlich sechs Ecken kennt. Genauer gesagt: Er schätzte diese Zahl. Präziser belegbar ist heute: Wir kennen jeden Menschen über 6,6 andere Personen aus unserem Netzwerk.

Was bedeutet das für Dich und Dein Denken?

Für mich bedeutet das, dass wir alle in Systemen leben, die wir durch unser Denken, Fühlen und Handeln entscheidend prägen. Alles steht mit allem in Verbindung. Du bist ein Teil und das Ganze zugleich. Du bist das System und eingeflochten in andere Systeme.

Wenn Du Hilfe benötigst, wen fragst Du danach?

Die Antwort könnte folgerichtig sein: kommt darauf an. Denn es hängt davon ab, welche Fragestellung ich habe und wer das Problem mit mir oder für mich lösen kann.

Dein stabiles Netzwerk ist auch Dein Marktplatz. Deine Sicherheit, wenn es brenzlig wird. Dein Spielplatz für Deine Entwicklung.

Du brauchst eine Wohnung? Frage nach!
Du willst etwas verkaufen und weißt nicht wie? Frage nach!
Du willst Deinen neuen Arbeitgeber kennen lernen oder den Job wechseln? Frage nach!
Du willst eine Empfehlung für ein gutes Restaurant? Frage nach!

Ein Netzwerk hat jeder – ob angestellt oder nicht mehr.

Viele Menschen sind sich dessen nicht bewusst. Dieses Netz so großflächig wie möglich aufzuspannen, ist nicht nur für erfaherene Spinner wichtig. Allerdings: Die Gefahr, dass ein großes Netz schneller reißen kann, wird vielfach ignoriert. Wind, Wetter und ein begrenztes Zeitkontingent sind natürliche Sollbruchstellen für allzu weitmaschige Konstrukte. Ich persönlich habe in LinkedIn – mein geschäftliches Kontaktverwaltungssystem – derzeitig (8/2024) zirka 7400 Kontakte. Dieses Netzwerk würde ich als zu groß bezeichnen, wenn ich diese alle einzeln aktiv „bespaßen" wollte. Das Praktische dabei ist: Ich werde durch Nachrichten immer auf dem Laufenden gehalten. Wer umzieht. Wer sich beruflich entwickelt hat. Wer das Unternehmen gewechselt hat und so weiter. Das hält mein Netzwerk auf dem neusten Stand und ich finde täglich einen Anlass, mich bei meinen Kontakten ins Gedächtnis zu rufen – oder einfach nur den Faden unserer Bindung zu verstärken. Manchmal fühle ich mich dabei wie Spiderman, schwinge durch das Leben und vernetze alles und jeden, ich bin „der freundliche Netzwerker aus der Nachbarschaft".

Jetzt sei proaktiv: https://www.linkedin.com/in/fokus-mentor/

Vielleicht vernetze ich auch Dich bald? Welche Problemstellung hast Du gerade? Sag es mir, und – wie meine Oma gesagt hat, und Omas lügen niemals: „Wer fragt, dem wird geholfen."

Deshalb – LEITWOLF – mache Dich zum Spider(wo)man. Vernetze Dich eng mit den richtigen und wichtigen Menschen, bevor Du sie brauchst. Mit allen Anderen bist Du im Kontakt, verfolgst deren Leben reaktiv, aktiv und wenn erforderlich und sinnvoll, auch proaktiv.

Wenn Du Dich noch besser verstehen willst, folgen hier noch vertiefende LEITGEDANKEN …

> Wann hattest Du keine Hilfe, weil Du kein Netzwerk gebildet hattest?
> Was ist jetzt ein guter erster Schritt, um das Netz enger zu ziehen?
> Wie wird sich Dein Netzwerk entwickeln und welche Qualität bekommt es in Deinem Leben, wenn Du so weiter machst?

MEIN WEG. UND
ANGEKOMMEN.

P.S. Schreibe hier Deine eigenen Gedanken auf, benutze Dein Begleitbuch, oder sprich direkt mit mir persönlich.

„Alles steht mit allem in Verbindung. Du bist ein Teil und das Ganze zugleich. Du bist das System und eingeflochten in andere Systeme."

Dir sicher sein.
Solange bin ich an Deiner Seite.

Ein Jahr?

Und Du bist, wer Du schon immer sein wolltest,
Dich aber nie getraut hast zu sein.

Es ist Deine Form und Farbe.
Das System läuft wie geschmiert.
Du bist keine Sonne mehr.

Laser strahlen aus Deinen Augen.
Was Du anfasst verwandelt sich.
Deine Zeit. Dein Raum.

Zu Hause.

Die Energie-Vampir-Tankstelle ist geschlossen.
Deine Realität ist für Dich geschaffen.
Alles fleißt, weil Du es willst.

Meine Modelle und Prinzipien sind Dein.
Alles übertragen und verinnerlicht.
Kein Impuls mehr nötig.

Willkommen bei Dir selbst.
Die Zeit der Zweifel – vorbei!

Ein Jahr reicht (mir) dafür aus.

1. ~~Selbstsabotage gestoppt~~
~~2. Beeinflussung erkannt~~
3. Manipulationsfreiheit leben

Gesellsch
spiele

Gesellschafts-spiele

und was sie mit Dir als LEITWOLF machen

Wann hast Du das letzte Mal ein Brettspiel gespielt? Kennst Du das noch? Ich meine eines, das wirklich aufgebaut wird, mit Spielfiguren, nicht vor dem Monitor mit weltweit verstreuten „Freunden". Erinnerst Du Dich daran? Ist es Wochen, Monate, oder Jahre her? Wo war das? Mit wem?

Gesellschaftsspiele der anderen Art – Lieblingsthema – neben meinem Lebens- und Unternehmenszweck (Ich erwecke LEITWÖLFE!) – versteht sich.

Die meisten haben jahrelang keine Schlossallee (Monopoly) mehr gekauft. Holz gegen Stein (Siedler von Catan) getauscht. „Mensch ärgere Dich nicht" aufgebaut und andere mit einem guten Wurf in die Schranken verwiesen. Wieso auch, spielen wir doch täglich unsere beruflichen Spiele. Durchaus mit Brett, allerdings nicht auf dem Tisch, sondern allzuoft vor dem Kopf. Die Spiele haben sich in den Job verlagert. Ja, und einige gibt es zum Spaß auch privat als B(r)ettspiel.

Glückwunsch!

Allerdings geht es mir an dieser Stelle um ganz andere Spiele. Verdeckte Spiele, deren Regeln erst in der Aktion offenkundig werden. Na, welche laufen in Deinem Unternehmen? In Deinen Abteilungen und Teams – in Deinem Rudel, den Köpfen Deiner Mitspieler? Schon blöd, dass ich das jetzt frage, was?

Eines der „Lieblingsspiele" ist das sogenannte Drama-Dreieck. Dieses – psychologische und soziale – Modell stammt aus der Transaktions–analyse von Stephen Karpman. Es ist in unzähligen Büchern ausführlicher beschrieben, als ich es hier tun werde. Es parallel lesen?

Es ist „beliebt" bei alt und jung. Bei Frau und Mann. Und schon deshalb omnipräsent im beruflichen Kontext. Kennst Du die Spielregeln? Ist Dir das Spiel überhaupt bewusst? Wir erleben es immer wieder, und fast überall …

Frau Müller aus der Buchhaltung hat gesagt, dass Herr Maier aus dem Vertrieb die Verträge nicht ordnungsgemäß eingereicht hat. Dies erzählt sie ihrem Kollegen, Herrn Schmitz.

Herr Schmitz hat da Verständnis, bietet natürlich als heldenhafter Retter seine Hilfe an, um Frau Müller unter die Arme zu greifen, oder vielleicht mit dem Chef direkt zu reden, wenn sie sich nicht traut? Um sich für sie einzusetzen, und ihren Standpunkt für sie vor dem Chef zu vertreten … Dramadreieck in Reinform. Und wer ist hier der, der am meisten profitiert? Wer ist der Ritter in der Not? Wer bekommt das meiste Mitgefühl – nicht Mitleid, denn wer mag schon grundlos mit leiden – zugesichert? Wichtigste Frage:

Wer zieht tatsächlich den Nutzen aus so einer Situation?

Als LEITWOLF bist Du jeden Tag gefordert, schnellstens und genauestens zu beurteilen, wenn ein Herr Schmitz vor einem steht und erzählt, wie Herr Maier die Frau Müller „immer behindert" …

Viele Psychologen behaupten, wir täten rein gar nichts ohne eben einen solchen (Sekundär-)Gewinn durch und für Andere. Dieser Sekundärgewinn kann sich schnell zur echten Sucht entwickeln. Ist das jetzt starker Tobak oder einfach nur Licht im Tunnel der eigenen Weltsicht? Siehst Du das ebenso wie diese Psychologen, kannst Du das gar unterschreiben? Anders gefragt: Gibt es keine wirklich selbstlose Tat?

Ist alles Berechnung?

Möglicherweise bist Du ja auch dieser Meinung. Vielleicht teilst Du gleich auch eine andere Perspektive mit mir. Tatsache bleibt: Wir spielen gerne Machtspiele. Verdeckt oder ganz offen(-kundig), immer: spürbar. Vielfach bewusst eingeleitet und taktisch unterfüttert. Häufig allerdings auch unbewusst, angefacht durch den Blick auf den eigenen Vorteil?

Ein Experiment mit Kleinkindern belegt, dass es auch anders sein kann. Wer wird im Leben belohnt und wer bestraft? Einem Kind werden zwei Handpuppen gezeigt. Die eine rot und die andere blau. Die rote Puppe schlägt die blaue Puppe. Die blaue Puppe schlägt nicht zurück. Im folgenden Szenario steht die rote Puppe vor einer Truhe und versucht diese zu öffnen. Erfolglos. Das Kind hätte die Möglichkeit einzugreifen und der Puppe zu helfen, tut es aber nicht. Nö, iss nicht. Du bist böse gewesen.

Jetzt steht die blaue Puppe vor der Truhe und will sie auch öffnen. Ebenfalls erfolglos. Hier greift das Kind jetzt ein und hilft der blauen Puppe, die Truhe zu öffnen. Dieser „Hilfsbereitschafts-Muskel" ist schon von kleinauf in uns verankert. Trainieren wir ihn auch? Weshalb fördern wir diesen nicht mehr bewusst, wenn wir erwachsen werden? Gibt es dabei Unterschiede zwischen Frauen und Männern? Was glaubst Du?

Weshalb zählt in vielen sogenannten „Unternehmenskulturen" zuerst und vor allem anderen der eigene Profit – vor der uneigennützigen Hilfsbereitschaft – für die Welt und den Frieden?

„Karma is a bitch", habe ich mal gehört.

Das, was man tut, kommt wie ein Bumerang zu einem zurück. Immer, auf die eine oder andere Weise. Ich weiß nicht, wie es Dir geht: Mir wäre es lieber, wenn Deine Mitmenschen einen „positiven" Bumerang schleudern würden, den Du, siehst und dann fangen kannst, anstatt nur den eigensinnigen, der der Jagd dient und Dein Opfer schwerverletzt bis tötet.

Wenn Du Dich noch besser verstehen willst, folgen hier noch vertiefende LEITGEDANKEN ...

> Wann hast Du in der jüngeren Vergangenheit gezielt den Hilfsbereitschafts-Muskel eines Anderen beansprucht?
> Wie kannst Du Dich vor Ausbeutung Deiner „Nettigkeit" schützen und Dir bewusst machen, was hier tatsächlich vor sich geht?
> Wann willst Du das nächste Mal bewusst hilfsbereit sein, ohne in erster Linie den eigenen Vorteil zu sehen?

MEIN WEG. UND
ANGEKOMMEN.

Deine Abkürzung und Ergänzung: 1 Stunde, 1 Tag oder 1 Jahr.

P.S. Schreibe hier Deine eigenen Gedanken auf, benutze Dein Begleitbuch, oder sprich direkt mit mir persönlich.

„Viele Psychologen behaupten, wir täten rein gar nichts ohne eben einen solchen (Sekundär-)Gewinn durch und für andere."

HÖRE MICH AN AUF AMAZON!

HÖRE MICH AN AUF SPOTIFY!

HÖRE MICH AN AUF ITUNES!

SCAN ME

Bereitschaft

Bereitschaft

und was sie mit Dir als LEITWOLF macht

Wer war bei der Bundeswehr? Wer jetzt „hier" schreit, kann sicher gleich nachempfinden, wie ich mich gefühlt habe.

Wir haben in den ersten Wochen, während der Grundausbildung, einige Übungen absolviert, die Du kennen wirst. Zum Beispiel „Feueralarm". Der nervt, kann allerdings Dein Leben retten. Dort wo ich stationiert war, irgendwo im Nirgendwo zwischen Leipzig, Berlin und Dresden, machten sich die (ostdeutschen) Ausbilder – aus deren Sicht – einen Spaß daraus. Es ging ja schließlich nur um die Verteidigung des Landes und nicht um so etwas Gewichtiges wie die Simulation eines echten Feuers.

Also alles halb so wild.

Keine Frage: Wer den Ernstfall geprobt hat, ist im realen Ernstfall besser vorbereitet – auf den Untergang. Also riss man uns gerne aus dem Tiefschlaf – und meine Kameraden (so heißt das ja beim Militär) und ich dachten im ersten Moment: „Die wollen uns hier verarschen." Was Du dann sehr schnell lernen darfst, lernen solltest, ist zu verstehen, wie der Hase läuft. Sirene heult, und nix wie raus aus den Federn, zackzack – und wehe, Du kriegst den Arsch nicht hoch. Dann kriegst Du denselben erst mal voll – und zwar in Form eines Gruppendrucks, der Dir die Ohren an den Kurzhaarschnitt fegt. Denn wenn Du der Langsamste bist, wirst Du hübsch automatisch verantwortlich gemacht für die folgende Ertüchtigungsübung des ganzen Zuges. Liegestütz für alle, und los geht's … Na vielen Dank auch! Um 4:45 Uhr morgens willst Du nicht der Arsch der Truppe sein, wenn um 5:30 Uhr der Wecker – regulär – geht.

Das nennt man Drill.

Durch Exerzieren gehorsam zu machen. „Den Widerstand des Fisches nach dem Anbeißen brechen", sagt der Angler. Nun, derartige „Motivationsmethoden" der Bundeswehr mögen ja durchaus effizient sein. Ich empfand das allerdings für meine Motiva(k)tion als wenig zuträglich. Sog. Druck. Disziplin. Kameradschaft. Egoismus. Wettkampf. Wurden uns als Freiheit verkauft. Der Individualismus als widersinnige, assoziale und zu verteufelnde Gedankenwelt, jedenfalls in der Uniform steckend.

Und wieder Zuckerbrot und Peitsche.

Wie führst Du Dein Rudel? Wie formst Du es zu einer Einheit?
Wie füllst Du Deine Rolle als LEITWOLF aus?

Stell' Dir vor, Du hast in Dir einen Entscheidungsmuskel. Du triffst pro Tag mehr als 30.000 Entscheidungen. Was würde passieren, wenn Du weniger und damit schnellere und bessere Entscheidungen treffen würdest?

Jede Entscheidung braucht, damit sie überhaupt getroffen werden kann, als Treibstoff klaren. Deinen Willen – optimalerweise einen Lebens- und Unternehmenszweck der entschieden ist (Band 2). Möglichst wenige Entscheidungen zu treffen und hier vor allem bedeutende, hieße damit gleichzeitig: Weniger Energie zu benötigen. Genauer gesagt: Maximale Energie nur für die wichtigen Entscheidungen. Die Bundeswehr nimmt Dir schon mal ein paar – in der Kaserne fast alle – Entscheidungen ab: Wann stehe ich auf? Was gibt es zu essen? Was ziehe ich morgens an? Dasselbe wie gestern, allenfalls gewaschen und frisch. Die gleichen Socken, das gleiche Hemd, gleiche Hose, dieselben Stiefel. Fertig. Und schon am Morgen hast Du enorm viel Willenskraft gespart – nur wofür?

Energieanziehung. Ein gutes Konzept?

Denk mal drüber nach. Steve Jobs, der Begründer von Apple, trug jeden Tag den gleichen Rollkragenpullover. Zugegeben, japanische Designer-Stücke (Modedesigner: Miyake Issey), und jeder der insgesamt 100 Pullover war wohl sehr bequem, aber eben täglich dasselbe Modell. Gleiche Farbe und Schnitt. Jeans und Rolli. Wenn Du also eine Schneise ins All schneiden, ein Loch ins Universum hauen willst, hast Du's dadurch schon mal leichter. Wenn Dein gesamter Wille maximal aufs Wesentliche fokussiert bleibt – und Du allein damit schon Hebelkraft erlangst.

Probier's einfach mal aus.

Leg' Dir Deine Sachen für den nächsten Tag am Abend vorher raus. Schon hast Du die kleinen Entscheidungen Deiner Kleidungswahl noch vor der

„Energieladezeit" Deines Schlafs erledigt. Dasselbe gilt natürlich auch, wenn Du Dir, wie ich, für jeden geschäftlichen Tag mit Kundenkontakt – es gibt auch Arbeitsrauschtage – einen eigenen Stil kreierst.

Das ist bei mir sehr hilfreich und spart Willenskraft. Schwarze Unterhose. Socken (orange oder dunkelblau). Weißes Hemd mit eingesticktem LEITFEUER auf dem Herzen. Stoffhose oder meist eine dunkelblaue Jeans. Lederschuhe. Und am rechten Mittelfinger meinen Ring-Of-Fire. Maximale Klarheit, Automatismus, Nachdenken für Wichtiges aufgespart, und sofort proaktiver.

Worum es mir hier geht?

Darum, dass Du Deinen – wertvollen – Willen einsparst, damit Deine Überzeugungskraft wächst und diese nicht durch nichtige Entscheidungen reduziert wird. Achte auf Deine Gedanken. Achte vor allem auf Deine Entscheidungen. Und es ist auch eine Entscheidung, Deine Zeit effektiv und effizient einzusetzen, egal wo Du bist. Selbst wenn Du Dir Deine Arbeit aufteilen musst und so tust, als ob Du wahnsinnig beschäftigt bist. Denn so etwas tust Du Dir doch nicht für lange an. Einverstanden?

Du willst doch schließlich lange gesund bleiben, richtig?

Wenn Du ein LEITWOLF bist – für mich bist Du schon einer – und ich schreibe ja nur für Dich, dann bleibst Du nicht lange an einem solchem Ort der Unterforderung. Doch wo sich der LEITWOLF ins Burnout verirrt hat, verlernt das Rudel das Jagen in affenartiger Geschwindigkeit.
Wird sehr sehr rasch zur bedrohten Spezies. Anpassung an rasant sich wandelnde Umweltbedingungen verdödelt. Letzter Trost: Wenigstens Knochenfunde für Archäologen, Jahrtausende später. Viel besser ist doch: Spare lieber Deinen Willen – und triff die richtige Entscheidung. Eine von Bedeutung. Den Rest lies einfach nach in anderen schlauen Texten anderer Autoren. Oder in meinen.

Lies Dich erfolgreich. Lies das Richtige – täglich, wöchentlich und … .
Sei abends schon bereit für Dein nächstes ETL ohne Feueralarm.
Dein Wecker piept – und Du bist:

Da.
Piep, Piep!
Steh' auf.
Es ist heute.
Es ist Dein ETL.
Dein Wille geschehe.

Jetzt FUCHSTEUFELSWILD in den Kopf.

Worauf wartest Du noch ...?

Wenn Du Dich noch besser verstehen willst, folgen hier noch vertiefende LEITGEDANKEN ...

> Wenn Du Dich erinnerst: Wann warst Du willensschwach und hast darunter gelitten?
> Wie genau sparst Du heute Willenskraft ein?
> Welche Entscheidungen kannst Du durch Vorbereitung künftig einsparen?

MEIN WEG. UND
ANGEKOMMEN.

P.S. Schreibe hier Deine eigenen Gedanken auf, benutze Dein Begleitbuch, oder sprich direkt mit mir persönlich.

„Jede Entscheidung braucht, damit sie überhaupt getroffen werden kann, als Treibstoff klaren Willen – optimalerweise einen Lebens- und Unternehmenszweck der entschieden ist.“

Entschuldigung

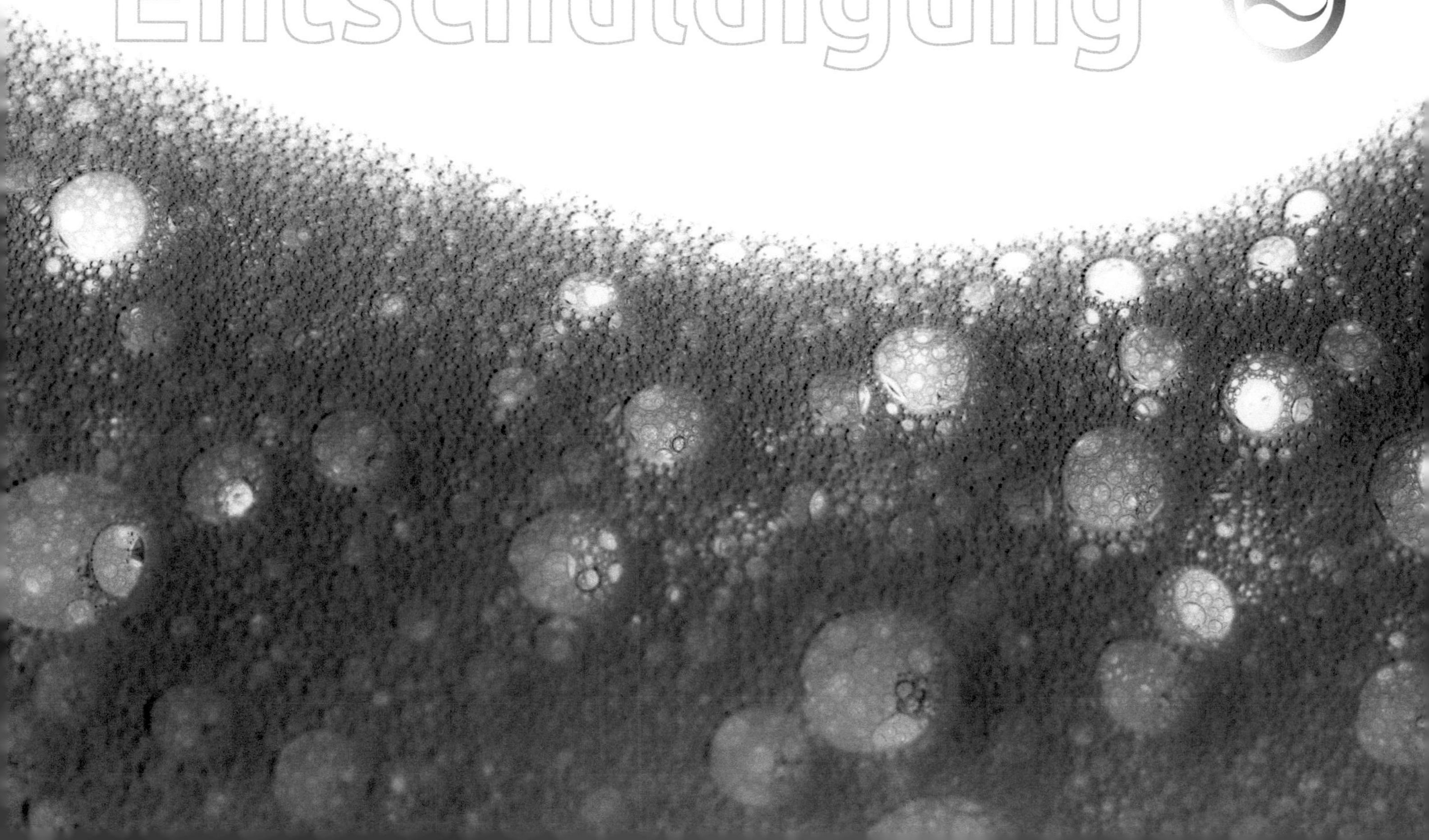

Entschuldigung

und was sie mit Dir als LEITWOLF macht

Ah, Du trägst eine weiße Weste. Chic. Oder ist das nicht vielleicht doch eher eine maßgeschneiderte Zwangsjacke (der Gewohnheit)?

Es gibt eine Lektion, die ich lernen durfte, und die möchte ich Dir hier nicht vorenthalten.

Erst machen, DANN um Entschuldigung bitten.

Wusstest Du, dass kein Mensch auf der ganzen Welt einen braven und angepassten Mann (Frauen noch weniger) zum (Lebens-)Partner haben will? Ist Dir schon mal aufgefallen, dass sehr viele Menschen eher dazu neigen, sich zum „Badass" hingezogen zu fühlen? Na, das kennst Du doch … und Du weißt, warum?

Arschlöcher sind Arschlöcher. Aber immerhin nicht langweilig. Nicht belanglos – oder mausgrau. Willkommen im Beziehungsbingo, und das geht so: Reiz und Risiko sind stets viel wichtiger, als jede Routine und Sicherheit. Solange noch kein Nachwuchs im Spiel ist. Dann ändert sich alles – mit dem ersten Atemzug. Jetzt bin ich der Mittelpunkt, nicht Du.

Die Wirklichkeit: Wenn Du versäumst, Reiz und Risiko einzuweben und zwar in jede neue Lebensphase, dann stirbt Dir die Partnerschaft nicht an Hunger. Sondern Du an tödlicher Gleichförmigkeit.

Stiehlst Du Dir selbst die Zeit – und Anderen?

Als wir noch in Höhlen lebten … da war der Überlebenskampf ein Teil des täglichen „Spiels". Kommt er noch wieder, oder latscht schon längst das Mammut über seinem zermatschten Leib? Na, war das interessant, da gab's noch echtes Interesse für diesen Anderen und es war (überlebns-)wichtig.

48

Gähn, und heute schon wieder eine neue Netflix-Serie? Und immer Schnitzel, Pommes Schranke (mit Ketchup und Majo) – ja selbst in Thailand? Der Speiseplan ist so uninspiriert wie der Urlaub gebucht wurde. Da weiß man, was man hat. So, recht? Zeitig – vor den Anderen – das Handtuch auf den Platz am Strand platziert. Das Essen ganz nach vertrauter Art. So kann das gehen, und gehen … und irgendwann gehst einfach Du. Oder der Andere, der das nicht erträgt. Deine Wohnung wird besenrein hinterlassen. Überraschung ... und tschüss und weg.

Eintönigkeit. Einförmigkeit. Einsamkeit in Dir.

Wie wär's mal mit ein bisschen Würze – echtes Feuer unter'm Arsch, das mehr bewegen kann als nur sich selbst. Hier kommt es, das Rezept: Fang endlich an und leb' Dein ETL. Du hast nur diesen einen Tag – Dein Heute. Hast Du alles – was Dir wichtig ist – bekommen? Du stirbst am Abend und auferstehst am Morgen. Und lebst, als wäre dieser Tag Dein letzter.

„Was?", flehst Du, „FUCHS, so wenig Zeit?"

„Wieso nicht wenigstens `ne Woche, bitte. Einwochen- oder Monatsleben? Ich brauch' doch meine Sicherheit, Routine und Komfort … Bequemlichkeit, schön, nix tun, herrlich. Ich sag' Dir was, und wenn's Dir auch nicht schmeckt: Nichts tötet Liebe mehr als der Alltag. Du warst arschig, hemmungslos, fühlst Dich belastet, schuldig? Und doch plötzlich ausgeglichen, glücklich?

Nur keine Sorge um niemanden.

Denn Deine Eltern lieben Dich. Selbst dann, wenn Du im Bett endlich die Dinge machst, die Du vielleicht „versaut" nennst. Fragst Du womöglich auch: Was würde meine Mutter von mir denken? Autsch, tut sie noch weh, die Sprachhygiene? Na logisch, das ist anfangs immer so und: Klar hat's Dich geprägt. Und jetzt ist damit Schluss. Zerfick die Routinen wenigsten beim Sex – ordentlich und entgültig. Phantasie belebt!

Das reicht Dir (nicht).

Gar nicht so leicht, Dich rein zu waschen von der Sünde, stimmt's? Ja, wegzuwaschen, all die überlieferten, die unbewussten Gedanken Anderer. Wie ist das wirklich gemeint, was wir da so gesagt bekommen haben? Meint es nicht eigentlich vielmehr das Gegenteil? Die sogenannte Schutzbehauptung, oft drohend ausgesprochen. In Wahrheit gar die (Auf-)Forderung, das Verbotene unbedingt zu testen … So Vieles völlig falsch in falsche Richtung ausgesprochen. Auf falschem Umschlag. Falsche Anschrift und Adresse. Und all das vielfach nur aus Furcht vor diesem bösen Unbekannten … dem „schwarzen" Mann mit einem riesen …

Schwanzvergleich.

Ist Dir denn klar: Du kannst Dich von der Sünde rein waschen – täglich. Kannst Deine weiße Weste stets von Scham und Schuld befreien, ganz wie von selbst. Du darfst nur die Entscheidung treffen, dies zu tun. „Vermessen, FUCHS, das geht doch nicht?" Nun, Du entscheidest. Kannst gerne auch noch warten bis zum Wochenende, aber dann kommt die (Sünden-)Waschmaschine in Aktion. Ab in den Keller, Du musst gar nichts tun, weil das Waschprogramm ganz von alleine läuft. Meine schmutzige Wäsche reinige ich jede Woche – mindestens jede zweite. Machst Du das auch? Sieh's doch mal so: Du hast die Überzeugungen lang genug ertragen und angezogen. Und das hat seinen Preis gehabt.

Jetzt darfst Du es.

Erst machen, DANN um die Entschuldigung bitten. Und los geht's mit dem (Sünden-)Waschprogramm. Gereinigt. Das machen Andere – durch Beichtstühle und Ablassbriefe, das sind bekannte Beispiele – seit Jahrhunderten, also kannst Du's auch?! Bö(h)ser Onkel, böse Tante, böses Was-auch-immer. Probier's mal aus: Jedes Mal, wenn Du „unartig warst" und Du die Wäsche in die (Sünden-)Waschmaschine stopfst, dann mache das selbst zum Ritual. Lösen sich da auch alle Verfehlungen und Missgeschicke bei 40 Grad auf? Wie klingt das jetzt für Dich? Zu abgefahren und doch verständlich? Zu schön, um wahr zu sein? Neue Routine.

Ha, schon wieder: Dein Programm läuft …

Wähle es gut aus, denn Du bist voller Sünde. Von oben bis unten. Gestehe es Dir ein. Ist höchste Zeit, Dich reinzuwaschen – außen und innen? Na, mach schon, trau Dich endlich mal, und ohne nachzudenken. Die Wirkung siehst Du. Alles porentief rein. Die Wäsche meine ich, mit dem Rest, da kommst Du selber klar, mir ganz unmöglich, darauf Einfluss zu nehmen, oder?

Die Be-Reinigungsreise hat begonnen. Du weißt ja: Der LEITWOLF ist sehr reinlich. Doch niemals harmlos und handzahm, stimmt's?

Übrigens: Zwangsjacken werden seit 2017 nicht mehr hergestellt, jedenfalls nicht für den medizinischen Gebrauch. Den Rest überlasse ich Deiner Phantasie und sonstigen „dreckigen" Gedanken. Du weißt, was Du tun oder lassen willst. Und bleibe dabei, gerne versaut, dass steht Dir gut zu Gesicht und ein bißchen „Badass" ... macht doch einfach an, oder?

Wenn Du Dich noch besser verstehen willst, folgen hier noch vertiefende LEITGEDANKEN .....

> Wann hast Du zum letzten Mal etwas getan, wobei Du ein schlechtes Gewissen hattest?
> Wie hat sich der Sieg über Deine Überzeugungen der Vergangenheit angefühlt?
> Wo im Körper hast Du diesen Sieg am intensivsten gespürt?

MEIN WEG. UND
ANGEKOMMEN.

P.S. Schreibe hier Deine eigenen Gedanken auf, benutze Dein Begleitbuch, oder sprich direkt mit mir persönlich.

___

___

___

Zusammenfassung
H wie Hebel

37 Plantagenmotivation
„Zuckerbrot und Peitsche" sind kein Führungsstil, sondern moderne Sklaverei!

38 Veredelung
Deine Leitmarke sendet Deinen Lebens- und Unternehmenszweck an die richtigen Empfänger.

39 Kundenliebe
Mach Deine echte Hingabe und Begeisterung spürbar.

40 Irritation
Mach das „Problem" zu Deiner Stärke.

41 Rollentausch
Denke immer wie ein Vordenker, Macher und Bewahrer – in dieser Reihenfolge!

42 Veränderungsbereitschaft
Du kannst Dich von einem Schock aus der Bahn werfen lassen, oder ihn positiv für Dich nutzen.

43 Pilzkultur

Schaffe Räume für kreativen und interdisziplinären Austausch.

44 Vertiefschleunigung

Anlegen, feuern, zielen.

45 Verbindungen

Mach's wie Spiderman, vernetze Dich
mit den richtigen und für Dich wichtigen Leuten.

46 Gesellschaftsspiele

Sei hilfsbereit, aber lass Dich nicht ausnutzen
und durchblicke die Sekundärgewinne.

47 Bereitschaft

Spare Entscheidungsenergie wo immer Du kannst.

48 Entschuldigung

Erst machen, dann entschuldigen.

S wie...

und worin liegt der eigentliche Sinn des Lebens?

Diese Frage hätte ich auch ganz am Anfang der LEITWOLF-TRILOGIE stellen können. Es gibt einen Grund, weshalb ich sie erst hier stelle:

Die Frage nach dem Sinn (Deines Lebens).

Ich stelle diese „Frage" bewusst am Ende,
weil der Prozess bis hierhin wichtig ist.

Durch die vorangegangenen 48 LEITGEDANKEN – plus zwei Gastautoren-Beiträge – hast Du Dich mit Deinem Fokus und Dir selbst als Unikat beschäftigt, hast Chancen erkannt und neue Hebel entdeckt, jetzt sollte der Sinn ein Kinderspiel werden, oder?

Es ist an der Zeit, diesen für Dich genau zu definieren. Für die Zukunft. Für Dich selbst. Damit Du den Weg zum LWB, den Du beschreitest, niemals wieder aus den Augen verlieren kannst. Damit Du auch für Dich glaubhaft sagen kannst, wie „ICH bin ... und WIR sind ..."

ICH ERWECKE LEITWÖLFE (UND WIR SIND DIE LEITWOLFLIGA)!

Ich als DerFUCHS mache genau das, mit allem was ich entschieden habe. Das liest Du mit Sicherheit – an der einen oder anderen Stelle – für Dich heraus.

Meine Haltung: Für mich bist Du die Zukunft und deswegen investiere weiter ich in Dich. Zeit, Leitmodelle und alle Ressourcen.

Ich wünsche Dir viel Vergnügen beim Lesen dieser letzten 12 Texte,
die weiterhin zum Vordenken statt Nachdenken anregen.

MEIN WEG. UND
ANGEKOMMEN.

Leitfeuer

Leitfeuer

und was es mit Dir als LEITWOLF macht

„Auf den Scheiterhaufen mit ihr!" schrie die Meute in Rage. Sie soll bereuen, gegen die Masse aufbegehrt zu haben. Ein Exempel gegen die Andersartigkeit. Brennend wird sie schon leugnen, woran sie glaubt. Im Angesicht des Todes wird sie konvertieren. Sich besinnen. Mit unserer Art zu leben nicht zu harmonisieren ist ein Frevel. Schwöre dem ... ab!

Du wirst brennen!

So oder so ähnlich ging es damals zu Zeiten der Inquisition zu (auf die niemand gewartet hat). Besonders nicht die Hexen, Medizinmänner, Schamanen und Magier, die über Jahrhunderte geheilt und mit Leibeskräften dem Leben gedient haben. Die waren mehr als überrascht, dass alles, was bisher half, jetzt – per Dekret – verteufelt und unter Strafe verboten wurde. Ich halte es da eher wie die Ältesten auf Hawaii: Wer heilt, hat Recht.

Wenn es wirkt, ist es das richtige Mittel.

Zwar werden „Andersartige" heute nicht mehr gejagt und verbrannt, doch die Mistgabeln sind nur mittlerweile von subtilerer Natur. Für Vordenker war, ist und bleibt es stets schwierig, manchmal schier aussichtslos im Unternehmen – angestellt Dich nicht so an. Der Zeit voraus zu sein. Eine Bürde? Aber wiegt nicht die Last der eigenen Unfähigkeit, sich zu seiner „Andersartigkeit" zu bekennen, in welcher Form auch immer, viel schwerer?

Ich brenne dafür.

Vor Wut über das selbstzerstörerische Vorgehen so Vieler (Selbstsabotage). Die Menge – nenn' sie „All-Gemeinheit" – will Deinen LEITWOLF nicht erwecken, im Gegenteil: Sie will Dich weiter im LEIDWOLF-LABYRINTH herum irren lassen. Das hat diverse Vorteile. Welche ...

Meine Bewegung: VERBRENNE DEINE #GRUENDELISTE.

Und ich bekenne mich schuldig und brenne dafür:

Anders zu sein.
Anders zu denken.
Anders zu fühlen.
Anders zu handeln.

Im LEITWOLFBEWUSST-SEIN angekommen.

Und genau deshalb: Dich zu führen. Aber natürlich kannst Du das hier und jetzt am Ende von Band 1 für Dich nachvollziehen. Dass so ein Feuer in Dir entzündet wird. Du musst ja bei Deinem Zweifel bleiben, das ist vollkommen in Ordnung für mich. Du darfst da bleiben. Meinem Weg zu folgen, das geht nur, wenn Du jetzt eine Entscheidung triffst. Du hast aber Gründe, warum es nicht geht. Oder bist Du etwa weiter …, LEITWOLF?

Zahlst Du den Preis?
Kannst Du überhaupt noch brennen?
Wofür brennen?

Brennen … für Deine Phatasien, Wünsche und Überzeugungen, die in Dir leben und danach schreien, Wirklichkeit zu werden.
Brennen … für Deine Zukunft, im Hier und Jetzt?
Brennen … weil Du es Dir wert bist, Dein LEITFEUER zu offenbaren.
Brennen … weil Du unbedingt zeigen willst, wie ein LEITWOLF seine LEITWOLFLIGA fördert, fordert und führt?

Dein Leben. Deine Familie. Dein Unternehmen. Deine Herausforderungen. Deine Sprache. Zeigen mir auf, wie erfüllend das für Dich ist: Zu fördern, zu fordern und dadurch zu führen.

Es ist doch Deine Bühne, die Du selber baust. Und wenn Du keine errichtest, kommt auch kein Publikum, wie denn auch? Dort steht er also nun, der Scheiterhaufen Deines Lebens, der soll mit Dir und Öl übergossen werden?

„Nein, nein, das ist doch viel zu heiß und zu gefährlich. Es besteht offentsichtlich Verletzungsgefahr. Da bin ich raus und verschweige lieber weiter wer ich wirklich bin", erwidert der LEIDWOLF sichernd und einleuchtend.

Wir starten langsam und steigern uns.

Fang an mit Deinen Lügen, dann spreng sie alle weg: Alle bornierten Denkblockaden. Wie wär's mal mit den eigenen? Hörst Du den Knall in Dir? Granaten-Einschlag im Glaubenszentrum. Die Kirche Deiner Selbstsabotage zertrümmert? Und aus Ruinen auferstehen? Der Weg aus dem LEIDWOLF-LABYRINTH ist frei. Uiuiuiui, wie geil ist das denn?
Wenn plötzlich das Gewohnte weg ist.

Dann stimm' doch mit ein und sing mit mir:
„Ich will brennen … Mit dem letzten Atemzug …
bis nur noch kalte Asche übrig ist"
(ASP – Ich will brennen)

Wenn Du Dich noch besser verstehen willst, folgen hier noch vertiefende LEITGEDANKEN …

> Was hat Dich Deine Zurückhaltung eigentlich bisher schon gekostet?
> Was pulsiert in Dir, weil es sich die ganze Zeit entfalten will?
> Wie machst Du ab sofort Dein eignes LEITFEUER sichtbar – für die Welt?

MEIN WEG. UND
ANGEKOMMEN.

P.S. Schreibe hier Deine eigenen Gedanken auf, benutze
Dein Begleitbuch, oder sprich direkt mit mir persönlich.

____

____

____

Aufgelöst:
Welches Problem?

Welche Frage stellst Du mir?
Wer möchte wirklich Antworten und keine Gründe?

Du hast mich.
Das ist ok.
Für diesen Zeitraum bin ich Dein.

Aber anders als Du denkst, fühlst und handelst.
Ich höre genau hin und dann ...

Spiele ich nicht mit – Dir.

Ich gewinne mehr als nur Dein Vertrauen.
Meine Erzählungen fruchten und gehen tief.
Die Ansätze sind plausibel und abgespeichert.

Umsetzungsgeschwindigkeit.
Lass Taten folgen.
Das Verständnis ist geschaffen.

Wunder gibt es immer wieder!

Doch das ist Talent und Erfahrung gemischt.
Dein Cocktail zur Unbeschwertheit.

~~**Selbstsabotage gestoppt!**~~

Eine Stunde reicht (mir) dafür aus.

1 Person.
1 Frage.
1 Lösungsweg.

Akzeptanz

Akzeptanz

und was das mit Dir als LEITWOLF macht

Ist Dir das auch schon mal aufgefallen? Obdachlose in der Fußgängerzone erwecken mitunter den Eindruck, dass sie dort postiert sind. Gewissermaßen genau dort arbeiten, für sich oder wen auch immer …

Das ist nur meine Realität in der Geschichte?!

Jeden Morgen an der selben Stelle saß er, der selbe Bettler. Ein kleinwüchsiger Mann mit einem verkrüppelten Bein. In den Händen ein Bild der Maria-Magdalena. Er konnte nicht weglaufen. Sicher(gestellt) und tragisch. Allerdings auch äußerst praktisch für seine „Arbeitgeber" (wenn man die Drahtzieher im Hintergrund so nennen will). Während ich also so täglich zu meiner Arbeit tigerte, saß er schon da und machte seine. Genauso pünktlich. Jeden Morgen. Und schon nach kurzer Zeit, da war es, als würden wir uns länger kennen.

Natürlich war er nur anfangs auf Mitleid aus.

Sein Job war es mich zu infizieren. Die Spende zu gewinnen. Bitte bitte, denn „mir geht's doch so schlecht und Dir so gut Ich armer Krüppel." Doch weil ich ihn täglich stets nur freundlich grüßte, ließ er bald vom einstudierten und schlechten Schauspiel ab, da kam die echte Freundlichkeit durch. Er war ein ganz witziger Typ.

Und plötzlich war er nicht mehr Opfer der Umstände.

Mit einem Mal begann er zu wirken wie einer, der genau weiß, was er tut. Sein Ausdruck, ganz verschmitzt, „Bruder, das ist nur mein Job. Du weißt schon, Kumpel. Sieh mir nach, dass ich Dich als „Kollege" angebettelt hab', Dir auch `nen schönen Tag."

Von da an änderte sich unsere Beziehung. Er freute sich, wenn wir uns sahen. Ich respektierte ihn als Mensch – und nicht als Bettler. Wir wussten ja beide: Deine Ich-armes-Schwein-habe-ohne-dein-Almosen-keine-Chance-zu-überleben-Rolle ist perfekt einstudiert. Ein wahrer Meister im

Gefühl-des-Mitleids-wecken in fast jedem – nicht bei mir – doch vielfach klappte das sehr gut. Nun, überleg mal, was Dir das jetzt sagen soll. Ein jeder hat auf seine Art und Weise das „gewisse Etwas"– ein Talent. Was glaubst Du, kannst Du besser als all die anderen? Was unterscheidet Dich vom Mitbewerber – sei es im Beruf oder privat?

„Mein" Bettler hat es jeden Tag geübt.

Gelernt in jeder Woche, jedem Monat: Sein „Leiden" auszustrahlen, um Mitleid zu erwecken. In Gestik, Mimik, nur mit der Körpersprache. Ganz wie der Chirurg das Skalpell ansetzt, der Fechter seinen Degen schwingt, die Opern-Diva täglich übt, so hatte er genau das zur Mitleids-Meisterschaft gebracht. In seiner, ihrer, Deiner Welt: bis hin zur Perfektion. Du hast die Wahl, was immer Du auch tust. Mittelmaß oder Meisterschaft?

Bemühe Dich um Vollkommenheit – und hör nicht auf – zu (ver)lernen.

Du hast die Gabe. Sicher. Bist in dem überragend. Das Vermögen. Denn Du vermagst mit Sicherheit genau das zu tun, was niemand ganz genau so tut, wie Du. Du machst es Dir vielleicht nicht klar. Doch was Du da gesammelt hast, Talente in der Mehrzahl, gepaart und stetig angereichert mit Deinem ganz speziellen Wissen, Können, Wollen – all das ist Dein Erfolgsgarant. Der Freibrief für Dein Leben, das völlig nach Deiner Vorstellung laufen darf, nach Deinem Glauben. Und nur Du alleine hast die Macht, dafür zu sorgen: Die beste Version Deiner Selbst zu sein oder zu werden.

Gib mir einen Tag Zeit mit Dir.

Du bist der LEITWOLF, wenn Du's Dir erlaubst. Und einmal wahrgenommen und erhört, kennt er den Weg zum LEITWOLF-BEWUSST-SEIN und alle Chancen auf diesem. Ist das Dein Zweck: zu betteln? Zu führen?

Jetzt lerne das was ansteht.

Was vermutest Du, Schwester oder Bruder ist
Dein Lebens- und Unternehmenszweck?

Wenn Du Dich noch besser verstehen willst, folgen hier noch vertiefende LEITGEDANKEN ...

> Wann wolltest Du Deine Talente einsetzen, aber konntest nicht?
> Wann konntest Du Deine Talente einsetzen, aber wolltest nicht?
> Wie wirst Du Können und Wollen ab heute vereinen ohne zu betteln?

MEIN WEG. UND
ANGEKOMMEN.

Deine Abkürzung und Ergänzung: 1 Stunde, 1 Tag oder 1 Jahr.

P.S. Schreibe hier Deine eigenen Gedanken auf, benutze Dein Begleitbuch, oder sprich direkt mit mir persönlich.

„Denn Du vermagst mit Sicherheit genau das zu tun, was niemand ganz genau so tut, wie Du. Du machst es Dir vielleicht nicht klar.“

Heute

Heute

und was es mit Dir als LEITWOLF macht

„Morgen, ja morgen fang ich ein neues Leben an. Und wenn nett morgen, dann vielleicht irgendwann ...“, sang einmal die Erste Allgemeine Verunsicherung (EAV) – (m)eine Musik-Truppe aus Kindertagen.

Stell' Dir vor, Du hast noch einmal die Chance, neu geboren zu werden. Was würdest Du jetzt sofort ändern? Du machst Dir das nicht bewusst: Ein solcher Gedanke verändert (Dein) Denken, Fühlen und Handeln radikal. Wie Du Dein Leben gestaltest. Das ist eine Gefahr für das Beständige. Höchste Zeit, Dir das erste LEITMODELL (ETL) aus Band 2 erneut schmachhaft zu machen.

Das ist der Zustand, in dem Du erwachst ...

Gierig auf das Neue.
Das, was Dein Leben Dir heute an Optionen und Variationen ermöglichen kann.

Verrückt, was an einem Tag alles verändert oder optimiert werden kann.
Verrückt bist Du – derjenige, der das macht.

Wachgeküsst, LEITWOLF.

Also erwachst Du als Genie, oder als Du, mit Deinem ganzen Potenzial, was in Dir geschlafen hat. Jetzt seid ihr wach! Es geht los. Der Tag beginnt ... Dieser Tag ist Dein. Soweit alles klar.

Klar?

Nochmal: Dieser Tag ist Dein Leben! Nur dieser eine Tag.
Was würdest Du heute anpassen, damit dieses Leben,
auf Deinen Lebens- und Unternehmenszweck einzahlt?

Jetzt bist Du wach, und alles beginnt, neu auf Dich (ein)zuwirken. Deine Sinne ertasten diesen neuen Tag. Zeit, sich wohlig zu strecken, nur diesen einen Tag, Dein ETL zu begrüßen.

Und was wäre das für ein schönes Ritual, wenn Du zu zweit (oder zu dritt, was auch immer Deinem Beziehungsmodell entspricht) das Leben des Anderen wachküsst. Schon das kann heute Dein ganz anderes Leben begründen. Voller Harmonie. Voller Wohlbefinden. Ausgeglichen. Nein, ich rede diesmal nicht von Sex. Diesmal. Sowas, direkt am Morgen, das gehört sich doch nicht, Du Feinschmecker.

Oder doch, Frühstück im Bett?

Es ist Dein ETL. Deine Entscheidung. Lohnt sich also, Dein Leben heute einmal ganz anders zu beginnen – als sonst? FUCHSTEUFELSWILD (Podcast) etwa ist eine gelungene Alternative – und das nicht nur, wenn Du alleinliegend bist.

„Na, na, FUCHS," wirst Du jetzt vielleicht sagen, „nach der Neugeburt, da läuft ja erst mal gar nichts mit meinen Überlegungen."

Halt(s Maul)!

Mach Dir bewusst: Du bestimmst jede Sekunde. Jeden Handgriff, jede Routine. Denn nur Du bist ab jetzt der LEITWOLF für Dein Leben.

Deine MDFH werden Dir folgen – Du brauchst dazu nur etwas Übung (mehr Inspiration und Handlungsimpulse findest Du in Band 2 + 3). Werde Dir all dessen bewusst, was Du tust. Fokussiere Dich auf das, was Du heute erreichen willst. Und dann tu es. Deine Wahl. Deine Entscheidung.

Der Tag gehört Dir!

Wenn Du Dich noch besser verstehen willst, folgen hier noch vertiefende LEITGEDANKEN ...

> Welche „Materie" wird heute durch Dich erschaffen?
> Welche Erfahrungen möchtest Du am Ende Deines ETL erlebt haben?
> Was willst Du heute und wie hoch ist Dein Einsatz?

MEIN WEG. UND
ANGEKOMMEN.

P.S. Schreibe hier Deine eigenen Gedanken auf, benutze Dein Begleitbuch, oder sprich direkt mit mir persönlich.

____

____

____

„Was würdest Du jetzt sofort ändern?"

FUCHSTEUFELSWILD = DER PODCAST VON DERFUCHS

HÖRE MICH AN AUF AMAZON!

SCAN ME

HÖRE MICH AN AUF SPOTIFY!

HÖRE MICH AN AUF ITUNES!

Zukunft

Zukunft

und was sie mit Dir als LEITWOLF macht

Brummm, brummm, brummm …

… belästigt mich diese ebenso winzige wie intelligenzlose Kreatur an meinem Fenster. Ihr Geräusch nervt. Sie versteht unsere Welt einfach nicht! Kennst Du das Gefühl: Nicht nachvollziehen zu können, wieso es nicht weiter geht?

Selbstsabotage durch Unverständnis?

Die Fliege sitzt auf der Scheibe und kann einfach nicht erfassen, was hier los ist. Wissen wir das wirklich? Wirklichkeit ist eine Illusion. Für diese Tiere ist es so. In ihrer Wirklichkeit sagt sie sich wohl so etwas wie: „Wieso zum Fliegenschiss kann ich in der Luft landen und komme nicht weiter? Es müsste doch eigentlich hier weiter gehen. Was bedeutet das? Bin ich irre in meinem Kopf?" So oder so ähnlich.

Dabei sind wir gar nicht so weit weg von diesem Fliegen-Denken.
Wie komme ich hier weiter?
Ich verstehe das nicht!
Warum ist das so – oder so?

Fliegen sind sonderbare Tiere. Wir ebenfalls.

Nehmen wir zum Beispiel die Eintagsfliege. Die lebt immerhin nicht lange genug, um sich ernsthaft Gedanken über eine Glasscheibe machen zu müssen. Ich persönlich – folg mir hier mal kurz gedanklich – stelle mir dieses Leben spannend vor, weil Zeit mit einem Mal eine ganz andere Bedeutung bekommt (ETL). Nicht schlecht: Ich werde geboren und kann sofort fliegen.

„I believe I can fly … I believe I can touch the sky …"

Was für eine grandiose Fähigkeit. Welche grenzenlose Optionen. Zumindest aus unserer beider Sichtweisen.

Wie kommen wir also weiter?

An der Scheibe vorbei? Falsche Frage. Falsche Antwort. Denn je nachdem, welche Art Frage Du stellst, erhältst Du beinahe automatisch eine Antwort. Allerdings meist eine völlig sinnlose, wenn Du dabei stets meinst, dass dieses Fensterglas Dein Himmel sei. Und Du nicht kapierst, dass Du hier im falschen Rahmen bist. Meine Standard-Ansage an den LEIDWOLF. So wie neulich, als wieder so einer im STÄRKENNAVIGATOR mir sehr schnell und nicht nur körpersprachlich signalisierte:

Er ist auf einem völlig falschen Weg.

Genau wie diese Fliege an der Scheibe. Brumm brumm brumm, immer wieder, als ginge es dort auch nur ein Stückchen weiter. Immer wieder das Falsche mit immer mehr Energien. Du kennst diesen stupiden, glasigen Blick des Besessenen. Wie hilft man so einem Unternehmer zu verstehen, dass der Weg in diesem ganz speziellen Fall nicht der sein kann, der ihm doch zwingend oder gar logisch erscheint?

Er wusste nicht, was ich damit meinte; ich meine ja viel, was Andere nicht glauben (können), bevor wir das – zusammen – geändert haben.

Also legte ich los!

„Stell dir mal vor, du bist eine Eintagsfliege und du wirst mit dem Bewusstsein geboren, dass es schnell vorbei ist. Stress pur. Leistungsdruck. Erwartungshaltung der Anderen. Recht machen. Begrenztes Denken.
Was fehlt dir noch in meiner Aufzählung?"

„Verlustängste", meinte er kleinlaut. Jetzt war es raus!
„Du bist also ein Versager, Loser, oder aber einfach nur ein Möchtegern–Unternehmer?"

Das saß.
Treffer.
Versenkt.

Es ist immer wieder ein Moment der absoluten Irritation. Ein Moment, in dem ich durchaus genieße, dass beim Anderen nach einer kurzen Stille langsam die Erkenntnis keimt. Ich bin (selten) geschäftlich sadistisch drauf, doch in dem Fall brachte es uns beide ja weiter und ich hatte unbeschreiblich Spaß, dank dem Einsatz der provokanten Gesprächstherapie.

Gefühlsachterbahn gestartet.

Wut kochte in ihm hoch. Die Haut erhitzte sich augenblicklich und die Muskeln spannten sich unter der Kleidung – minimal. Ich wette, er wollte mir in diesem Augenblick eine reinhauen. Das spürte ich. Gut so! Statt mich zu entschuldigen, bohrte ich mich tiefer in der Wunde. Ich war natürlich darauf aus, die Wunde zu verschließen – aber selbstverständlich erst, wenn sie zuvor aufgerissen und fachmännisch gesäubert worden war. Schmerzen sind dabei nur nötig, wenn sie dienlich sind.

„Du, ich meine genau dich, den Möchtegern-Unternehmer", damit brachte ich ihn tiefer in seine Gedankenwelt. Ich hatte den Hebel, den wir für den stärksten Wandel brauchten. Wut, über die Erkenntnis, sich ständig anders zu geben als man innerlich ist. Und mit der Wut kommt vielfach echte Aufrichtigkeit, das hast Du ja schon von mir gehört.

„Sag bitte laut, dass du ein Möchtegern-Unternehmer bist."
„Nein. Das werde ich nicht sagen." – „Dann wird sich nichts ändern. Außerdem reicht dir doch, dass du das spielen kannst, statt es zu sein. Keine Verantwortung. Wie früher im Kindergarten oder in der Grundschule, oder wo auch immer. Eine Scheinrealität funktioniert doch immer – eine Zeit lang. Du bist ein Möchtegern-Unternehmer. Du weißt es! Ich weiß es. Wir wissen es – alle – wenn wir genau hin hören und sehen. Stimmt es?"
„Nein, bin ich nicht! Ich bin gut in dem, was ich tue."
„Warte. Gut und rechtschaffend?"
„Genau." Arme in Abwehrstellung, vor der Brust verschränkt.
„Lass mich in deine Zukunft gucken", dabei machte ich übertriebene …

Gesten über einer imaginären Glaskugel …

„Ich sehe … eine dunkle Zukunft und … heute den Möchtegern-Unternehmer … dann später einen Betrüger und Kriminellen, der sich in Dir versteckt. Wann ist die erste Bank fällig?"
„Wie jetzt? Bank?"
„Naja, ich dachte, ein Mensch mit soviel krimineller Energie hat doch bestimmt Expansionspläne für die Zukunft. Will aus dem Potenzial was machen?"
„Bankräuber? Das ist doch völlig durchgeknallt. Du spinnst, FUCHS."
„Das ist halt deine Zukunft, denn wenn wir jetzt nichts tun, bleibt dir doch noch immer eine Rolle als gewiefter Bankräuber. Ich kenn' da wen … der kennt den … und der kennt den … Aber als Möchtegern-Unternehmer nehmen die dich nicht. Das ist zu wenig."
„Also was jetzt, Möchtegern-Unternehmer oder gewiefter Bankräuber?"

Er lächelte etwas mehr und beruhigte sich. Merkte, dass ich mit ihm spielte. Ihn austrickste. Ihn immer mehr aus dem LEIDWOLF-LABYRINTH führte.

„Dann lieber jetzt Möchtegern-Unternehmer. Was bist du ein …"
„Möchtegern-Unternehmer. Stimmt schon!"
„Geht doch, damit ist gerade Deine immerhin denkbare Zukunft als Krimineller und Vorbestrafter aus der Gesellschaft Ausgestoßener unmöglich geworden. Gestorben. Schade eigentlich."
„Wie schade?"
„Wäre auch ne echte Chance gewesen und ich hätte darüber schreiben können, wie ich dich gecoacht" habe. Manches Blatt zahlt gut für solche Stories, nachdem Dich auf der Flucht ein Kugelhagel niedergemäht hat. Wie in einem schlechten Film."
Er lachte. „Ok, ok. Ich bin also gerade ein Möchtegern-Unternehmer."
Ich sagte entscheiden, „Nein bist du nicht. Vergiß das und lösch es endgültig." „Wie jetzt?" „NEIN!

Du bist ein kluger und weitsichtiger Mann, der unternehmerisch einiges drauf hat, und du denkst, du bist zu schlecht und zu hilfsbedürftig, um Erfolg haben zu dürfen … "

Jetzt glaube mir und Dir!"

Was war wohl der Sekundärgewinn?

Wenn Andere einen erkennen und wirklich nachempfinden wollen und können, welchen Grund auch immer es geben mag, sich in welcher Form auch immer zu verändern, dann öffnet sich plötzlich eine Tür in eine bessere Zukunft und Du stirbst keinen weiteren Tode.

Dafür bedarf es jedoch immer einer kompromisslosen Entscheidung.

Dafür oder dagegen. Für etwas oder gegen etwas. Also entscheide Dich: Bist Du jetzt lieber Möchtegern-Unternehmer oder gewiefter Bankräuber, der im Kugelhagel, durchsiebt wird und dann qualvoll verblutet?

Wenn Du Dich noch besser verstehen willst, folgen hier noch vertiefende LEITGEDANKEN …

> Wer warst Du damals für die Anderen?
> Wer bist Du heute in Deinem Inneren – ein Möchtegern- …?
> Welche Zukunft wird Dir möglich, wenn Du den LEITWOLF förderst, forderst und führst?

MEIN WEG. UND
ANGEKOMMEN.

Deine Abkürzung und Ergänzung: 1 Stunde, 1 Tag oder 1 Jahr.

P.S. Schreibe hier Deine eigenen Gedanken auf, benutze Dein Begleitbuch, oder sprich direkt mit mir persönlich.

Aufgelöst:
Welches Problem?

Welche Frage stellst Du mir?
Wer möchte wirklich Antworten und keine Gründe?

Du hast mich.
Das ist ok.
Für diesen Zeitraum bin ich Dein.

Aber anders als Du denkst, fühlst und handelst.
Ich höre genau hin und dann ...

Spiele ich nicht mit – Dir.

Ich gewinne mehr als nur Dein Vertrauen.
Meine Erzählungen fruchten und gehen tief.
Die Ansätze sind plausibel und abgespeichert.

Umsetzungsgeschwindigkeit.
Lass Taten folgen.
Das Verständnis ist geschaffen.

Wunder gibt es immer wieder!

Doch das ist Talent und Erfahrung gemischt.
Dein Cocktail zur Unbeschwertheit.

~~**Selbstsabotage gestoppt!**~~

Eine Stunde reicht (mir) dafür aus.

1 Person.
1 Frage.
1 Lösungsweg.

Antrieb

Antrieb

und was er mit Dir als LEITWOLF macht

Dein LEITWOLF weiß es, instinktiv: Du hast keine Zeit zu verlieren.

Du hast Deinen Lebens- und Unternehmenszweck entschieden? Dann wirst Du diesem Dein Leben lang folgen wollen. Vorausgesetzt, es fühlt sich absolut richtig an. Gegen alle Widerstände, ohne jede Ambition, etwas Anderes als wichtiger zu erachten. Keine Ablenkung (mehr), weil jede Sekunde Bedeutung hat. Überlebenswichtig. Jeder Moment ein Mosaikstein, der den Weg zum LWB vor Dir pflastert. Das ist eine wahrhaft kompromisslose Entscheidung. Das nenne ich einmal fokussiert, meint Dein Fokus-Mentor.

Was unterscheidet uns von Tieren? Du magst diese Frage als viel zu philosophisch abtun. Mal ehrlich, wo liegt denn der Unterschied? Die meisten Menschen lassen sich doch nur von ihren Urinstinkten treiben. Jeder auch Du bist dem "unterworfen"?

3 F.

Nur um Nachkommen zu hinterlassen, und dann in Ruhe und beglückt, fast schon selig, erfüllt abzudanken. Ist das bei Dir auch so, oder strebst Du nach einem höheren Sinn? Bist Du schon erleuchtet, oder noch auf der Suche nach Dir selbst? Wer findet hier wen – gut?

Fressen.

Ich gehe mit Vorliebe sehr gut essen. Ich liebe Sterneküche und weiß den Unterschied einschätzen. Es gibt eben Nahrungsaufnahme – und es gibt echten Genuss. Die kulinarische Kunst. Was wir allerdings die meiste Zeit über tun ist, etwas in uns hineinzustopfen. Selbstverständlich ohne großartig nachzuschmecken oder das zu preisen. Undenkbar für mich, wenn ich ein Sieben-Gänge-Gourmet-Menü genieße. Und dieses Gefühl übertrage ich so oft wie möglich auf meine Nahrungsaufnahme. Wenn Dein Essen von heute an mehr Aufmerksamkeit bekommt – und damit vielleicht mehr Geschmack. Wie schmeckt Dir der Gruß aus der Küche, LEIDWOLF?

Übrigens: Das Gerücht stimmt: Ich werde bald Kochbücher schreiben, die Dir – LEITWOLF – das Kochen auf meine Art beibringen werden. Doch damit lasse ich mir ganz viel Zeit, so viel wie es braucht. Wann? Folgt …

Ficken.

Unser Urtrieb. Den einen treibt er mehr, den Anderen weniger. Welche Vokabel Dir auch lieb sein mag, spielt keine Rolle – nenne es poppen, miteinander schlafen, schnackseln, rammeln, Liebe machen, was auch immer Du möchtest … es läuft immer auf dasselbe hinaus. Natürlich spielen Sex und derlei Bett-Spielereien eine sehr große Rolle, wenn Du Dein Leben mit möglichst vielen Annehmlichkeiten genießen willst. Wie groß diese Rolle in Wirklichkeit ist, machen wir uns meist gar nicht klar. Unser Unterbewusstsein wird ständig davon dominiert. Schon mal darüber nachgedacht, wie wenig selbstbestimmt wir eigentlich (in der Hose) sind? Ich verschweige das nicht mehr.

Familie.

Wofür sind wir hier? Zum Arterhalt und zur Fortpflanzung. Dafür gibt es doch überhaupt die Sexualität. Macht uns geil. Aus dem Grund gibt es keine Körbe beim Flirten, denn die Partnersuche läuft unterbewusst gesteuert ab. Das geht fast wie von selbst, wenn wir im LWB sind. Bist Du das? Wir wissen und spüren, wer uns mit seinem Erbgut ideal ergänzen wird. Das ist womöglich sogar der erste Antrieb, noch bevor wir uns verlieben. Kompatibilität. Das Ergänzende, jedenfalls in unserer DNA. Garantiert den Fortbestand Deines Stammbaumes. Verwurzelung im Erdreich, die funktioniert, auch wenn die Wissenschaft noch weitere Erklärungen bereit halten mag. Du weißt es, wenn Du an einem anderen Menschen riechst und wie hypnotisiert davon schwebst. Aphrodisiaka und Pheromone lassen grüßen. Das klingt übrigens wie manche außerirdische Rassen aus StarTrek – irgendwie eigenartig, oder? So maschinell.

Und nix mit „Insert Coin" für ein neues Spiel …

Dies ist mein Plädoyer für klare Kante. Du bist mehr. Kannst mehr. Also hör' auf, Dein Leben zu verpimmeln. Sorg' endlich dafür, dass jeder weiß, wer Du bist und was Du im Leben vorhast. Lass die Anderen den berühmten „3F" folgen und damit die glücklichsten Menschen der Erde sein. Das freut mich aufrichtig für sie. Gleichzeitig bin ich absolut davon überzeugt, dass Du, noch eine andere Bestimmung hast. Horch' in Dich hinein. Was sagt Dein LEITWOLF dazu? Will er nur das oder doch mehr?

Wenn Du nur Gejaule hörst, kennst Du seine Sprache noch nicht.

In diesem Fall beschäftige Dich intensiver mit Dir. Oder aber – und das scheint mir wahrscheinlicher – Dein LEIDWOLF übertönt den jüngeren LEITWOLF in Dir. Sabotiert, beeinflusst und manipuliert Dich fleißig.

Wer führt Dich hier (hinters Licht)?

Wem erlaubst Du – eine Zeit lang – schlauer zu sein, als Du es bist? Was passiert dann? Willst Du schon wieder in Mitleid verfallen und willst mitjaulen? Oder – so meine Empfehlung – willst Du nicht viel lieber Deinem LEITWOLF mehr Aufmerksamkeit und vor allem Gehör schenken.

Du verstehst mich – auch mit dem Störgeräusch – in Dir.

Wenn Du Dich noch besser verstehen willst, folgen hier noch vertiefende LEITGEDANKEN …

> Wann hast Du das erste Mal Deine innere Führung gespürt?
> Welches Gewicht misst Du wem zu und wem gibst Du wie viel Raum?
> Wie lernst Du die LEITWOLF-Sprache in Dir besser zu verstehen?

MEIN WEG. UND
ANGEKOMMEN.

P.S. Schreibe hier Deine eigenen Gedanken auf, benutze Dein Begleitbuch, oder sprich direkt mit mir persönlich.

Schaffenskraft

Schaffenskraft

und was sie mit Dir als LEITWOLF macht

Einer meiner liebsten LEITGEDANKEN ist folgender:

„Materie ist geronnener Geist."
Johann Wolfgang von Goethe

Welche Frage stellt sich nun Dein Geist – der wissbegierige und lernwillige Teil in Dir – in dieser Sekunde? Die Frage so zu stellen, heißt bereits, sie zu beantworten. Wie kam Goethe auf so eine Idee? War er es überhaupt?

Welche Materie erschaffst Du heute mit Deinem Geist?

Mir macht es unglaublich viel Freude, Materie mit dem Geist zu erschaffen und mit diesen Möglichkeiten zu spielen. Ich schreibe, und verfalle dabei in eine Art Selbsthypnose. DIE ALLES-IST-MÖGLICH-MACHT. Zeitlos. Produktiv. Fokussiert. Kreativ. ... Wann hast Du diesen Zustand zum letzten Mal erlebt?

Wie lange ist das her?

Meine Lebenszeit fließt in die Materie – Form und Struktur. Wohin lässt Du Deine fließen? Lass mich raten. Ins Taschentuch? In andere Lebensträume? In den nächsten Urlaub? Du arbeitest für Andere, die Dir ein mickriges „Gehalt" zahlen? Lässt Dir die Steuer und Deine Sozialversicherungsbeiträge automatisch abziehen. Bist ständig am Rechnungen begleichen, damit es Anderen besser geht? Immer neue Projekte, ohne Beginn, ohne Ende? Hobbys, die Deine „Frei-Zeit" bestimmen, ohne dass Du dabei wirklich bei der Sache bist? Gedankenkraft, die ungenutzt verschwindet? Bücher die nie geschrieben werden, weil ja noch Zeit genug vorhanden ist? „Moment mal, FUCHS, das ist immerhin mein Lebensunterhalt." Kognitiver Nebel? Da hab ich Dich doch glatt erwischt. Wird Dir warm (ums Herz) bei so viel Liebe für andere Menschen – ohne Dich?

Instinktiv wissen wir beide: Du hast keine Zeit (mehr) zu verlieren.

Du hast eine Passion oder Berufung! Du wirst diese Dein ganzes Leben lang verfolgen. Gegen alle Widerstände und Du hast keine Ambitionen, irgendetwas Anderes jemals noch als wichtiger anzusehen. (Ich wiederhole hier mich gerne). Du erlaubst keine Ablenkung, weil jede Sekunde Bedeutung hat (Fokus).

Denn Du bist bedeutend (für diese Welt), LEITWOLF.

Jedes einzelne Puzzelstein ist wichtig, um Deinen LZW/UZW vollkommen zu leben. Das Einzige, was Du dafür brauchst: Deine kompromisslose Entscheidung. Das nenne ich die beste Investition Deines Lebens.

Ein Tag mit mir und das Thema ist durch.

Kennst Du den Unterschied zwischen Investition und Verbindlichkeit?
Ja, jede einzelne Sekunde ist entweder eine Investition oder eine Verbindlichkeit. Damit wir das ein für allemal klarstellen:

Investition: Ressourcen werden (etwa einem Unternehmen) zur Verfügung gestellt, damit (für alle) Gewinne erzielt werden können. Idealerweise sofort, aber auf jeden Fall langfristig.

Verbindlichkeit: Besitztümer, die keine Gewinne erzielen, allenfalls das Wohlbefinden steigern und Ressourcen kosten.

Und jetzt frage ich Dich nochmals: Wo hinein investierst Du mehr Energie, mehr Lebenszeit, mehr Gedanken, mehr Tatkraft …?

Ich kann mir schon vorstellen, dass Du Dir bisher mehr Verbindlichkeiten geschaffen, als Investitionen in Deine echte Lebensqualität getätigt hast. Nimm' das nicht auf die leichte Schulter: Deine Investitionen müssen sich ab sofort auszahlen. Und das geht nur, wenn Dein täglicher LEITGEDANKE ab jetzt lautet:

„Materie ist geronnener Geist."

Wenn Du Dich noch besser verstehen willst, folgen hier noch vertiefende LEITGEDANKEN …

> Welche Verbindlichkeiten hast Du aufgebaut und kannst diese sofort abbauen?
> Welcher Geist ist heute die primäre Kraft hinter Deinen Entscheidungen?
> Welche Investitionen werden in Zukunft Deinen LEITWOLF bewusst füttern?

MEIN WEG. UND
ANGEKOMMEN.

Deine Abkürzung und Ergänzung: 1 Stunde, 1 Tag oder 1 Jahr.

P.S. Schreibe hier Deine eigenen Gedanken auf, benutze Dein Begleitbuch, oder sprich direkt mit mir persönlich.

„Ich kann mir schon vorstellen, dass Du Dir bisher mehr Verbindlichkeiten geschaffen, als Investitionen in Deine echte Lebens-qualität getätigt hast."

Wahnsinn

Wahnsinn

und was er mit Dir als LEITWOLF macht

Hast Du schon jemals eine „Klapse" von innen gesehen?

Eine „Irrenanstalt", wie das früher so abschätzig genannt wurde und heute respektvoller: Psychiatrische Einrichtung.

An dieser Stelle ist Zeit für eine kurze Geschichte von einem meiner Deutschlehrer. Doch bevor sie losgeht, sei so viel verraten: Du hast schon von der Droge LSD gehört? Ein Zeug, das zu extremen Wahrnehmungsstörungen und phatastischen Wunderwelten führen kann. LSD wurde vom Militär für die strategische und psychologische Kriegsführung entwickelt, mit dem Ziel, die Feinde z. B. durch die Vergiftung des Trinkwasservorrats buchstäblich in den Wahnsinn zu treiben. Erst später fand man heraus, dass man so einen Effekt ja auch gut nutzen könnte, um bewusstseinserweiternde Erfahrungen zu ermöglichen und gleichzeitig damit jede Menge Geld zu scheffeln. So die Legende vom LSD.

Erneute Triggerwarnung!

Diese Geschichte ist keine leichte Kost, deswegen warne ich Dich hier. Solltest Du Angst haben, gut so, denn dieser kleine Ausflug wird Dir schwer im Magen liegen. Weil dies für Dein weiteres Leben nur sinnvoll sein kann. Wenn Du ein Horrorfilm-Fan bist – Kindergarten mit Einhornsoße. Du verträgst schon die härtere Gangart. Alles kalr.

Du Spinner!

Ein Mann nimmt LSD und erlebt einen völlig abgefahrenen Trip in eine andere Welt. Anfangs geschieht noch gar nichts. Dann fühlt er, wie kleine und immer größer werdende Spinnentiere an ihm hoch klettern. Sie sammeln sich in seinem Gesicht, wabern zu einer wogenden schwarzen Masse mit tausend Füßen, haarigen Beinen, die seine Haut zerkratzen. Der Mann schreit auf, bleibt jedoch – in seiner Wahrnehmung – Herr der Lage, und trifft eine verhängnisvolle Entscheidung. Mit der Schere – aus der echten Welt – die er jetzt greift, legt er los, und … was jetzt folgt, willst Du Dir nicht ausmalen. Der Horror-Fan schon, also tue Dir keine Zwang an ... Was soll man auch machen, wenn die Realität sich derart ausweglos anfühlt, dass Du nicht mehr Herr Deiner bewussten Entscheidungen bist? Die Spinnen jedenfalls ließen sich nicht stören und kamen seinen Augen immer näher. Schon einmal eine Zwiebel geschnitten ausversehen den Saft ... und das ganze mal 100 Beinchen ...

Schau in Dich hinein.

Wie würdest Du Dich verhalten, wenn hunderte Spinnen sich – unaufhaltsam – auf deine Augen zubewegen? Nicht auszudenken, richtig?

Zurück zu unserem LSD-Wahn-Sinn ...

In Panik stach er wieder und wieder zu. Immer tiefer in die blutenden Löcher – sein Sehzentrum war längst Geschichte. Die Stiche waren zwar nicht allzu tief und insoweit wirksam, als keine einzige Spinne einen Schlupfwinkel zur Rettung mehr fand. Nach seinem Rausch konnte das Ergebnis sich also durchaus „sehen" lassen. Allerdings hätte er, um sich davon überzeugen zu können, tatsächlich noch sehen können müssen. Bedauerlicherweise war seine „echte" Welt aber von nun an in völliges Dunkel getaucht. Von diesem Moment an blieben ihm nur noch seine Blindheit und die grässliche Erinnerung an seinen Trip, die ihn nie wieder verließ. Seine neue Realität war eine Endlosschleife geworden. Eine, die seine Gegenwart und Zukunft für immer bestimmen sollte.

Nun, diese Geschichte kenne ich nur vom Hörensagen.

Allerdings wurde sie mir aus einer Psychiatrie berichtet und ich habe keinen Grund, an ihrem Wahrheitsgehalt zu zweifeln. Das also war der Mann auf dem völlig falschen Trip. In seiner Welt. Seiner Realität. Seiner Wahrheit. Die Psychiatrie als der Ort, an dem Menschen, wie unser Spinner, für immer verwahrt, weggeschlossen werden, und wir vor ihnen und sie vor sich selbst beschützt werden. Leben in einer völlig anderen Realität. Die womöglich eine Gefahr für uns „Normlos" darstellt.

Kein Ort für Dich, denkst Du jetzt.

Du bist ja schließlich völlig klar, sicher und fokussiert auf das, was Du da den ganzen Tag machst, richtig?

Dein Ernst?

Dein Alltag ist doch schon der Wahnsinn, aber natürlich bist Du auf keinen Fall ein Irrer. Ein Kranker. Ein Spinner, der sich selbst verletzen oder Andere gar gefährden würde – bewusst - jedenfalls.

Du doch nicht.

Du weißt in jedem Fall: Deine Realität ist die Richtige und einzig Wahre, und deshalb lebst Du ja auch genau so, wie Du es für richtig hältst.
Es gibt eben viele Realitäten: die mit Spinnern, und die mit Dir. Und dabei weißt Du doch: Jeder Mensch hat seine eigene Realität. Jede davon ist die einzig Wahre. Auf dem Weg zum ... oder noch herum irrend?

Du bist immer richtig!

Diesen Realitäten nachzuspüren, sie genauer zu erforschen und verstehen zu lernen, in den Kopf des Spinners zu gehen: Das erfordert nicht nur Empathie und einen klaren Willen, sondern außerdem viel Geduld und durchaus großes Einfühlungsvermögen. Eine Prise Neugier ist auch von Nöten. Und genau das ist es: Der Sinn in meinem Leben – und mein Angebot an Dich:

Die Erkenntnis und das klare Bewusstsein, genau dies tun zu wollen, hat bei mir viel bewirkt. Deshalb bin ich für die einen ein Spinner – richtig – und für die Anderen ein wahrhaft schlauer FUCHS, der im LEITWOLF-BEWUSST-SEIN zu Hause ist. Und Dir den Weg anbietet. Anzukommen.
Ach so, weil Du das hier gerade liest: Welche Realität ist nun eigentlich Deine Wahrheit und damit richtig?

„Die Definition von Wahnsinn ist, immer wieder das Gleiche zu tun und andere Ergebnisse zu erwarten." (Ein Zitat, dass immer wieder Albert Einstein zugeschrieben wird)

Wenn Du Dich noch besser verstehen willst, folgen hier an dieser Stelle mal keine vertiefenden LEITGEDANKEN …

… keine weiteren LEITGEDANKEN. Ich lasse das mal so stehen! Keine Fragen meinerseits. Wirken lassen und weiter schauen.

MEIN WEG. UND
ANGEKOMMEN.

P.S. Schreibe hier Deine eigenen Gedanken auf, benutze Dein Begleitbuch, oder sprich direkt mit mir persönlich.

____

____

____

„Deine Realität ist die Richtige und einzig Wahre, und deshalb lebst Du ja auch genau so, wie Du es für richtig hältst."

Vergleichbarkeit

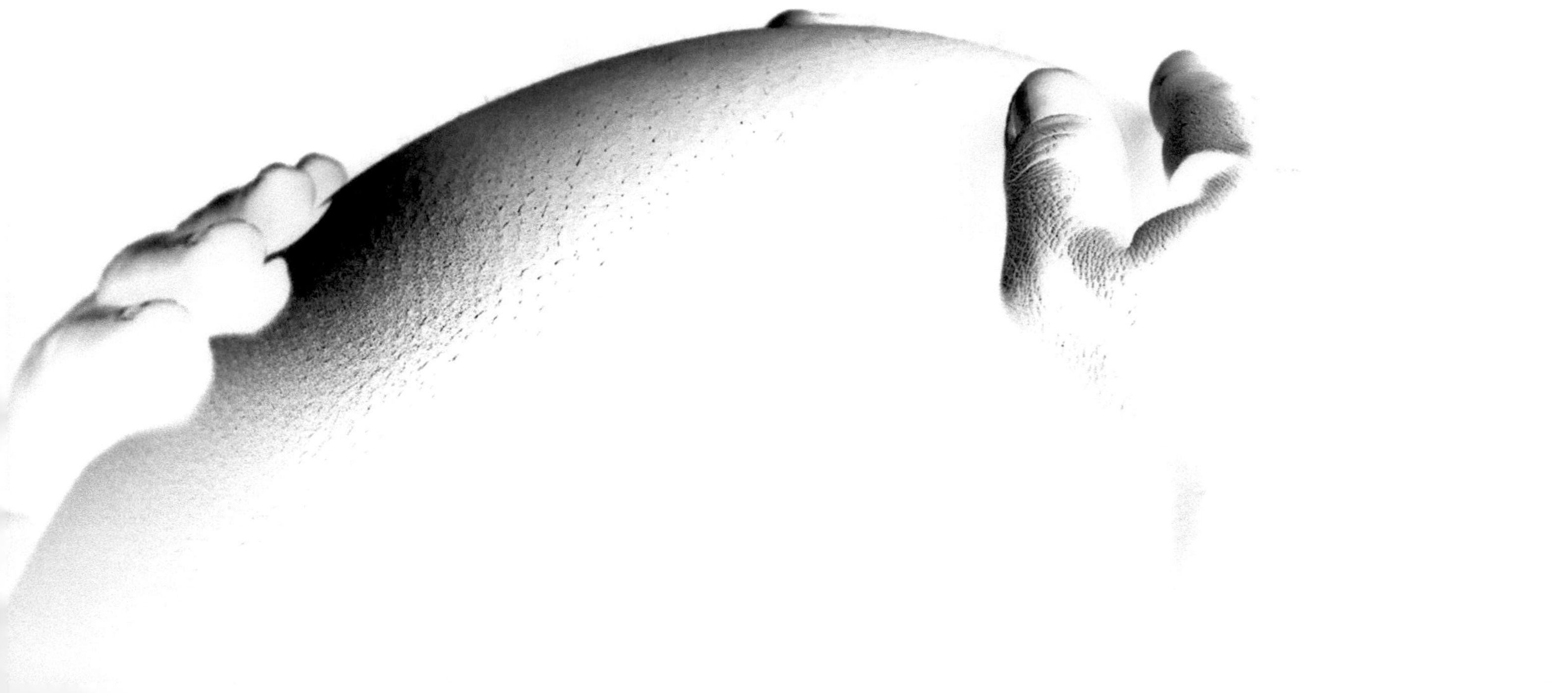

Vergleichbarkeit

und was sie mit Dir als LEITWOLF macht

Wer bin ich und warum sollte Dich das interessieren? Diese Frage stellt sich jeder unbewusst dann, wenn er oder sie Dich – ja genau Dich – kennenlernt.

Das Allermeiste, was wir denken, bewerten und beurteilen, unterscheiden wir nach „richtig" oder „falsch". Wie gut kennst Du Dein eigenes Wertesystem? Die meisten können es gar nicht bewusst benennen.

Mach Dir klar, wie stark Deine 5 LEITWERTE Dich lenken.
Unbewusst.

Bist Du richtig, oder bist Du falsch?

Diese Frage wirkt wie eine Abkürzung. Bevor Du Dir über Deine 5 LEITWERTE Gedanken machst, geht sie tiefer: Bist Du richtig, oder bist Du falsch?

Einer meiner Freunde eröffnete mir, er habe sich kürzlich im Konflikt mit sich selbst befunden. Rückte mit der Sprache heraus, nachdem er erst über dies und das erzählt hatte. Jetzt vertraute er sich mir an – und das erfüllte mich mit Dankbarkeit. Das macht es immer mit mir.

Die Frage, die ihn wirklich bewegte: Bin ich richtig, wie ich bin? „Kann ich überhaupt falsch sein, wenn ich so geboren wurde und lebe?" fragte er sich.

Schweigen.

Die Energie reinster Gedanken in absoluter Zeitlosigkeit. Es geht ans Eingemachte. Eine Frage, die sich jeder, auch Du, durchaus und immer stellen sollte.

Bin ich richtig, oder falsch?

Welche Antworten kommen da in Dir hoch? Vergessene? Vergrabene? Verbrannte? Animieren Dich solche Gedanken, oder blockieren Sie Deinen Strom an Lebensfreude massiv, weil sie an den Gittern Deiner Existenz rütteln? Weiter Dein (T)Raumschiff mit Kompromissen tapezieren?

Entscheidest Du, ob Du im Reinen mit Dir bist, oder ständig Energie abfließt, ohne dass Du das bemerkst? Wieviel kostet Dich die Kraftanstrengung, Dinge zu vergessen, zu vergraben oder einfach nicht verbrennen zu wollen? Zu viel des Guten?

Na, ich wette: Das ist es nicht wert.

Kennst Du jemanden – ich meine nicht Dich als Leser – ich meine irgendwen, der bei dieser Frage die Hacken in den Asphalt schlägt?

____

____

____

Wer sagt hier was zu wem? Wer sagt denn hier „Du bist richtig", wer: „Du bist falsch"? Wann hast Du das das erste Mal vernommen, dass Du nicht rein passt. Nicht hierher gehörst, nur weil Du anders bist? Lass mich Dir etwas verraten: Das ist genau der Grund, weshalb Du anders zu sein scheinst. Deine bloße Existenz sorgt dafür, dass ein Vergleich mit Dir, zu Dir überhaupt möglich wird. Ja, stimmt: Ohne den Vergleich wäre unser Leben keine Bereicherung. Würde kein Konfliktpotenzial für eine Diskussion bieten. Ohne Vergleich keine Bandbreite. Keine Vielfalt. Stell' Dir nur vor, alle würden dasselbe mögen, essen, trinken, begehren?

Wir würden uns zu Tode langweilen.

Im Jahr 1957 hat der Automobilhersteller Ford eine Umfrage gestartet, er wollte wissen, was die Autokäufer wollen, um anschließend das perfekte Auto bauen zu können. Gesagt, getan, das „perfekte" Auto wurde gebaut. Ganz nach der Maßgabe des Durchschnitts aller Antworten der so Befragten. Na, was glaubst Du, wie erfolgreich war dieses von Ford kreierte Fortbewegungsmittel für alle?

Stellst Du Dir immer noch die Frage: „Bin ich richtig oder falsch?"

Der Edsel – so hieß die besagte Karre – wurde zum Fiasko. Ein absoluter Flop. Dafür gab es natürlich viele Gründe, der wichtigste aus meiner Sicht aber war: Eine Marktforschung, die sich zu wichtig nahm. Die nicht berücksichtigte, dass es nie, zu keinem Zeitpunkt, darauf ankommen darf, was die durchschnittlichen Erwartungen der potenziellen Käufer sein mögen. Der Grund dafür liegt auf der Hand: Marktforschung ist stets rückwärts gerichtet. Sie kann, falls überhaupt, nur äußerst schlecht in die Zukunft blicken. Natürlich wird Dir nie ein Kunde sagen, dass er kaufen würde, was er noch gar nicht kennen kann.

Diese Edsel-Lektion ist jedenfalls zu komisch

Du bist immer richtig, wenn Du Dich akzeptierst und Deine Talente und Besonderheiten nutzbar machst – für Dich und damit für viele Andere. Sei gewiss: Es finden sich genau die richtigen Menschen, die Deine „Materie" als Kunst oder Produkt wahrnehmen. Deine Meinungen teilen und im Idealfall für diese Schaffenskraft Applaus und Geld spenden.

„Die Macht ist mit Dir", heißt es in Star Wars.
Die Macht ist in Dir, sage ich.

Aber: Die Macht implodiert, wenn Du nur herumsitzt und nichts in die Welt bringst. Sei doch endlich der Bringer, von was auch immer!

Du bist immer falsch, wenn Du Dich gleichmachen willst. Wenn Du Deine Talente und Besonderheiten verleugnest. Es finden sich immer Menschen, die ähnliche Bedürfnisse, Ansichten und Gelüste haben. Finde Dein Rudel für Dein Wohlbefinden. Du kannst Teil Deiner LEITWOLFLIGA (System) werden: Ist das jetzt eine Option für Dich? Denk' mal drüber nach.

Wer bin ich und warum sollte Dich das interessieren? Mir erst mal egal … Auf jeden Fall ist es richtig und wichtig, dass Du jetzt lebst. Das reicht als Grund, dass Du wichtig für das gesamte System – die Welt – bist.

Wenn Du Dich noch besser verstehen willst, folgen hier noch vertiefende LEITGEDANKEN …

> Wann hast Du Dich jemals so richtig falsch gefühlt?
> Wer, oder welche Situation, war der Auslöser dafür?
> Wie kannst Du Dir Dein Richtig-Sein täglich bestätigen?

MEIN WEG. UND
ANGEKOMMEN.

Deine Abkürzung und Ergänzung: 1 Stunde, 1 Tag oder 1 Jahr.

P.S. Schreibe hier Deine eigenen Gedanken auf, benutze Dein Begleitbuch, oder sprich direkt mit mir persönlich.

„Stell' Dir nur vor, alle würden das selbe mögen, essen, trinken, begehren?"

Aufgelöst:
Welches Problem?

Welche Frage stellst Du mir?
Wer möchte wirklich Antworten und keine Gründe?

Du hast mich.
Das ist ok.
Für diesen Zeitraum bin ich Dein.

Aber anders als Du denkst, fühlst und handelst.
Ich höre genau hin und dann …

Spiele ich nicht mit – Dir.

Ich gewinne mehr als nur Dein Vertrauen.
Meine Erzählungen fruchten und gehen tief.
Die Ansätze sind plausibel und abgespeichert.

Umsetzungsgeschwindigkeit.
Lass Taten folgen.
Das Verständnis ist geschaffen.

Wunder gibt es immer wieder!

Doch das ist Talent und Erfahrung gemischt.
Dein Cocktail zur Unbeschwertheit.

~~Selbstsabotage gestoppt!~~

Eine Stunde reicht (mir) dafür aus.

1 Person.
1 Frage.
1 Lösungsweg.

Jagdgesellschaft

Jagdgesellschaft

und was sie mit Dir als LEITWOLF macht

Der Kindergarten ist umme Ecke. Wir sind nicht zum Vergnügen hier. Das ist Business. Es geht ums Geschäft. Das ist kein Spaß.

Schon mal so eine Veranstaltung erlebt?

Du polierst morgens Deine Rüstung und legst sie erst am Abend wieder ab. Das Visier unten lassen. Ab ins Revier. Sich nach neuem Potenzial umsehen. Was immer man (nicht) gesucht hat, sie sind alle da:

Berater. Coaches. Trainer ... und Du als holder Ehrenmann?

Nur meist keine LEITWÖLFE, sondern nur Rudelmitglieder, die glauben, sie besäßen Entscheidungsgewalt. Gefühlte Entscheidungsgewalt – die perfekte Illusion der machtlosen Erfüllungsgehilfen (LEIDWÖLFE?).

Ich treffe ständig auf diese „Experten" für alles mögliche: Design Thinking. Führung. Verkauf. Emotionale Intelligenz. Mediation. Resilienz. Agilität. Scrum. Stimme und Hypnose.

Es gibt nichts, was es nicht gibt. Alle treffen sich am Wasserloch, wo sie Schwächere – gefahrlos – jagen können. Außerdem gibt es immer so schöne kleine Häppchen. „Mal sehen, wen ich so treffen kann", lautet die Devise. „Mal sehen, ob ich was finde", sagen ab und zu Menschen, die shoppen gehen. Und, finden sie was? Na klar, irgendwas zum Konsumieren findet sich – immer. Statt der Hose wurde es eben diesmal ein Pullover. Hauptsache ein „Erfolgserlebnis" – welches und wie, ist egal. Das unbefriedigte Sein gibt keine Ruhe. Würden alle Unternehmen so geführt, die Wirtschaft würde auf dem Zahnfleisch gehen, ne?

Liebe Selbstständige, deshalb scheitern so viele von Euch.

Null Fokus. Kein Ziel. Weder Plan noch eine (!) klare Strategie. Und schon gar keine emotionale Vision – Sparflamme statt LEITFEUER. Ihr seid keine LEITWÖLFE, das ist für jeden offensichtlich! Hier trifft es Dich.

Wöfür gibt es euer „Unternehmen" überhaupt?

Hast Du diese Frage ein für allemal geklärt – ich meine verinnerlich und verkörpert – dann ändert sich in kurzer Zeit alles für Dich. Doch das erfordert Überwindung, ist radikal – NEUES DENKEN.

Fang an.

Hier ist meine Aua-Frage, die Du Dir selber immer wieder stellen solltest: „Wie aufrichtig und ehrlich muss ich zu mir selber sein, um mich nicht den ganzen Tag lang selbst zu verarschen? (LEITGEDANKE, Band 2)"

Sprich sie laut aus, egal wo Du bist, und hör Dir Deine Antwort ganz genau an. Denn nur das bringt Dich auf Trab. Und den richtigen Weg zum LEITWOLF-BEWUSST-SEIN.

Wohin bewegst Du Dich?

Wie bewegst Du Dich dorthin? Wofür verdienst Du Geld? Warum zum Teufel bist Du hier? Als Buffet-Fräse? Achtung, das gefährdet Deinen Ruf, es sei denn, Du legst wert darauf, ein Schmarotzer genannt zu werden. Also sorge bitte dafür, dass Du eine verdammte Bereicherung der Veranstaltung bist. Sonst bleib, wo der Pfeffer wächst. Also verhalte Dich entsprechend. Hab' endlich ein Ziel vor Augen. Dein Ziel.

Fokus.

Wenn Du eingeladen bist, andere Deinetwegen auch kommen, dann bist Du der (Mit-)Bringer. Du wertest die Veranstaltung auf. Das allein kann ab sofort Dein Ziel sein: Eine Bereicherung des Ebents sein.

Wie schaffst Du das?

Mach Dir das vorher klar. Und dann leg los. Gehe ab sofort nur noch zu Veranstaltungen, die Deine eine (!) Strategie unterstützen. Kommuniziere offen, was Du dort willst.

Sprich Klartext!

Dir den Bauch vollschlagen – kannst Du überall. Aber willst Du wirklich beschämt von Dir selbst sein und hungrig aufs Essen offen? Das ist gewiss die schlechteste Grundlage für die Jagd am Wasserloch. In der falschen Gesellschaft zu sein. Bleib da, wo Du in Deinem Element bist – und iss zu Hause oder woanders.

Du bist doch kein Aasfresser.

Meide ab sofort all diese Veranstaltungen, bei denen sich alle treffen, nur keine LEITWÖLFE erscheinen.

Wähle lieber bewusst solche Kongresse oder Workshops, bei denen Du möglichst der Dümmste im Raum bist. Ich meide seit langer Zeit all jene Seminare, bei denen ich das Seminar oder den Vortrag selbst leiten – oder viel besser halten könnte. Welchen Mehrwert verspreche ich mir denn davon, genau das Gefühl zu haben:

Das kann ich um Lichtjahre besser!

Um Dein interdisziplinäres Wissensnetz (IDN) zu erweitern: Sei der Dümmste im Raum. Gehe bewusst dahin, wo Du lernst, Dich genau so zu fühlen. Stelle Fragen und lausche den Antworten mit gespitzten Ohren. Schreibe mit.

Sei der Nichtwissende und Du wächst am schnellsten. Das ist viel sinnvoller, als Du mir vielleicht gerade glauben willst. Probier' es aus, wenn Dein Selbstbewusstsein das verträgt – und Dein LEIDWOLF Dich lässt. Triff die richtigen LEITWÖLFE. Und fang an Band 2 zu lesen: „DU BIST DER LEITWOLF!" Ich bin Dir nämlich – vermutlich mindestens – den einen berühmten einen Schritt voraus: Mich immer wieder saudoof zu fühlen.

Sprich mit mir über meine Dummheit.
Ich stehe dazu genau so wie zu meinen 3 UBK,
5 LEITWERTEN und meinem Lebens- und
Unternehmenszweck.

Ich erwecke LEITWÖLFE! (wie Dich).

Wenn Du Dich noch besser verstehen willst, folgen hier noch vertiefende LEITGEDANKEN …

> Wann warst Du in Deinem Rudel der Schlauste von allen?
> Wann hattest Du zuletzt das Gefühl, nichts zu verstehen?
> Wie kannst Du die nächste Veranstaltung dazu nutzen, mit echten LEITWÖLFEN in Kontakt zu treten (oder Dich wenigstens in ihrer Nähe aufzuhalten)?

MEIN WEG. UND
ANGEKOMMEN.

Deine Abkürzung und Ergänzung: 1 Stunde, 1 Tag oder 1 Jahr.

P.S. Schreibe hier Deine eigenen Gedanken auf, benutze Dein Begleitbuch, oder sprich direkt mit mir persönlich.

Im Glauben.

Zweifel geht weiter.

Reinigung Deiner Seele und Taufe zu gleich.
Die Identität bekommt Deinen Namen.
Du entscheidest das ohne sie.

Entweder schläfst Du weiter als der Mensch.
Oder als LEITWOLF ruhig und sanft.
Schlafen wirst Du immer.

Weiter.

Aber was Du in die Welt bringst,
entscheidest Du künftig selbst.

~~**Beeinflussung erkannt.**~~

Es geht nicht um Dich oder mich.
Es geht um das „WIR".

Also lass Dir die Zeit, bis Du es mit mir erkennst.

Ein Tag reicht (mir) dafür aus.

5 Leitwerte.
3 Unbewusste Kompetenzen.
1 Lebens- und Unternehmenszweck.

Zeitver-
schwendung

Zeitverschwendung

und was sie mit Dir als LEITWOLF macht

Fitter als in jenem Moment war ich selten in meinem Leben – körperlich jedenfalls. Was die geistigen Fähigkeiten anbelangt, so bezeichne ich die zehn Monate, von denen jetzt wieder die Rede ist, als die einzige Zeit in meinem Leben, in der ich aktiv gegen meine Verdummung ankämpfen musste.

Stabsdienstbüro bei der Bundeswehr.

Die Hinrichtung wird täglich an Dir vollzogen: Die absolute Langeweile. Du versinkst in Dankbarkeit, weil Du ein Dokument – persönlich – von A nach B bringen darfst und dabei auch noch kriechst wie eine Schnecke. Du witzelst über den Spruch: „Burnout ist für Anfänger. Fuck-off ist für Profis." Weil Du das Boreout noch nicht kennengelernt hast. Kann man vor Langeweile und der verordneter Beschäftigungstherapie mit den unwichtigsten Tätigkeiten der Welt krank werden? Man kann es.

Darauf kannst Du einen lassen.

Ich jedenfalls versank bei der Bundeswehr in das erdkerntiefe Loch eines Boreouts. Hinab in den Höllenschlund einer heran nahenden pechschwarzen Depression (Später in meinem Leben erwischte mich tatsächlich mein erstes Burnout, aber darüber berichte ich Dir ausführlicher in Band 2.

Diese Abläufe. Zum Verfaulen eintönig. Du glotzt durch die Gegend und tust nichts. Schlimmer: Du hast nichts zu tun. Musst aber „Dienst schieben". Der Zeiger der Uhr kriecht in Zeitlupe, und täglich grüßt das vor sich hingammelnde Faultier. Deine einzigen Lichtblicke: Kraftsport, Frühstück, Mittagessen, Abendessen. Ein Buch. Angesichts der totalen Ödnis Deines unabwendbaren Alltags bist Du schon glücklich, wenn Du ab und zu zur Schießübung darfst. Mit Pistole (P1), Gewehr (G3) oder der Uzi auf Pappen zu ballern. Balla, balla und freitags ab nach Hause. Die absolute Nutzlosigkeit – unfassbar – für mein damaliges Ich jedenfalls.

Wie ich das je überstehen konnte, bleibt mir bis heute ein Rätsel.

„Schon klar, FUCHS, Du hättest Dir natürlich auch eine andere Aufgabe für Deinen Wehrdienst aussuchen können." Aber, ich erinnere Dich ... Ich musste raus (Totenbett, LEIDGESCHICHTE, Band 2). Und sich im blauen Anzug durch die Woche zu schleppen und immer wieder den Fokus mit unterschiedlichen Waffen zu durchlöchern, war für die Zeit erträglich. Doch ich bekam zusätzlich die große Leere. Das Hängen am Bürostuhl. Die tägliche Simulation von Betriebsamkeit. Herumlungern als einziger Lebenszweck, aufgezeigt. Wenn Du in einer solchen Atmosphäre auf so eine grandiose Idee kommst – nach Feierabend – wie Schlafsack-Wettkriechen oder das beliebte Schildkröten-Rennen, dann gehörst Du schon zu den hellsten Kerzen auf der Torte.

Bist Du schon ge ... betroffen, LEID- oder LEITWOLF?

Für Zeit-Verplemperungs-Programme haben Soldaten einen grandiosen Ausdruck erfunden: „Dummfick". Du kennst das schon aus dem Kapitel über „Unikat", aber an dieser Stelle ist es sinnvoll, darauf nochmals näher einzugehen. „Dummfick" ist per Definition eine Tätigkeit, die entweder eine wirklich sinnlose Arbeitsbeschaffungsmaßnahme (ABM) ist. Diese wird nur zum Zeit-Totschlagen und zur Steigerung Deiner Folgsamkeit eingesetzt. Na, Glückwunsch. Der Dummfick als Ortseingangsschild zu Deiner Boreout-Vorhölle. Die Abwärtstreppe hin zur Selbstvernichtung. Die Splitterbombe, die Dir den letzten Selbstwert aus dem Herz fetzt. Weiterhin LEIDWOLF-LABYRINTH irren lässt.

Ein weiteres Beispiel gefällig, oder schon ertappt?

Ich durfte mit anderen Kameraden mit dem grünen (schweizer) Taschenmesser das nachwachsende Gras zwischen den Steinplatten vor dem Offiziersgebäude entfernen. Das glaubst Du nicht? Doch, der Befehl lautete: Nicht abbrennen oder mit Chemie besprühen, nein. Auf allen Vieren stundenlang auf dem Boden kriechen und kratzen. Und immer wenn ein ranghörer Soldat vorbei kam aufspringen und die Hand – als Ehrerbietung – an den Kopf drücken. Es war was für Masochisten. Ein Fest der Unterwürfigkeit. Kriechende Gartenarbeit. Und so diente ich Deutschland nicht zum ersten Mal – unteranderem – folgsam und ohne Widerworte mit Hingabe im Dreck.

**Sag nicht, Du kennst „Dummfick" auch außerhalb der Armee …
aus Deinem Verein, Verband, oder gar im Unternehmen?**

In genau diesen Fragen stellen sich die Menschen untereinander: Wieso zum Geier gibt es diese oder jene Position überhaupt? Worin bitte besteht denn da die Aufgabe? Und wenn dieser wochenlang nicht sichtbar ist, während der Bumms einfach weiter existiert, spätestens dann hast Du den Beweis dafür, dass Langeweile krank macht. Wenn Du Dir diese Frage wiederholend stellst, ist die Wahrscheinlichkeit groß, dass der Kollege auf der entsprechenden Stelle bereits an Sinnlosigkeit oder Unterfoderung leidet und es ignoriert – bis zur Rente oder wenigstens bis zur nächsten von der Krankenkasse genehmigten Kur. Naja, und weil's besser klingt, lautet die Diagnose vom Arzt: Burnout oder Boreout oder Depression das klingt langfristiger – welche Bezeichnung darf es für Dich sein?

Dummfick.

Wenn Du Dich noch besser verstehen willst, folgen hier noch vertiefende LEITGEDANKEN …

> Wann bist Du dem „Dummfick" das letzte Mal begegnet?
> Kennst Du Menschen, bei denen Du Dich ernstlich fragst, was überhaupt deren Aufgabe im Unternehmen ist?
> Wie vermeidest Du alle Formen vom „Dummfick" in Deinem Leben?

MEIN WEG. UND
ANGEKOMMEN.

P.S. Schreibe hier Deine eigenen Gedanken auf, benutze Dein Begleitbuch, oder sprich direkt mit mir persönlich.

„Die große Leere, das Hängen am Bürostuhl. Die tägliche Simulation von Betriebsamkeit. Herumlungern als einziger Lebenszweck.“

Ablehnung

Ablehnung

und was sie mit Dir als LEITWOLF macht

Sei kein JA-Sager. Werde häufiger zum NEIN-Sager.

Zum Beispiel dort, wo das NEIN sogar zum Geschäftserfolg führt. Wo die besten Mitarbeiter ein neues Unternehmen gründen, weil deren Geschäftsidee nicht in das Firmen-Korsett aus Bewahrern und Machern passen will. Das passiert öfter, als Du denkst ...

IBM.

IBM hatte ein paar LEITWÖLFE, denen nicht genug Gehör geschenkt wurde. Und was haben sie gemacht? Sie kündigten aus der Wut – Du kannst das einordnen – und im festen Glauben an ihre Idee (INM). Sie gründeten ein eigenes Unternehmen, wieder eines mit drei Buchstaben. Na, dämmert's? Mittlerweile dominiert der Konzern den Markt der ERP-Software und weiterer Anwendungen. Sie entwickelten und verkauften (weltweit):

SAP.

Wie groß ist SAP mittlerweile? Wenn ich richtig informiert bin, leistet sich das Unternehmen sogar eine eigene Fussballmannschaft und macht mittlerweile rund ein Drittel des weltweiten IBM-Umsatzes, richtig?

Und alles begann mit einem NEIN. Einem NEIN zu den alten Strukturen. Einem NEIN zur Schublade der verstaubten Träume. Ein NEIN, richtig eingesetzt, ist stärker als jedes JA.

Wenn Du jedesmal JA sagen würdest, wäre Dein Leben ein Strom von Überraschungen, fernab jeder Kontrolle. Völlig unfokussiert, möglicherweise aufregend, aber gleichzeitig ohne jede Orientierung auf dem Weg zum LEITWOLF-BEWUSST-SEIN. Zugegeben: Immer „JA" zu sagen und sich von den Ereignissen treiben zu lassen, ist natürlich eine Möglichkeit, von der Viele Gebrauch machen – im LEIDWOLF-LABYRINTH?

Einem LEITWOLF verkaufst Du nichts.

Ich schütze mich vor Angeboten, die mich nicht weiterbringen. Die mir ein schweres JA abringen möchten, weil ich intuitiv weiß, dass Können und Wollen garantiert kollidieren, sich nicht vereinbaren lassen, beißen sich die Zähne aus. Es gibt tausende von Dingen, die ich kann. Aber wenige, die ich richtig gut beherrsche und auch beherrschen will (3 UBK). Dieser Unterschied ist sehr wichtig. Wichtig für die Entscheidungen, die Du nur auf Grundlage Deines Lebens- und Unternehmenszwecks treffen kannst: Deinem Sinn, den Du Dir als Orientierung selbst gegeben hast.

Sag' NEIN zu Aufgaben, die Dich von dem – was Du auf der 7. LEITEBENE entschieden hast – abbringen. Dich davon entfernen. Zu solchen „Optionen" darfst Du häufiger NEIN sagen, als JA. Mag sein, dass es Dir den Ruf eines NEIN-Sagers bringt (nicht zu verwechseln mit der Hauptrolle Bewahrer, die Unterscheidung ist wichtig). Wunderbar, denn gleichzeitig stärkt es Deinen Ruf des fokussierten, eigenwilligen und stringenten Menschen, und dieser Ruf wird Dir vorauseilen. Es sind echte Charaktere, die das Hochpreis-Segment ihrer Branche dominieren. Folgende Geschichte mag Dir das noch stärker veranschaulichen.

Ein Quicky ...

Steve Jobs flog nach Japan ins Hauptquartier von Sony. Er betrat den Besprechungsraum. Nahm Umgebung und Stimmung sehr bewusst wahr. Hörte er in diesem Augenblick auf sein LEITWOLF-BEWUSST-SEIN? Jedenfalls drehte er sich wortlos um und flog sofort wieder nach Hause. Keine Geschäftsbeziehung mit Sony. Konsequenz in Reinform. Für Außenstehende war eine solches Verhalten völlig unerklärlich. Steve Jobs aber nahm für sich in Anspruch, auf seinen LEITWOLF zu hören. Er hatte ihm gesagt: Mach das nicht. Klares NEIN zu dem Einen. Ein viel stärkeres JA gerade deshalb mit einem anderen Partner. Und wenn das das Ergebnis einer Reise um die Welt ist, dann ist eine solche Reise in meinen Augen mehr als gerechtfertigt.

Steve Jobs, die Zweite.

Nach seinem Rausschmiß bei Apple beauftragte Steve Jobs den Markenmacher Paul Rand mit dem Design für seine neue Unternehmung (wusstest Du, dass die IBM- und UPS-Urmarken ebenfalls von Paul Rand kreiert wurden?). Dieser Meister machte Steve Jobs rasch sehr deutlich, weshalb „Das NeXT–Logo" die neue LEITMARKE war.

Beharrlichkeit.

Er erdachte ein einzigartiges Konzept, das mehr als markttauglich war. Sein Emblem hatte eine für die damalige Zeit unbeschreibliche Konzern-Optik. Echten Unikat-Charakter. Es war zu 100% das, was bestellt wurde. Als Steve Jobs noch einwenden wollte, weshalb er dazu komme, dass das Signet exakt so aussehen müsse, wischte Rand den Zweifel beiseite: „Es ist fertig!" Rand hatte recht. Er wusste intuitiv um die Wirkung seiner „Kunst". Und dieses Ideal ist für mich bis heute maßgebend, buchstäblich: Richtungsgebend. „Ich weiß sehr genau, was ich tue. Ich mache das schon sehr lange und kenne alle Tücken. Es bleibt wie es ist. So. Und nicht anders."

Daraufhin wurde an der LEITMARKE nichts mehr geändert.

Es blieb, wie es war. 100.000 US-Dollar verdient durch den unerschütterlichen Widerstand eines absolut glaubwürdigen Könners. Eines Designers, der ein klares NEIN aussprach. Ein NEIN kann, zur richtigen Zeit von der passenden Person ausgesprochen, Preise jenseits Deiner Vorstellung sofort legitimieren.

Sage NEIN, wenn etwas Deinen 5 LEITWERTEN widerspricht. Sage NEIN, wenn Dein LEITFEUER gefährdet ist. Sag' JA, wenn es Dir hilft, Öl ins Feuer Deiner Vision zu gießen und lichterloh zu brennen, damit Du viel mehr erreichst, als je zuvor.

JA zum Fokus. NEIN zum falschen JA.

Wenn Du Dich noch besser verstehen willst, folgen hier noch vertiefende LEITGEDANKEN …

> Wann hast Du das letzte Mal „JA" gesagt und „NEIN" gefühlt?
> Hast Du Dir in der letzten Zeit zu viel zugemutet, weil Du ein JA-Sager bist?
> Was passiert, wenn Du nur noch „JA" sagst, wenn es Dich wirklich interessiert oder herausfordert?

MEIN WEG. UND
ANGEKOMMEN.

Deine Abkürzung und Ergänzung: 1 Stunde, 1 Tag oder 1 Jahr.

P.S. Schreibe hier Deine eigenen Gedanken auf, benutze Dein Begleitbuch, oder sprich direkt mit mir persönlich.

Aufgelöst:
Welches Problem?

Welche Frage stellst Du mir?
Wer möchte wirklich Antworten und keine Gründe?

Du hast mich.
Das ist ok.
Für diesen Zeitraum bin ich Dein.

Aber anders als Du denkst, fühlst und handelst.
Ich höre genau hin und dann ...

Spiele ich nicht mit – Dir.

Ich gewinne mehr als nur Dein Vertrauen.
Meine Erzählungen fruchten und gehen tief.
Die Ansätze sind plausibel und abgespeichert.

Umsetzungsgeschwindigkeit.
Lass Taten folgen.
Das Verständnis ist geschaffen.

Wunder gibt es immer wieder!

Doch das ist Talent und Erfahrung gemischt.
Dein Cocktail zur Unbeschwertheit.

~~**Selbstsabotage gestoppt!**~~

Eine Stunde reicht (mir) dafür aus.

1 Person.
1 Frage.
1 Lösungsweg.

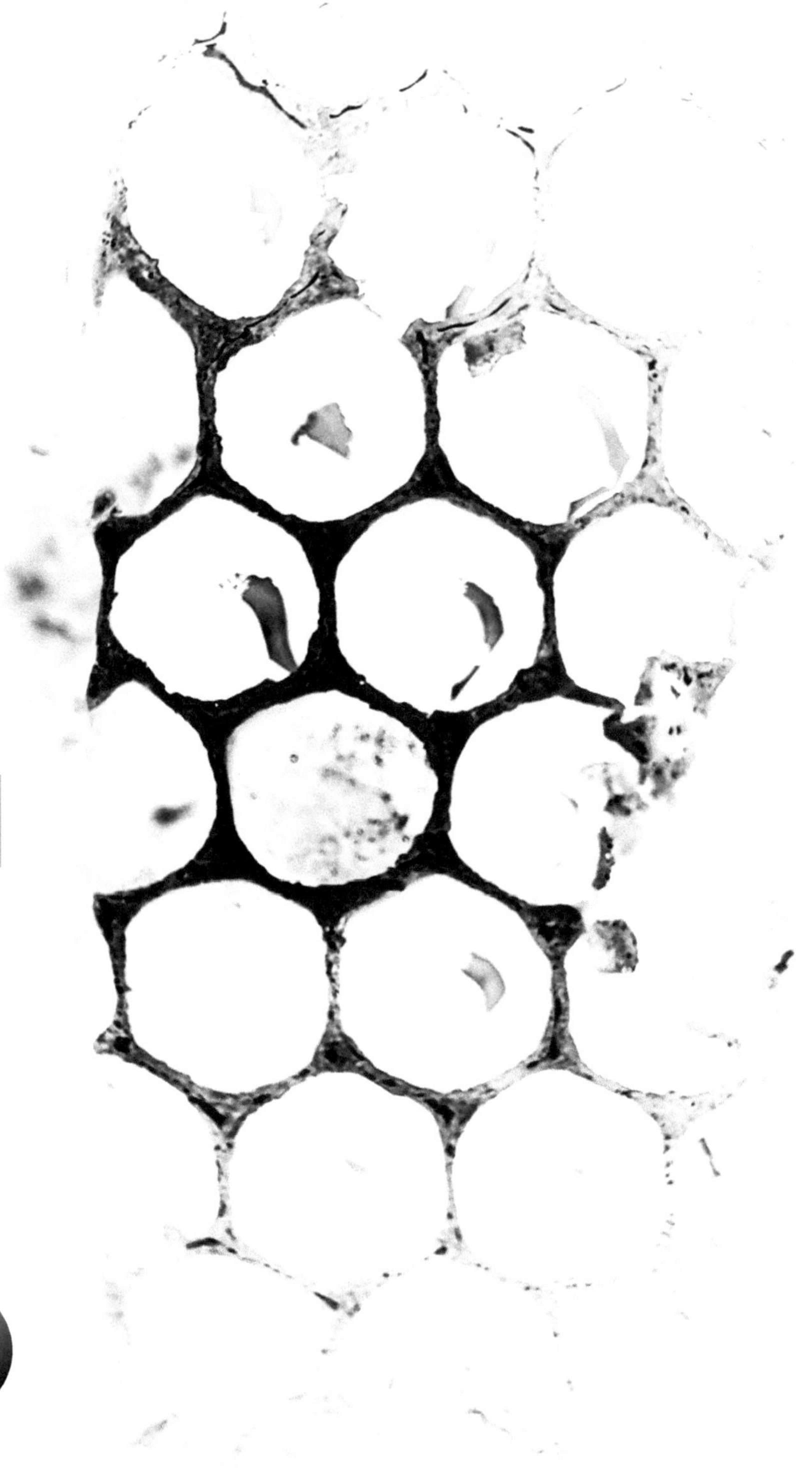

Treue

Treue

und was das mit Dir als LEITWOLF macht

Was hättest Du getan?

Die folgende Geschichte bringt sehr schön auf den Punkt, wie Du als Mitarbeiter(?) Deinen Grad an Treue zu Deinem Unternehmen und Deinen LEITWOLF prüfen kannst. In welcher Position auch immer Du Dich gerade befindest. Du weißt es besser.

Ein Mittwoch, im Mai des Jahres 2016. Das Unfassbare geschieht. Eine englische Königin wird entführt. LEITWOLF durch und durch. Sie ist die Herrin und Herstellerin von Süßwaren auf ökologischer Basis. Ihr Unternehmen beschäftigt mehr als 10.000 Mitarbeiter. Ein paar davon können nur noch zusehen – und staunen was hier passiert – wie ein weißer Wagen mit ihrer Königin davon rast.

Eine Entführung am helligten Tag.

Wie würdest Du in so einem Moment reagieren? Polizei anrufen? Die Medien verständigen? Selbst aktiv werden? In Schockstarre verfallen … Was glaubst Du, war die erste Reaktion der MDFH (LEITWOLFLIGA)?

„Alle hinterher!"

Klingt surreal, war aber so. Alle ließen in der Sekunde alles stehen und liegen, um ihre Königin aus den Fängen der Entführer zu befreien. Sie wussten: Ohne ihren LEITWOLF verliert unser Unternehmen seine Existenzberechtigung. Der Börsenkurs würde maximal einbrechen, das Aus für alle! Zu schwarz gemalt? Mag sein, aber alle machten sich – geschlossen – auf die Suche, die entführte Majestät zu orten. Wenn so viele ausschwärmen, steigt die Wahrscheinlichkeit auf einen Treffer, und genau so war es dann auch. Einer der Mitdenkenden, Mitfühlenden und Mithandelnden (der ehemalige Mitarbeiter mit einer Ahnung von LWB statt innerer Kündigung und Dienst-nach-Vorschrift) fand doch tatsächlich das Fahrzeug der Entführer und alarmierte alle anderen.

Und weiter auf der Flucht.

Was muss das für ein Anblick gewesen sein, als sich alle an dieser Stelle versammelten? Doch irgendwie gelang es den Entführern ein weiteres Mal, mit der Königin zu entkommen. Nutzten sie das Durcheinander des Auflaufs der Getreuen zur Flucht? Genaues darüber ist nicht bekannt, jedenfalls ging das Spiel von vorne los, bis nach zwei Tagen die Entführung vorbei war, und sich alles aufklärte. Wirklich eindrucksvoll – das Sinnbild. Als ich zum ersten Mal die Geschichte der Entführung dieser Süßwaren-Königin las, dachte ich:

Wow, was für eine Treuebeweis der Führung gegenüber.

Loyalität in Reinkultur. Das extreme Beispiel vermag aber etwas viel Bedeutsameres zu verdeutlichen, so meine These.

Als mein Vater in seinen 20ern war, konnte er jederzeit die Brocken hinschmeißen und beim Mitbewerber loslegen. Das ging ohne jede Komplikation. Sofort! Weil der Arbeitnehmer in der stärken Position war. Nix Bewerbung oder Assessment Center.

Ein Gespräch und fertig.

Zu meiner Zeit – huch, klingt das jetzt schön alt(klug) – war das allerdings völlig anders. Die geburtenstarken Jahrgänge, Generation X (Christian, Florian, Matthias …), machten es den Arbeitgebern leicht, aus einer großen Zahl an Bewerbern die Besten einzustellen. Und das waren aus Sicht der Einstellenden meist die mit Abitur. Resultat, wenige Jahre später: Der gravierendste Fach- und Führungskräftemangel, den Du Dir vorstellen kannst.

Heute – War of Talents oder Schlaraffenland?

2024, waren Arbeitnehmer erneut in der Situation, sich das Rudel, vor allem die Führung des Unternehmens aussuchen zu können. Und nur die Unternehmen mit einer Kultur, die begeistert, werden weiterhin die Besten magisch anziehen. Vorausgesetzt, sie sind in der Lage, ihre Kultur auch so transparent zu präsentieren, dass die Besten sie auch wahrnehmen können (LEITMARKE).

Wenn Du darüber mehr erfahren willst, lies nach in dem folgenden Band 2: „DU BIST DER LEITWOLF!" Denn dort erfährst Du, wie ein LEITWOLF das erlebte, der es wirklich wissen muss.

Und hier kommt die Auflösung der Geschichte um die entführte Königin ...

Gelogen habe ich nicht. Wieso auch? Die Geschichte stimmt – in groben Zügen – jedenfalls. Der Süßwaren-Hersteller mit 10.000 Mitarbeitern. Die Entführung. Die Tatsache, dass es sich um eine Königin gehandelt hat. Du willst wissen, welche? Na, eine Bienenkönigin und ihr treues Volk.

Drei Auszüge aus einem Zeitungsartikel zum Hintergrund gefällig?

„Wo die Bienenkönigin ist, dorthin folgt ihr der ganze Schwarm. So steht es in den Lehrbüchern. Wie das ganz konkret aussieht, hat ein Autobesitzer in Großbritannien erfahren: zwei Tage lang. Was zunächst nach einem eigenartigen braunen Fleck aussah, entpuppte sich bei genauerem Hinsehen als Bienenschwarm, mehr als 10.000 Tiere. „Ich habe noch nie an einer Stelle so viele Bienen gesehen. Es war sehr ungewöhnlich und als ich näher ranging, war es ziemlich spektakulär."

Weil der Autobesitzer offenbar zu ungeduldig war und davonfuhr, als das Problem gelöst schien, blieb die Königin in dem Wagen eingesperrt. Das Ergebnis: Am nächsten Tag hatte der Schwarm erfolgreich die Verfolgung aufgenommen und das Auto erneut bedeckt.

Roger Burns von der örtlichen Imkervereinigung, zeigte sich gegenüber dem Webportal metro.co tief beeindruckt. So etwas habe er in den 30 Jahren, die er schon mit Bienen arbeitet, noch nie erlebt. „Es ist natürlich für sie, der Königin zu folgen, aber es ist unglaublich, seltsam und überraschend zu sehen, dass sie zwei Tage lang ein Auto verfolgen."

Du siehst: Die Natur ist wieder einmal der beste Lehrmeister. Und sie zeigt auf, wie der Überlebenswille als stärkste Triebkraft für ein funktionierendes und loyales Gefüge wirken kann. Suche Dir Deines gut aus. Ob Du LEITWOLF und Führungskraft bist. Oder „nur" LEITWOLF, spielt keine Rolle dabei. Was einzig zählt, sind die Verbindung und der Grad der Treue. Deine Wahl und Deine Entscheidung, es liegt an Dir.

Folge Deinem LEITWOLF-BEWUSST-SEIN. Lass die LEIDWÖLFE ziehen – hilf allenfalls, deren innere Kündigung in eine echte zu verwandeln.

Appell: Setzt Deine LEIDWÖLFE sofort an die Luft, besonders dann, wenn Du ein Unternehmen führst, welches zur LEITWOLFLIGA werden will und ...

VERBRENNE DEINE #GRUENDELISTE

Wenn Du Dich noch besser verstehen willst, folgen hier noch vertiefende LEITGEDANKEN …

> Wann hast Du Dich das letzte Mal vor der Verantwortung gedrückt, eine Entscheidung zu treffen?
> Warst Du schon einmal in einer ausweglosen Situation?
> Was kannst Du aus der Geschichte für Dich ableiten und (vor)leben?

MEIN WEG. UND
ANGEKOMMEN.

Deine Abkürzung und Ergänzung: 1 Stunde, 1 Tag oder 1 Jahr.

P.S. Schreibe hier Deine eigenen Gedanken auf, benutze Dein Begleitbuch, oder sprich direkt mit mir persönlich.

___

___

___

„Und nur die Unternehmen mit einer Kultur, die begeistert, werden weiterhin die Besten magisch anziehen.“

Zusammenfassung
S wie Sinn

49 LEITFEUER
Mach Deinen Lebens- und Unternehmenszweck für alle Welt sichtbar.

50 Akzeptanz
Lass die Leute da, wo sie sind, und erreiche bei Dir selber den höchsten möglichen Grad an Vollkommenheit.

51 Heute
Fokussiere Dich auf das, was Du jetzt erschaffen willst – Materie ist geronnener Geist.

52 Zukunft
Wie Du über Dich selber denkst, bestimmt was passiert – im Positiven wie im Negativen und achte (auf) Deine Gedankenhygiene!

53 Antrieb
Lerne Deine innere Führung mit jedem Tag besser zu verstehen.

54 Schaffenskraft
Unterscheide immer zwischen Investitionen und Verbindlichkeiten.

55 Wahnsinn
Du bestimmst über Deine eigene Realität – selbst und ständig.

56 Vergleichbarkeit
Nicht Du bist richtig oder falsch, sondern lediglich der Raum, in dem Du Dich bewegst.

57 Jagdgesellschaft
Geh nur noch auf für Dich sinnvolle Veranstaltungen und sei dort eine Bereicherung.

58 Zeitverschwendung
Nie wieder Dummfick – geschäftlich und privat!

59 Ablehnung
Ja zum Fokus und NEIN zum falschen Ja, LEITWOLF.

60 Treue
Wenn Du Dich für eine Gruppe (LEITWOLFLIGA) entschieden hast – ganz oder gar nicht.

#Gruendeliste

Selbstsabotage gestoppt!

SCAN ME

#GRUENDELISTE
von DerFUCHS
(YouTube)

Ich, ____

habe in den nächsten 60 Tagen wenigstens – 12 Minuten pro Tag (!) – um auf dem Weg zum LEITWOLF-BEWUSST-SEIN weiterzukommen – investiert. Ich las nur einen LEITGEDANKEN und dachte, fühlte und handlte dann erst – für mich. Damit kultivierte ich mein LEITWOLF-BEWUSST-SEIN.

Datum: ________________ Uhrzeit: ________________

Und heute verbrenne ich meine #GRUENDELISTE, falls es noch nicht geschehen ist.

Unterschrift: ____________________________________

Meine #Gruendeliste

EWT: GRENZBEFREIUNG (Juli 2023)

1. ABFLUSS
Liebe, Sex und Wohlstand sind begrenzt auf wenige Menschen, die besser, schöner, klüger, stärker, fleißiger sind als ich es je sein könnte.

2. NOTWENDE
Ich bin vollkommen und für mich nicht selbst verantwortlich. Das sind immer die Anderen, die mich versorgen mit dem Notwendigsten.

3. MISSTRAUEN
Ich traue meinen Erfolgen nicht über den Weg.

4. INSTRUMENTALIST
Meine Macht, Menschen zu instrumentalisieren, ist ein Fluch und Segen für Andere als mich.

5. KONFLIKT
Wenn ich das weibliche Prinzip noch stärker leben lasse, sterbe ich als Mann.

6. SPRACHLOSIGKEIT
Ich bin noch nicht bereit, den Schlüssel zur Welt zu schmieden und zögere es hinaus.

7. STEUERFLUCHT
Ich bin kein wirklicher Unternehmer, der weiß, was zu tun ist, und wie ich dieses steuere ohne zu kentern.

8. ANREICHER
Ich darf nicht, ohne Andere „reich" zu machen, eigenständig meine Erfolge erreichen – aus eigener Kraft – genießen.

9. HÜRDENLAUF
Ich kann Liebe, Lust und Sex nicht mit Anderen teilen, um meine Phantasien endlich umfassender auszuleben.

10. MEHRHEIT
Es reicht mir, wenn ich so viel habe, wie ich zum (Über-)Leben benötige – und nicht mehr.

11. UNVERSTÄNDNIS
Mich verstehen viel zu wenige Menschen, denen ich mich anvertrauen würde, wer ich bin, ohne Heilen zu müssen als Gegenleistung.

12. TRENNSCHÄRFE
Meine Grenzen verschwimmen im geistigen und seelischen Kontakt mit anderen Menschen.

13. SEELENSTRIP
Meine Seiten nicht zu lieben und einfach sein zu lassen hat mich fest im Griff und würgt mich bewusstlos.

Jetzt schreibst Du Deine #GRUENDELISTE und verbrennst diese ebenfalls (öffentlich). Jetzt ist es soweit.

Vorfreude, Leitwolf?

Deine #Gruendeliste

EWT: ____________________

1.

2.

3.

4.

5.

6.

7.

8.

9.

10.

11.

12.

13.

Lass mich mal ausreden, sagte die Ausrede.

Jede Wette: Du hast mindestens 13 Gründe, die Dich glauben lassen, Du hättest jeden Tag halt einfach Pech.

Weil die schwarze Katze gerade Dir über Deinen Weg gelaufen ist, natürlich von rechts.

Der Schornsteinfeger war schon lange nicht mehr da.

Und die Päckchen bringt der Postbote immer nur dem Nachbarn, dessen Gras halt grüner ist.

Die chinesische Winkekatze winkt das Geld zwar rein.
Aber halt immer nur bei Anderen.

Dein LEIDWOLF weiß, wovon er heult.
Und Deine Gründe hat er fest im Griff.
Als Machtinstrument.

Über Dich. Schreib's auf!

Wie, schreib's auf? Ja. Schreib sie auf. Deine Gründe. Nummeriert.
Jetzt. Vorher verbiete ich Dir, das nächte „Buch" anzufangen.
Ich verbiete Dir, den Weg zum LEITWOLF-BEWUSST-SEIN.

Toilette: Verboten.
Schlafen: Entzogen.
Atmen: Verboten.

Und Verbote sind doch genau das, was Dich anmacht.

Deshalb nochmal mein Befehl: Hier findest Du gleich den Vordruck. Formulare findest Du doch noch gut. Weil Du immer noch etwas brauchst, was andere Dir vorgeben, richtig, LEIDWOLF?

~~Selbstsabotage gestoppt!~~

Jetzt: Alle Deine Gründe. Auf Deine #GRUENDELISTE. Auf das Formular, dass Du jetzt dem „Buch" entreißt.

Wie lange hast Du Zeit zum Nachdenken?

Dauert keine 33 Minuten.
Und dann verbrenne sie endlich.
Du hast schon richtig gelesen.

VERBRENNE DEINE #GRUENDELISTE.

Du willst wissen, weshalb?

Die endgültige Entscheidung fiel beim Lesen ganz nebenbei, LEITWOLF.

Schluss.
Endlich.
Lustig.

Eiswasser über den Kopf kippen – kommt Dir das bekannt vor?

Rund 17 Millionen Menschen stellten damals Kurzvideos online, wie sie sich einen Kübel Eiswasser über den Kopf schütten. Und danach weitere Personen nominierten, diese Herausforderung ebenfalls anzunehmen.

Das tat richtig weh!

Denken wir mal einen kleinen Schritt weiter.
Dein Leben ist toll, aber Du glaubst das natürlich nicht.
Das tut mir – körperlich – weh.

Die meisten Menschen glauben, dass sie sich zur Arbeit schleppen müssen – und das noch zig Jahre – bis zur Rente.

Darüber kannst Du lachen. Weinen.
Oder Dich in die Duldungsstarre bringen.

Willkommen in der Selbstsabotage?
Schluss damit.
Und zwar ein für allemal.

Wo steckst Du gerade fest?
Wo drehst Du durch und verbrennst Dein komplettes Profil?
So, dass es stinkt und qualmt?

Ich akzeptiere nicht, dass Du leidest.
Deine Gründe sind mir scheißegal.

ICH AKZEPTIERE ES NICHT.
DU TUST DAS – NICHT FÜR DICH.
DU TUST DAS – FÜR DIE WELT.

Alle, die derselben Selbstverarsche anheim gefallen sind. Alle, die im Boreout sind. Alle die im Burnout waren. Und alle, die dort niemals, niemals hineinkommen dürfen, Dank Dir, LEITWOLF.

Du tust es damit – auch für mich, denn ich war schon in der Vorhölle und irrte durch das LEIDWOLF-LABYRINTH.

DEIN LEBEN MUSS SICH ÄNDERN.
DEIN LEBEN ÄNDERT SICH.
DEIN LEBEN HAT BEREITS ANDERE LEBEN VERÄNDERT.
UND DARUM GEHT ES WIRKLICH.

Wenn ich hier sage: „VERBRENNE DEINE #GRUENDELISTE", so ist dies nicht einfach so dahingelabert.

Es ist mein ausdrücklicher Befehl an Dich – LEITWOLF – den ich hier sehr bewusst ausspreche mit der ultimativen Aufforderung, dasselbe bei Anderen zu tun.

Nötigung?
Erpressung?
Gruppendruck?
Nächstenliebe?
Läuterung?

Keine Sorge: Die Schuld darf schön bei Dir bleiben.
Denn wer die Schuld hat, hat die Macht, das weißt Du ja schon.

Und die holst Du jetzt zurück. Für Dich. Für die Menschen, die Du wirklich liebst. Für alle, die es verdient haben.

VERBRENNE DEINE #GRUENDELISTE.

Und hier kommt die Spielanleitung.
Spielst Du mit?
Du gewinnst.
Auch.

Die Spielanleitung zum Nachmachen.

Geschrieben.
Gedruckt.
Band 1 entrissen (Seite 418-419).

Von mir aus mit blutigen Nägeln. Fein gemacht.
Endlich wieder atmen, kannst Du doch. Schon oft bewiesen.
Oder platzt Dir noch die Birne vom Luftanhalten?

Spaß beiseite.

Du hast den richtigen Schritt getan:
Da liegt sie jetzt – Deine.
Fixiert für immer und ewig?
Durchnummeriert.

Hier kommt die Spielanleitung, wie Du diese #GRUENDELISTE
ab sofort in pure Lebensfreude verwandelst:

1. EINWORTTAKTIK
Schreibe ein einziges Wort (Ergebnis des Rituals) auf den Strich,
wofür Du die #GRUENDELISTE verbrennen wirst und worauf
Du Dich freuen kannst (z.B. GRENZBEFREIUNG, wie bei mir).

2. MEMENTO MORI
Du fotografierst Deine #GRUENDELISTE jetzt, für Dich und einen
weiteren Menschen, dazu später mehr, damit Du immer daran
erinnert werden kannst und zwar mit den 13 Gründen und ohne.

3. EX und HOPP, HOPP
Du produzierst ein Kurzvideo mit Deinem Smartphone, in dem Du Deine
#GRUENDELISTE tatsächlich verbrennst. Du blickst bitte dabei mit aller
Dir möglichen Entschiedenheit in die Kamera und sprichst folgende
Formel laut aus:

„Ich verbrenne jetzt meine #GRUENDELISTE."

Dann verbrennst Du die Liste auch wirklich. Entzünde draußen(!) ein Streichholz oder eine Flamme, die Dir geeignet (und sicher genug) scheint, etwa ein Feuerzeug, ein Bunsenbrenner, (den Gasherd bitte nicht nutzen). Achte dabei darauf, dass Du nicht Dich oder andere gefährdest!

Du bist ja nicht hirnverbrannt.

4. AKT

Wenn Du die #GRUENDELISTE tatsächlich vollständig verbrannt hast, blickst Du zum Abschluss in die Kamera und sagst folgede drei Sätze:

„ICH bin der Leitwolf."
„Ich habe gerade meine Gruendeliste verbrannt."
„Ich lade Dich dazu ein ... (hier nennst Du explizit die Namen von drei Menschen, die Du liebst), dies ebenfalls innerhalb von drei Tagen zu tun."

1. ____________________

2. ____________________

3. ____________________

5. DER DACKELBLICK

Du sendest
1. ein Foto von Deiner ehemaligen #GRUENDELISTE
2. Dein Kurzvideo vom Akt der Verbrennung und
3. eine kurze Sprachnachricht an einen Menschen,
der Dir am Herzen liegt, etwa so:

„Liebe/r ... , ich brauche Deine Hilfe. In diesem Video siehst Du, dass ich meine #Gruendeliste verbrannt habe. Ich will meinen LEIDWOLF endgültig auf seinen Platz verweisen. Und ich brauche Dich. Um mich immer daran zu erinnern, wer das Sagen hat in meinem Leben.

Falls ich rückfällig werde, bitte ich Dich, dann einfach die linke Hand zu heben, um dann laut und deutlich zu sagen:

#GRUENDELISTE

Ich darf nur in liebevoller Demut „DANKE" antworten.
Daran wirst Du mich erinnern, wenn Du diese Bitte hier erfüllst.
Ich will definitiv keinen der Gründe auf meiner #GRUENDELISTE mehr akzeptieren. Ich werde mich nicht verteidigen. Nicht rechtfertigen. Nicht abhauen oder fliehen.

Hilfst Du mir dabei, liebe/r (Name)?

Länge Deiner Nachricht: 30-45 Sekunden sind genug.

P.S.: Lade den Empfänger Deiner Sprachnachricht ein, mit Dir zu „spielen" und ebenfalls die eigene #GRUENDELISTE zu verbrennen.

Biete dafür Deine Hilfe an. Du weißt ja jetzt, wie's geht.
Das ist der Vorgeschmack zum LEITWOLF-BEWUSST-SEIN.

Alles klar?
UND GRUNDLOS GLÜCKLICH.

#GRUENDELISTE VEREINT.

Stell' Dir vor: Du findest alle Videos und Beiträge – weltweit unter dem #GRUENDELISTE? Und überlege Dir wie Gruendeliste, wie auf Englisch, Französisch, Portugiesisch, Japanisch oder in Suaheli klingt oder klingen könnte ...

VERBRENNE DEINE #GRUENDELISTE.

Das ist meine Bewegung, die reinigt, Deine Welt, von der Selbstsabotage und führt Dich aus dem LEIDWOLF-LABYRINTH.

Ein riesen Spass, der dem LEIDWOLF seinen Platz zu weist.
Und das ist sein Führungsinstrument gewesen. **>>>**

MACHTINSTRUMENT.

Die #GRUENDELISTE der LEIDWÖLFE.

1. Wir sind nur Freunde.
Meine besten Freunde sind leider Lügner.

2. Wir dulden Mittelmäßigkeit (Ok-Leben)
und akzeptieren es.

3. Wir treffen keine verbindliche Entscheidung
und warten ab.

4. Wir reden um des Redens willen,
nicht um etwas zu bewirken.

5. Wir begegnen uns untereinander mit
Neid, Missgunst und Angst.

6. Wir leben ein gutes Ok-Leben
ohne Reiz und Risiken.

7. Wir fokussieren unser Ok-Leben auf
Konsum und Ablenkungen.

8. Wir verstehen jedes Feedback als einen
unerwünschten Schlag in die Fresse.

9. Wir versprechen viel und halten wenig.

10. Wir vergleichen uns mit Anderen,
weil wir vergleichbar sind,
deswegen verlieren wir ständig.

11. Wir sind verschlossen, gehemmt und
emotionslos untereinander.

12. Wir verarschen uns permanent selbst,
weil wir sonst aufrichtig zu uns sein müssten.

13. Wir sind LEIDWÖLFE, weil wir uns an diesen
Schmerz und die #GRUENDELISTE gewöhnt haben.

Danke

Ich danke allen...

Ich danke allen, die meine Träume belächelt haben.
Sie haben meine Phantasie beflügelt.

Ich danke allen, die mich in ihr Schema pressen wollten.
Sie haben mich den Wert der Freiheit gelehrt.

Ich danke allen, die mich belogen haben.
Sie haben mir die Kraft der Wahrheit gezeigt.

Ich danke allen, die nicht an mich geglaubt haben.
Sie haben mir zugemutet, Berge zu versetzen.

Ich danke allen, die mich abgeschrieben haben.
Sie haben meinen Mut geweckt.

Ich danke allen, die mich verlassen haben.
Sie haben mir Raum gegeben für Neues.

Ich danke allen, die mich verraten und missbraucht haben.
Sie haben mich wachsam werden lassen.

Ich danke allen, die mich verletzt haben.
Sie haben mich gelehrt, im Schmerz zu wachsen.

Ich danke allen, die meinen Frieden gestört haben.
Sie haben mich stark gemacht, dafür einzutreten.

Ich danke allen, die mich verwirrt haben.
Sie haben mir meinen Standpunkt klar gemacht.

Vor allem danke ich all jenen, die mich lieben, so wie ich bin.
Sie geben mir Kraft zum Leben!

Paulo Coelho (Buchtipp: Der Alchemist)

Aufgelöst:
Welches Problem?

Welche Frage stellst Du mir?
Wer möchte wirklich Antworten und keine Gründe?

Du hast mich.
Das ist ok.
Für diesen Zeitraum bin ich Dein.

Aber anders als Du denkst, fühlst und handelst.
Ich höre genau hin und dann ...

Spiele ich nicht mit – Dir.

Ich gewinne mehr als nur Dein Vertrauen.
Meine Erzählungen fruchten und gehen tief.
Die Ansätze sind plausibel und abgespeichert.

Umsetzungsgeschwindigkeit.
Lass Taten folgen.
Das Verständnis ist geschaffen.

Wunder gibt es immer wieder!

Doch das ist Talent und Erfahrung gemischt.
Dein Cocktail zur Unbeschwertheit.

~~Selbstsabotage gestoppt!~~

Eine Stunde reicht (mir) dafür aus.

1 Person.
1 Frage.
1 Lösungsweg.

Im Glauben.
Zweifel geht weiter.

Reinigung Deiner Seele und Taufe zu gleich.
Die Identität bekommt Deinen Namen.
Du entscheidest das ohne sie.

Entweder schläfst Du weiter als der Mensch.
Oder als LEITWOLF ruhig und sanft.
Schlafen wirst Du immer.

Weiter.

Aber was Du in die Welt bringst,
entscheidest Du künftig selbst.

~~Beeinflussung erkannt.~~

Es geht nicht um Dich oder mich.
Es geht um das „WIR".

Also lass Dir die Zeit, bis Du es mit mir erkennst.

Ein Tag reicht (mir) dafür aus.

5 Leitwerte.
3 Unbewusste Kompetenzen.
1 Lebens- und Unternehmenszweck.

Dir sicher sein.
Solange bin ich an Deiner Seite.

Ein Jahr?

Und Du bist, wer Du schon immer sein wolltest,
Dich aber nie getraut hast zu sein.

Es ist Deine Form und Farbe.
Das System läuft wie geschmiert.
Du bist keine Sonne mehr.

Laser strahlen aus Deinen Augen.
Was Du anfasst verwandelt sich.
Deine Zeit. Dein Raum.

Zu Hause.

Die Energie-Vampir-Tankstelle ist geschlossen.
Deine Realität ist für Dich geschaffen.
Alles fleißt, weil Du es willst.

Meine Modelle und Prinzipien sind Dein.
Alles übertragen und verinnerlicht.
Kein Impuls mehr nötig.

Willkommen bei Dir selbst.
Die Zeit der Zweifel – vorbei!

Ein Jahr reicht (mir) dafür aus.

1. **~~Selbstsabotage gestoppt~~**
2. **~~Beeinflussung erkannt~~**
3. **Manipulationsfreiheit leben**

LEITWOLF-TRILOGIE

Ø BAND 1 – LEITGEDANKEN FÜR LEITWÖLFE

O BAND 2 – DU BIST DER LEITWOLF!

O BAND 3 – LEITWOLF–BEWUSST–SEIN

Meine vorlaute Behauptung:

„Komm' mit und folge mir weiter. Es ist Dein Weg – unserer – zum LEITWOLF-BEWUSST-SEIN."

MEIN WEG. UND ANGEKOMMEN.